"十四五"时期国家重点出版物出版专项规划项目

京津冀水资源安全保障丛书

京津冀区域水循环系统解析

刘家宏 邵薇薇 孙福宝 董 欣 章 杰 梅 超 等 著

科学出版社

北 京

内 容 简 介

水循环是流域水资源形成、演化的客观基础，也是水环境与生态系统演化的主要驱动因子。近年来，水循环过程深受全球气候变化以及日益剧烈的人类活动影响。本书以自然–社会二元水循环为主要支撑理论，揭示京津冀强人类活动区水循环全过程演变机理、过程与规律，定量分析二元水循环驱动力关键过程的数学表达，寻求社会端驱动的切入点，并结合自然端的太阳辐射及重力驱动，探究水资源的二元循环数学物理基础及二元水循环的演变规律。本书以京津冀区域为研究基点，分析自然侧水与能量循环要素演变规律，地表水与地下水运动过程，城市（群）水、能、物质流，自然–社会二元水循环关键过程数学表达以及二元水循环驱动机理及演变规律，为类似研究提供范式。

本书可为水资源学、环境科学、城市规划、市政管理等专业的科研工作者和工程技术人员提供借鉴，也可供相关专业的高等院校师生参考。

审图号：GS(2022)2466 号

图书在版编目（CIP）数据

京津冀区域水循环系统解析／刘家宏等著. —北京：科学出版社，2022.6
（京津冀水资源安全保障丛书）
"十四五"时期国家重点出版物出版专项规划项目
ISBN 978-7-03-072485-4

Ⅰ.①京… Ⅱ.①刘… Ⅲ.①城市用水–水循环系统–研究–华北地区
Ⅳ.①TU991.31

中国版本图书馆 CIP 数据核字（2022）第 098986 号

责任编辑：王　倩／责任校对：樊雅琼
责任印制：吴兆东／封面设计：黄华斌

科 学 出 版 社 出版
北京东黄城根北街 16 号
邮政编码：100717
http://www.sciencep.com

北京建宏印刷有限公司 印刷
科学出版社发行　各地新华书店经销
*
2022 年 6 月第 一 版　　开本：787×1092　1/16
2022 年 6 月第一次印刷　印张：16
字数：400 000

定价：198.00 元
（如有印装质量问题，我社负责调换）

"京津冀水资源安全保障丛书"编委会

总　　序

　　京津冀地区是我国政治、经济、文化、科技中心和重大国家发展战略区，是我国北方地区经济最具活力、开放程度最高、创新能力最强、吸纳人口最多的城市群。同时，京津冀也是我国最缺水的地区，年均降水量为 538 mm，是全国平均水平的 83%；人均水资源量为 258 m³，仅为全国平均水平的 1/9；南水北调中线工程通水前，水资源开发利用率超过 100%，地下水累积超采 1300 亿 m³，河湖长时期、大面积断流。可以看出，京津冀地区是我国乃至全世界人类活动对水循环扰动强度最大、水资源承载压力最大、水资源安全保障难度最大的地区。因此，京津冀水资源安全解决方案具有全国甚至全球示范意义。

　　为应对京津冀地区水循环显著变异、人水关系严重失衡等问题，提升水资源安全保障技术短板，2016 年，以中国水利水电科学研究院赵勇为首席科学家的"十三五"重点研发计划项目"京津冀水资源安全保障技术研发集成与示范应用"（2016YFC0401400）（以下简称京津冀项目）正式启动。项目紧扣京津冀协同发展新形势和重大治水实践，瞄准"强人类活动影响区水循环演变机理与健康水循环模式"，以及"强烈竞争条件下水资源多目标协同调控理论"两大科学问题，集中攻关 4 项关键技术，即水资源显著衰减与水循环全过程解析技术、需水管理与耗水控制技术、多水源安全高效利用技术、复杂水资源系统精细化协同调控技术。预期通过项目技术成果的广泛应用及示范带动，支撑京津冀地区水资源利用效率提升 20%，地下水超采治理率超过 80%，再生水等非常规水源利用量提升到 20 亿 m³ 以上，推动建立健康的自然-社会水循环系统，缓解水资源短缺压力，提升京津冀地区水资源安全保障能力。

　　在实施过程中，项目广泛组织京津冀水资源安全保障考察与调研，先后开展 20 余次项目和课题考察，走遍京津冀地区 200 个县（市、区）。积极推动学术交流，先后召开了 4 期"京津冀水资源安全保障论坛"、3 期中国水利学会京津冀分论坛和中国水论坛京津冀分论坛，并围绕平原区水循环模拟、水资源高效利用、地下水超采治理、非常规水利用等多个议题组织学术研讨会，推动了京津冀水资源安全保障科学研究。项目还注重基础试验与工程示范相结合，围绕用水最强烈的北京市和地下水超采最严重的海河南系两大集中示范区，系统开展水循环全过程监测、水资源高效利用以及雨洪水、微咸水、地下水保护与安全利用等示范。

　　经过近 5 年的研究攻关，项目取得了多项突破性进展。在水资源衰减机理与应对方面，系统揭示了京津冀自然-社会水循环演变规律，解析了水资源衰减定量归因，预测了未来水资源变化趋势，提出了京津冀健康水循环修复目标和实现路径；在需水管理理论与方法方面，阐明了京津冀经济社会用水驱动机制和耗水机理，提出了京津冀用水适应性增长规律与层次化调控理论方法；在多水源高效利用技术方面，针对本地地表水、地下水、非常规水、外调水分别提出优化利用技术体系，形成了京津冀水网系统优化布局方案；在水资源配置方面，提出了水-粮-能-生协同配置理论方法，研发了京津冀水资源多目标协同调控模型，形成了京津冀水资源安全保障系统方案；在管理制度与平台建设方面，综合应用云计算、互联网+、大数据、综合集成等技术，研发了京津冀水资源协调管理制度与平台。项目还积极推动理论技术成果紧密服务于京津冀重大治水实践，制定国家、地方、行业和团体标准，支撑编制了《京津冀工业节水行动计划》等一系列政策文件，研究提出的京津冀协同发展水安全保障、实施国家污水资源化、南水北调工程运行管理和后续规划等成果建议多次获得国家领导人批示，被国家决策采纳，直接推动了国家重大政策实施和工程规划管理优化完善，为保障京津冀地区水资源安全做出了突出贡献。

作为首批重点研发计划获批项目，京津冀项目探索出了一套能够集成、示范、实施推广的水资源安全保障技术体系及管理模式，并形成了一支致力于京津冀水循环、水资源、水生态、水管理方面的研究队伍。该丛书是在项目研究成果的基础上，进一步集成、凝练、提升形成的，是一整套涵盖机理规律、技术方法、示范应用的学术著作。相信该丛书的出版，将推动水资源及其相关学科的发展进步，有助于探索经济社会与资源生态环境和谐统一发展路径，支撑生态文明建设实践与可持续发展战略。

2021 年 1 月

前　言

　　水循环是流域水资源形成、演化的客观基础，也是水环境与生态系统演化的主要驱动因子。近年来，水循环过程深受全球气候变化以及日益剧烈的人类活动影响。水循环驱动力、循环结构以及循环参数从简单的自然水循环逐渐转变为自然-社会二元水循环模式，水循环也被赋予更丰富的内涵，表现出自然和社会两重属性。随着水循环向着更加剧烈和复杂的方向演变，水循环的社会属性越来越明显，许多国家和地区出现了突出的水短缺、水污染和生态退化等问题，且在人口密集的区域更加凸显。如何维持水循环的健康状态，已经成为维系人类社会可持续发展的重要命题。

　　受人口规模、经济社会发展压力和水资源本底条件的影响，中国是世界上水循环演变最剧烈、水资源问题最突出的国家之一，其中又以海河流域最为严重和典型。京津冀地区地处我国的首都经济圈，整体位于海河流域，人均径流性水资源居全国十大一级流域之末，加上人口稠密、生产发达，社会经济需水居全国前列，是我国社会水循环最激烈、水资源供需矛盾最突出，也是跨流域水资源调配最多的区域。长期以来，紧缺的水资源与地区经济社会发展水平极其不适应，严重阻碍了社会经济的持续健康发展。此外，地表水污染严重致使流域生态水平低下，地下水过度开采引发地面沉降问题，水环境状况已经在一定程度上制约社会经济的发展。2014 年 2 月，习近平总书记在听取京津冀协同发展工作汇报时，强调将"京津冀协同发展"作为重大国家战略，在疏解非首都核心功能，推进产业结构升级，统筹区域城乡规划，扩大生态环境容量等措施的激励下，区域产业转移、人口流动以及水资源利用都会在未来短时间内迎来新格局。

　　无论京津冀地区水资源问题的表现形式如何，均可归结为水循环过程的演化与失衡问题，而保障水资源安全所开展的各类水事活动，本质上也都是针对流域水循环过程的调控行为，定量解析变化环境下京津冀水循环的各项通量和演变机理，研究城市（群）水循环的基本范式和演变规律，构建自然-社会二元水循环的关键控制方程，是开展京津冀水资源科学调控和安全保障的科学基础，能够为保障京津冀水资源安全提供理论依据和技术支撑。

　　随着气候变化的影响，水循环系统的结构、功能和参数均发生了深刻的变化，水循环不确定性呈增强态势。为明晰京津冀地区自然侧水与能量循环要素演变规律，首先需要明确了解京津冀地区水资源收支状况，定量解析京津冀水循环通量，具体盘查京津冀地区的地表水资源量、地下水资源量、年均水资源总量、水资源消耗量和地下水年均开采量，结合降水-径流-人类取用水关系，甄别自然和人类活动对京津冀水循环演变的贡献。同时，气候变化系统的因子控制着大气与地面之间的热湿过程和动能交换过程，动能与热量交换的平衡将直接影响水循环。在全球变暖背景下，水–热循环过程受降水、温度、风速、辐射和相对湿度等多种因素综合影响，京津冀地区作为在全球气候变化背景下相对于其他地区表现出尤为明显的气候变化特征。水循环变快、蒸发量增加，气候系统的稳定性降低，也使旱涝极端天气发生的频率越来越频繁、强度越来越大。因此，研究气候变化背景下京津冀地区的水–热气象要素、干–湿时空演变规律及其成因机制具有重要意义。

自然水循环是指地球上各种形态的水，在太阳辐射、地心引力等作用下，通过蒸发、水汽输送、凝结降水、下渗以及径流等环节，不断地发生相态转化和周而复始运动的过程。随着人类改造自然能力的加强，先后通过傍河取水、修建水库取水、开采地下水、跨流域调水等措施，极大地改变了原有的天然水循环模式，产生了由取水、输水、用水、排水、回归五个基本环节构成的人工侧支循环（也称作"社会水循环"）圈。

在自然水循环中，大气中的水汽逐渐聚集成云，在重力作用的影响下，云层中的水汽聚集到一定程度后从天上落下，产生降水。雨水下落到地面，同样受到重力作用的影响，继续向土壤渗透或者流向地势低的地方。土壤中的水继续向下渗透则成为地下水。地下水仍然受到重力作用的影响，向地心方向流动。由此看来，重力作用是一个自上而下的过程，驱动水资源自上而下运动。而相反地，在太阳辐射作用的影响下，地表以及土壤中的水资源通过蒸发耗散进入大气，最终回归到云层中。因此，太阳辐射作用是一个自下而上的过程，驱动水资源自下而上运动。自然水循环的特点是将水资源积聚起来，体现为一个积累作用。例如，在流域中，从大气降水之后，通过降水产流，扇面汇流，在山谷地带水资源汇聚成河流的源头，之后继续向地势低的地方流动，最终汇入海洋。

在社会水循环中，社会端的主导驱动力主要有两个，即经济梯度和人口梯度。这两个驱动力对于水资源的作用方向也是相背离的。在经济梯度作用下，经济越发达地区，人口越会往这个地区汇集，同时，由于用水需求的增加，水资源也朝着经济发达地区汇集。而当人口密度达到一定程度，超过该地区承载力时，人口便会向其他地区分散。随着人口的分散，水资源也随之向其他地区分散。社会水循环每一个过程都有一定的人类工程建设与之相关。社会水循环这些过程的主要特点是将水资源耗散，即把从取水地获得的水资源尽可能分散到较大的区域，使水资源能够供给尽可能多的地区。这个过程是与自然水循环不同的，体现为一个分散作用。

本书以京津冀区域为研究基点，分析自然侧水与能量循环要素演变规律，地表水与地下水运动过程，城市（群）水、能、物质流，自然–社会二元水循环关键过程数学表达以及二元水循环驱动机理及演变规律，为类似研究提供范式。本书的撰写是在国家重点研发计划课题"京津冀水循环系统解析与水资源安全诊断"（2016YFC0401401）资助下完成的。本书第1章由刘家宏、邵薇薇、梅超、黄泽撰写；第2章和第3章由刘文彬、章杰、孙福宝撰写；第4章由董欣、张大臻撰写；第5章由刘家宏、邵薇薇、梅超、陈似蓝、付潇然、王东撰写；第6章由刘家宏、邵薇薇、梅超、黄泽、李维佳撰写；第7章由刘家宏、邵薇薇、梅超撰写。全书由邵薇薇、黄泽、齐静威、李国一统稿，王佳参与修图。

对于本书中的不足之处，希望读者指正并提出宝贵意见。

目　　录

| 第 1 章 | 　绪　　　论

1.1　区 域 概 况

1.1.1　自然地理

1. 地理位置

京津冀地区包括北京市、天津市以及河北省，是中国的"首都经济圈"，位于113°E~119°E，36°N~42°37′N。区域总面积为21.8万km²，占全国陆地面积的2.29%。京津冀地区东临渤海，南面华北平原，西倚太行山脉，北靠燕山山脉。地处海河流域，属半湿润半干旱的大陆性季风气候，多年平均气温为12.0 ℃，日照充足，四季分明，降水时空分布不均。西北部和北部地区为山地与高原，地形较高，南部和东部地势较为平坦，整体地形由西北向东南逐渐过渡为平原，地势呈西北高东南低分布。

2. 水资源概况

京津冀地区属于资源型缺水区域，人均水资源量仅为全国平均水平的1/9，是水资源严重短缺地区。由于工农业和城镇化的发展，大量开采地下水，水资源过度开发，京津冀地区的水生态环境长期处于严重超载状态，已造成地下水位下降、生态恶化、漏斗面积不断增加等多种生态环境问题。京津冀地区所处的海河流域是我国七大流域之一，海河水系是华北地区最大的水系，最终注入渤海。

京津冀地区降水年内分布不均，夏季受周边海洋气团影响，降水较多，降水量占全年的70%以上，且多暴雨。夏季降水量年际变化也很大，导致旱涝灾害频发。春季、秋季和冬季降水量较少，且春季、冬季比较干燥。京津冀地区地处我国东部沿海，受东亚季风影响，北部地区由东南向西部方向降水量逐渐减少，张家口地区降水量最少；南部地区降水量向四周递增，邢台、邯郸、衡水等一带少雨；西北部因地势高，夏季湿度减少，邻近沙漠雨水少。由于靠近渤海，受海岸线与夏季来自海上东南季风的影响，燕山以南多雨区雨量充足。

1.1.2 社会经济概况

京津冀位于华北地区，不仅仅是我国的政治文化中心，也是中国经济最发达的地区之一。2018 年年末总人口数接近 1.13 亿人，占该年全国年末总人口数的 8.08%。其中城镇人口 7424 万人，乡村人口 3846 万人，城镇化率约为 65.9%。截至 2018 年，京津冀地区生产总值达到 86 139.89 亿元，人均生产总值达 10.29 万元。京津冀地区是全国主要高新技术和重工业基地，以汽车工业、机械工业、钢铁工业、电子工业为主。北京、天津、河北的人均生产总值差异较大，北京、天津均达到 12 万元以上，河北仅不到 5 万元，表明京津冀三地经济发展水平存在一定差距，内部分化严重。北京、天津第三产业增加值占比最高，城镇化水平相对较高，河北是我国的农业大省，第一产业仍占据较大比重。然而京津冀地区多年平均水资源量不足全国的 0.7%，水资源极其短缺，且用水结构不合理。

1.2 国内外研究进展

1.2.1 自然水循环研究进展

1. 自然水循环

受太阳辐射和地心引力等影响，水通过土壤蒸发和植物蒸腾、输送、凝结降水、下渗和径流等环节，在各种水体之间进行着连续不断的运动，这种运动过程称为水循环（黄智卿和曾纯，2019），水循环或水汽输送的研究最早可追溯到 1894 年（尹泽疆，2018）。自然水循环过程主要包括降水、蒸发、入渗、径流、植被截留等。科学分析自然水循环的演变规律，对各个环节的演变规律进行研究，国内外学者在这方面取得了丰硕的成果。Dirmeyer 等（2014）计算了降水水汽输送的直线距离，并得到了水汽输送距离 500 ~ 4000 km 的全球分布规律；Almazroui 等（2017）说明了在气候变化影响下，未来降水量将会增加，有更持久的湿润时间，并且能够补给地下水。国内研究的一个侧重点是气候变化对水循环演变规律的影响，赵娜娜等（2019）为探索未来气候变化情景下若尔盖高寒湿地水文过程和水循环演变规律，探讨了 2020 ~ 2050 年不同气候变化情景下若尔盖湿地流域径流变化趋势以及气候变化对湿地径流的影响；王东升等（2019）利用青藏高原东南边缘核心区迪庆地区 3 个站的蒸发皿蒸发、降水、径流深观测资料，分析了各要素年内、年际变化规律，并探讨了区域蒸发、降水、径流深的相关关系。

2. 水循环模拟

在水循环模拟研究中，水文模型模拟是水循环研究的主要过程。水文模型以整个水循环系统为研究对象，可以模拟流域内时空连续的流域蒸散发等水循环要素（占车生等，2015），主要包括 TOPMODEL（Beven and Kirkby，1979；梁国华等，2019）、SHE（Abbott et al.，1986）、VIC（邓鹏和黄鹏年，2018）、SWAT（周铮等，2020）、GSFLOW（Markstrom et al.，2008）等水文模型。基于这些水文模型，国内外水文学者对水循环开展了大量模拟研究，大多集中在模拟水循环要素以及水循环要素演变规律等方面。Wang 等（2017）利用 VIC 模型和 14 个全球气候模型（GCMs）预测，研究了湘江流域未来几十年的水资源变化趋势，结果表明，湘江流域将会经历 21 世纪 20 年代降水减少、30 年代降水增加的过程，湘江流域可能会因气候变化而缺水；Huntington 等（2018）利用美国本土的空间分布水平衡模型对提出的表征陆地水循环强度的定量框架进行了说明，定义了一种新的水循环强度指标；Githui 等（2009）利用 SWAT 模型模拟了维多利亚湖流域未来气候变化下的径流变化规律，评估了维多利亚湖流域未来潜在的气候变化及其对河流流量的影响，结果表明，该流域降水增加使地表径流呈显著增加趋势。

国内水循环模拟模型已成为一个研究热点，占车生等（2015）对水文模型的蒸散发数据同化研究进行了总结，系统分析了利用当前各种通用水文模型进行蒸散发同化的可行性，并提出了一种基于分布式时变增益模型（DTVGM）的易于操作且具有水循环物理机制的蒸散发同化新方案；丁相毅等（2010）将 WEP-L 分布式水文模型与全球气候模式耦合，模拟了海河流域历史 30 年（1961～1990 年）和未来 30 年（2021～2050 年）降水、蒸发、径流等主要水循环要素的变化规律，并分析了气候变化对海河流域水资源的影响；骆月珍等（2019）以富春江水库控制流域为研究区域，利用 SWAT 模型，对富春江水库控制流域进行了逐日径流模拟，探讨了流域 2008～2016 年径流变化及水量平衡过程。无论是何种模拟类型，分布式水文模型均需将研究区离散成的小空间单元，进而完成了模拟整个研究区的水循环过程（刘欢等，2019）。

1.2.2　二元水循环研究进展

基于人类活动的影响，水循环实际包括自然水循环和社会水循环两部分，二元水循环是两者的耦合，是对自然-人工二元驱动力作用下水循环系统的抽象概括（王喜峰，2016；邹进，2019）。迄今为止，国内学者对二元水循环进行了大量研究，取得了丰硕的成果，主要体现在二元水循环概念与模式、模型的构建与应用以及基于二元水循环的水资源研究与评价几个方面。例如，秦大庸等（2014）构建了流域自然-社会二元水循环理论框架，并以海河流域为研究对象，探讨了典型流域水资源演变规律以及流域二元水循环模式与概念模型；王浩和贾仰文（2016）从水循环的驱动力、演变效应和结构等方面，对比分析了自然水循环和自然-社会二元水循环的不同特征，阐述了变化中的流域自然-社会二元水循环理论与研究方法。在此基础上，国内学者开展了基于二元模式的水资源研究与评价，陈丽等（2017）利用二元水循环过程，构建了黄淮海平原耕地水源涵养功能研究基本框架，并应用 SCS-CN 模型评价该地区的耕地水源涵养功能；邹进等（2014）在二元水循环理论的基础上，提出承载单元的概念，并以此为研究对象，建立了质量能构架下水资源承载力的评价指标体系，综合评价水资源承载力；魏娜等（2015）以二元水循环理论为基础，构建了用水总量与用水效率多重调控机制，通过改进水资源配置模型建立了水源-用户供水优化模型，并以渭河流域为例进行了应用分析。在二元水循环模型研发与应用研究方面，贾仰文等（2010）以具有水循环自然-人工二元特性的海河流域为研究对象，开发了由分布式流域水循环（WEP）模型、多目标决策分析（DAMOS）模型和水资源合理配置（ROWAS）模型这 3 个模型耦合而成的流域二元水循环模型；贺华翔等（2013）基于二元水循环理论，描述了污染物产生、入河过程机理，对流域分布式水质（WEQ）模型进行了改进；王浩等（2013）根据流域水循环演变自然-社会二元特性，以海河流域为研究对象，建立了流域二元水循环及其伴生过程综合模拟平台，并以此为工具预估了水资源、水生态和水环境的未来演变情势；邵薇薇等（2013）提出了海河流域农田综合二元水循环模式，并研究了海河流域农田水循环的水平衡要素，根据该水循环模式以及水平衡要素的通量研究，提出了调控措施。

国外学者还未提出"二元水循环"相关概念，但对社会水循环以及自然水循环系统与社会水循环系统或人工水循环系统的相互作用以及协同演化问题进行了研究，Lu 等（2016）介绍了社会水循环以及自然水循环与社会水循环耦合，探讨了两者的耦合模式和驱动机制，水量和水质的演变过程并构建了社会水循环模型，在此基础上对相关的理论研究进行了回顾，并对未来的研究方向进行了预测；Linton 和 Budds（2014）提出了水文社会循环的概念，作为理论和分析水-社会关系的一种方式；Viglione 等（2014）从社会水文学的角度论述了应当如何对待洪水风险问题，探讨了在洪水风险中社区保持较高风险意识的能力、集体愿意承受风险的态度以及对降低风险措施的信任度。

1.2.3 京津冀水循环研究进展

京津冀地区是我国北方地区最大、发展程度最高的经济核心区，以北京为核心向天津、河北辐射，但京津冀地区的水资源状况不容乐观。国内外对水循环的研究较多，但针对京津冀地区的水循环研究相对较少。国外主要围绕京津冀地区解决水资源短缺以及水资源与其他资源联系等方面进行研究，Li 等（2019）通过建立多城市、多目标的优化模型，研究了在水资源约束下京津冀地区的产业结构优化、潜在利益和节水效益；Tian 等（2019）建立了三级城市水足迹模型，通过将三级投入产出模型纳入城市群水足迹中，根据行业和地区从其他地区的进出口情况，分析了行业和地区在供水网络中的作用，以重新平衡水资源的使用并减少水的短缺；Zeng 等（2019）以京津冀地区为实际案例，发展水资源分配和粮食生产优化，以支持京津冀地区协同发展。

国内学者从京津冀水循环要素、水资源和水环境等角度开展了大量研究，在水循环要素的研究上，李鹏飞等（2015）通过彭曼公式计算了京津冀地区近50年的气温、降水以及潜在蒸散量，深入研究了水循环要素的时空分布特征；在水资源和水环境的研究上，主要研究了京津冀地区的水资源保护与管理（李宝珍和李海桐，2016；赵勇和翟家齐，2017）、水污染的防护与治理（李晨子和王斌，2019；周潮洪和张凯，2019）等，以期解决京津冀地区的水资源短缺和水环境问题。

目前，对于二元水循环的探究，尚没有相关的基础数学表达式，特别是在二元驱动力的描述应用上。由于缺乏数学物理基础公式，二元水循环在应用上会遇到困难，无法定量分析驱动力。因此，需要提出二元水循环社会端的数学表达，寻求社会端驱动的切入点，并结合自然端的太阳辐射及重力驱动，探究水资源的二元循环数学物理基础。二元水循环的演变是对气候变化和人类活动的响应，明确水循环要素及水资源环境、经济、社会与资源属性等演变规律，是提出适合社会经济发展的水资源保护措施的基础。

本书在揭示京津冀强人类活动区水循环全过程演变机理、过程与规律是水资源安全诊断以及提出健康水循环模式与评判标准的基础上，定量分析二元水循环驱动力迫切需要其关键过程的数学表达，为京津冀水资源科学调控和安全保障提供理论依据与技术支撑。

1.3　技　术　路　线

本书在介绍京津冀地区的区域概况、水资源本底条件和区域发展需求的基础上，结合国内外的研究方向和技术进展，对京津冀区域的水循环状况进行了系统解析。具体研究内容如下：

首先，侧重于自然侧水与能量循环要素演变规律的研究，对京津冀地区的降水、径流、地下水等要素进行了解析，其中对京津冀的水热气象要素变化趋势进行了着重分析，包括降水、温度、风速、辐射、相对湿度。在此基础上，对京津冀地区的水资源收支变化规律进行了初步分析。

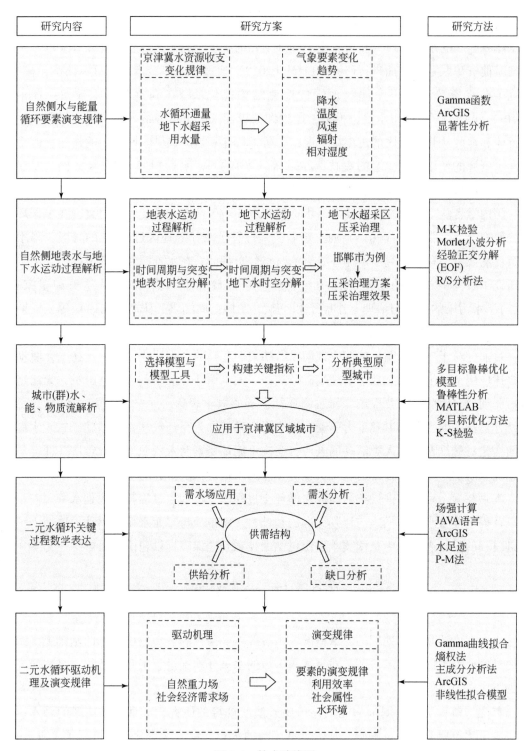

图 1-1　技术路线图

其次，侧重于社会侧城市（群），对水、能、物质流进行了解析，并以典型城市为案例研究，对城市（群）水循环过程进行了模拟与评估，包括水量过程和水质演变。综合考虑全国平均的城市社会经济发展阶段和水循环基础设施建设水平，构建典型原型城市（标准城市）作为模型工具应用和案例分析的典型对象。通过调用城市水污染控制技术数据库，应用多目标鲁棒优化模型（multi-objective robust optimization model，MOROM）对标准城市水循环进行结构设计和技术选择，分析京津冀区域城市适宜系统模式以及各城市高性能解。

再次，对二元水循环的驱动机理与关键过程的数学表达进行了解析，包括在理论层面，界定了城市水场的概念，对海河流域城市的需水场进行了分析，并在对京津冀地区生活生产生态刚性用水需求的基础上，对京津冀地区的水资源供需结构（需水量中的实部和虚部，供水量中的蓝水和绿水）及水资源输入输出缺口也进行了分析。

最后，对京津冀地区二元水循环驱动机理及演变规律进行了分析，对区域二元水循环的驱动力和因素进行了解析，包括自然侧干-湿时空演变驱动力的贡献甄别和自然侧人口、经济等社会驱动场的驱动机制分析，揭示了自然重力场与社会经济需求场耦合机制，并对二元水循环演变规律进行了解析，包括水循环各要素的演变、利用效率的演变和二元水循环耦合路径的演变（图1-1）。

第 2 章　自然侧水与能量循环要素演变规律

2.1　京津冀水资源收支变化规律

2.1.1　京津冀供水量和消耗量通量解析

降水形成的地表和地下产水量，即水资源总量，为地表流量与降水入渗补给量之和（汪林等，2016）。为了明晰京津冀地区水资源收支状况，本书首先定量解析京津冀水循环通量，收集整理 1994～2013 年《中华人民共和国水文年鉴》及《中国水资源公报》的统计结果，京津冀地区年降水量为 1090.73 亿 m^3，其中地表水资源量为 100.88 亿 m^3，地下水资源补给量为 149.64 亿 m^3（其中 30.5 亿 m^3 为地表水重复计算量），与此同时地下水年开采量达到 190.91 亿 m^3，平均每年超采地下水 41.27 亿 m^3。根据以上数据得出京津冀年水资源总量为 220.02 亿 m^3，水资源消耗量为 261.28 亿 m^3（图 2-1、表 2-1 和表 2-2）。根据水资源使

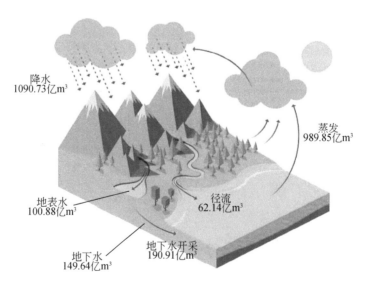

降水
1090.73亿m³

蒸发
989.85亿m³

地表水
100.88亿m³

径流
62.14亿m³

地下水
149.64亿m³

地下水开采
190.91亿m³

图 2-1　京津冀地区水资源通量解析

用方式的不同，可分为农业用水、生产用水和生活用水，其中农业用水比重最高，年耗水181.4 亿 m³，占水资源消耗总量的 69.4%；其次为生活用水，年耗水 40.79 亿 m³，占水资源消耗总量的 15.6%；最后为生产用水，年耗水 39.09 亿 m³，占水资源消耗总量的 15%。

表 2-1　京津冀地区水资源量　　　　　　　　（单位：亿 m³/a）

水资源类型	京津冀地区	北京市	天津市	河北省
农业用水	181.4	14.25	12.28	154.87
生产用水	39.09	7.89	5.05	26.15
生活用水	40.79	13.51	4.76	22.52
地表水	100.88	11.10	8.96	80.82
地下水	149.64	20.72	5.33	23.59
海水利用	—	—	5	—
水资源总量	220.02	31.82	19.29	167.56
水资源消耗量	261.28	35.65	22.09	203.54

资料来源：《中华人民共和国水文年鉴》《中国水资源公报》。

表 2-2　京津冀地区水循环数据　　　　　　　　（单位：亿 m³/a）

水循环类型	京津冀地区	北京市	天津市	河北省
径流	62.14	7.82	6.4	47.9
蒸发	989.85	76.78	54.23	858.84
降水	1090.73	87.88	63.18	939.67

资料来源：《中华人民共和国水文年鉴》《中国水资源公报》。

北京作为我国首都、国家中心城市，其年降水量为 87.88 亿 m³，地表水资源量为11.10 亿 m³，地下水资源补给量为 20.72 亿 m³，与此同时地下水年开采量达到 24.55 亿 m³，平均每年超采地下水 3.83 亿 m³（图 2-2）。根据以上数据得出北京年水资源总量为 31.82亿 m³，水资源消耗量为 35.65 亿 m³。农业用水比重最高，年耗水 14.25 亿 m³，占水资源消耗总量的 40%；其次为生活用水，年耗水 13.51 亿 m³，占水资源消耗总量的 37.9%；最后为生产用水，年耗水 7.89 亿 m³，占水资源消耗总量的 22.1%。

天津地处华北平原北部，东临渤海，其年降水量为 63.18 亿 m³，地表水资源量为8.96 亿 m³，地下水资源补给量为 5.33 亿 m³，与此同时地下水年开采量达到 6.79 亿 m³，平均每年超采地下水 1.46 亿 m³，因天津靠近海岸线（沿海）、地势低下，同时经济相对于河北发展较快，近年来海水利用已成为缓解水资源矛盾、增加水资源总量的有效手段，年海水淡化水资源量已达到 5 亿 m³（图 2-3）。根据以上数据得出天津年水资源总量为 19.29 亿 m³，水资源消耗量为 22.09 亿 m³。农业用水比重最高，年耗水 12.28 亿 m³，占水资源消耗总量的 55.6%；其次为生产用水，年耗水 5.05 亿 m³，占水资源消耗总量的 22.9%；最后为生活用水，年耗水 4.76 亿 m³，占水资源消耗总量的 21.5%。

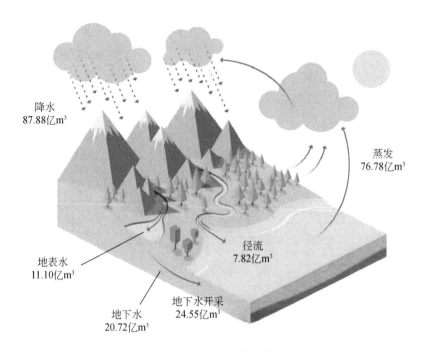

降水
87.88亿m³

蒸发
76.78亿m³

径流
7.82亿m³

地表水
11.10亿m³

地下水开采
24.55亿m³

地下水
20.72亿m³

图 2-2　北京地区水资源通量解析

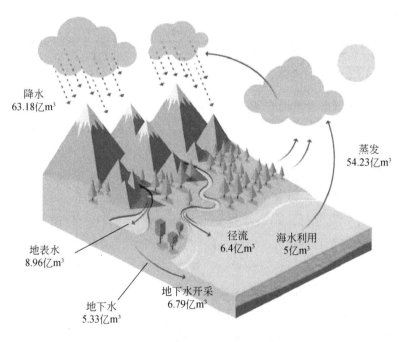

降水
63.18亿m³

蒸发
54.23亿m³

径流
6.4亿m³

海水利用
5亿m³

地表水
8.96亿m³

地下水开采
6.79亿m³

地下水
5.33亿m³

图 2-3　天津地区水资源通量解析

河北作为我国粮食主产省份之一，水资源短缺与农业需水的矛盾突出。河北整体上年降水量为 939.67 亿 m³，地表水资源量为 80.82 亿 m³，地下水资源补给量为 123.59 亿 m³（其中 36.85 亿 m³ 为地表水重复计算量），与此同时地下水年开采量达到 159.57 亿 m³，平均每年超采地下水 35.98 亿 m³（图 2-4）。根据以上数据得出河北年水资源总量为 167.56 亿 m³，水资源消耗量为 203.54 亿 m³。农业用水比重最高，年耗水 154.87 亿 m³，占水资源消耗总量的 76.1%；其次为生产用水，年耗水 26.15 亿 m³，占水资源消耗总量的 12.8%；最后为生活用水，年耗水 22.52 亿 m³，仅占水资源消耗总量的 11.1%。

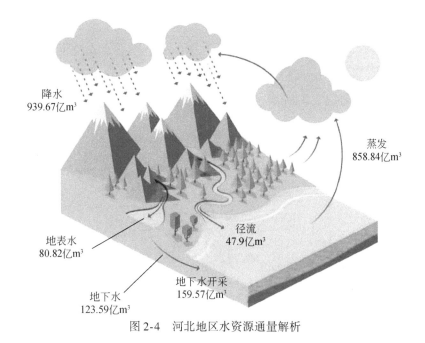

图 2-4　河北地区水资源通量解析

2.1.2　京津冀地下水超采

Vlček 和 Huth（2009）证明了 Gamma 函数（Γ 函数）分布基本上可以模拟区域日降水量概率的分布特征。丁裕国（1994）利用 20 多个观测站的月降水量概率和 Gamma 函数、正态分布、Weibull 分布、Kappa 分布模拟比较，证明了 Gamma 函数对降水量概率分布研究具有普遍适用性。吴洪宝等（2004）对广西 6～7 月最大日降水量进行了概率统计，研究表明，Gamma 函数克服了用样本频率代替概率不可避免的随机振荡，用于拟合 10 天和 20 天内最大日降水量概率分布更为合理。王磊等（2016）发现 Gamma 函数可以很好地描述实际观测小时降水量的概率分布情况。理论和实践证明 Gamma 函数可用于分析不同区域、不同时间尺度的降水量概率分布特征（Sun et al., 2012）。因此，本研究基于 Gamma 函数拟合地下水超采量与降水量关系，定量解析京津冀水资源情况。

    水资源供需矛盾的增加是京津冀地区地下水超采的主要原因（韩雁等，2018）；降水作为地表水以及浅层地下水的主要补给来源，直接决定了水资源补给量的多少（刘中培，2010）。进一步分析京津冀年降水量和地下水超采量发现，两者呈显著的负相关关系（相关系数为-0.93）。多年平均降水量（降水量经验累积概率为50%时的降水量，1080亿m³/a）远小于地下水供需平衡时的降水量（1245亿m³/a，水资源供需平衡点的累积概率为65%，见图2-5），导致京津冀地下水长期处于超采状态，超采量为42亿m³（图2-6）。根据累积概率拟合结果，年降水量达到或超过1245亿m³时，仅35%的年份地下水资源供给量≥地下水资源消耗量，地下水超采现象短暂消失。

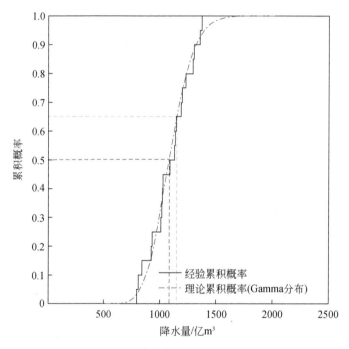

图2-5　京津冀年降水量的累积概率分析

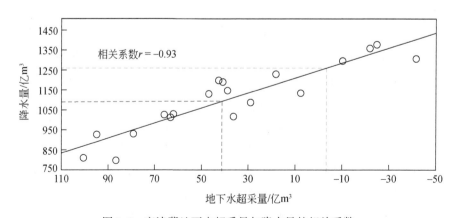

图2-6　京津冀地下水超采量与降水量的相关系数

北京作为我国的国际大都市，由于经济发展，其地下水超采严重。分析可知，北京年降水量和地下水超采量的相关系数为-0.98。多年平均降水量（降水量经验累积概率为50%时的降水量，86.5亿m³/a）远小于地下水供需平衡时的降水量（97.4亿m³/a，水资源供需平衡点的累积概率为70%，见图2-7），导致北京地下水长期处于超采状态，超采量为5.1亿m³（图2-8）。根据累积概率拟合结果，年降水量达到或超过97.4亿m³时，仅30%的年份地下水资源供给量≥地下水资源消耗量，地下水超采现象短暂消失。

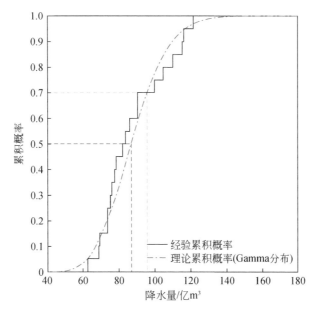

图2-7　北京年降水量的累积概率分析

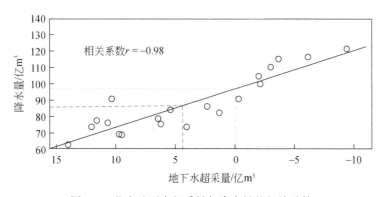

图2-8　北京地下水超采量与降水量的相关系数

沿海开放城市天津的地下水超采情况也不可忽视。分析可知，天津年降水量和地下水超采量的相关系数为-0.72。多年平均降水量（降水量经验累积概率为50%时的降水量，62亿m³/a）远小于地下水供需平衡时的降水量（69.2亿m³/a，水资源供需平衡点的累积概率为 70.3%，见图 2-9），导致天津地下水长期处于超采状态，超采量为 1.84 亿 m³（图 2-10）。根据累积概率拟合结果，年降水量达到或超过 69.2 亿 m³ 时，仅 29.7% 的年份地下水资源供给量≥地下水资源消耗量，地下水超采现象短暂消失。

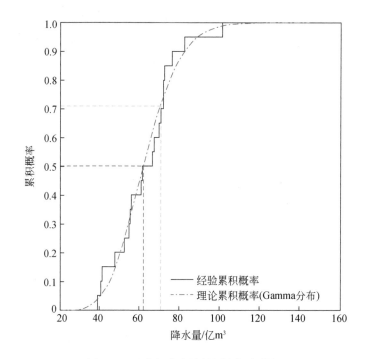

图 2-9 天津年降水量的累积概率分析

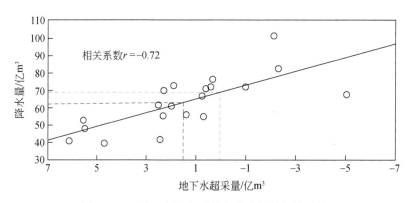

图 2-10 天津地下水超采量与降水量的相关系数

作为农业大省的河北，农业灌溉造成地下水超采。分析可知，河北年降水量和地下水超采量的相关系数为 -0.92。多年平均降水量（降水量经验累积概率为 50% 时的降水量，928 亿 m³/a）远小于地下水供需平衡时的降水量（1070.4 亿 m³/a，水资源供需平衡点的累积概率为 84.6%，见图 2-11），导致河北地下水长期处于超采状态，超采量为 33.9 亿 m³

（图 2-12）。根据累积概率拟合结果，年降水量达到或超过 1070.4 亿 m³ 时，仅 15.4% 的年份地下水资源供给量≥地下水资源消耗量，地下水超采现象短暂消失。

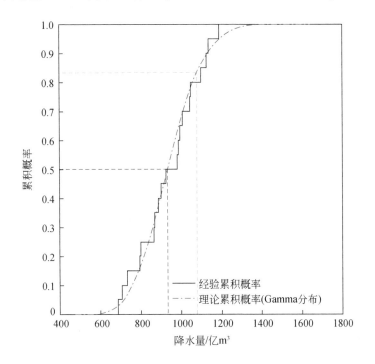

图 2-11 河北年降水量的累积概率分析

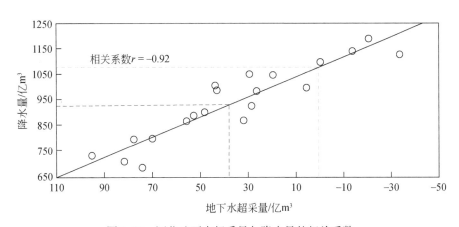

图 2-12 河北地下水超采量与降水量的相关系数

水位下降形成的地质漏斗达到近 30 个，直接导致地面塌陷与海水倒灌地质灾害风险区数十个（胡琪，2017）。2014 年 12 月南水北调中线工程正式竣工，2015 年 12 月输入京津冀三地的水量分别为 8.4 亿 m³、3.8 亿 m³ 和 1.3 亿 m³。由此京津冀的水资源量得以增加，降低了京津冀水资源短缺的风险，地下水位超采现象也得以缓解。

2.1.3 京津冀用水量年际变化

本书收集整理了《中华人民共和国水文年鉴》和《中国水资源公报》1994～2013年的统计结果，对京津冀地区用水量进行了定量评估。结果显示，1994～1999年，京津冀地区总用水量呈跳跃式增加，由272.16亿m³猛增至292.09亿m³，随后2000～2004年趋势出现急剧反转，由275.20亿m³迅速回落至252.48亿m³，并自2005年后稳定维持在260亿m³的水平 [图2-13（a）]。其中农业用水量和工业用水量均呈下降趋势，而生活用水量呈增加趋势。农业用水量和工业用水量分别从2000年的190.31亿m³、43.20亿m³下降到2013年的159.1亿m³、35.7亿m³ [图2-13（b）和（c）]，农业用水量在一定程度上受旱涝情势的影响，干旱时农业用水量就会增加，河北在2006年有轻度干旱，当年的农业用水量就随之增加（范琳琳等，2016）。胡彪和侯绍波（2016）发现城市生产总值占全国GDP的比重、人均GDP和环境污染治理投资比重与工业用水效率之间存在正相关关系。随着人口的增长（由2010年的9010.23万人增长到2010年的10 440.53万人）（王婧等，

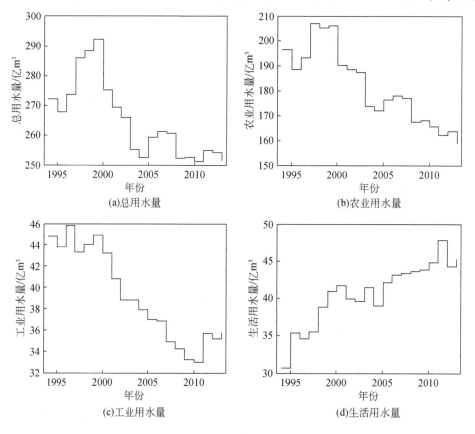

(a)总用水量

(b)农业用水量

(c)工业用水量

(d)生活用水量

图2-13 京津冀年际用水量分析

2018），生活用水量也随之增加，即从 1994 年的 30.74 亿 m³ 增长到 2012 年的 47.80 亿 m³ [图 2-13 (d)]。其中京津冀城市群农村生活用水效率整体高于城市生活用水，截至 2015 年底，京津冀工业、农业与生活用水量比例为 14：63：23 （海霞等，2018）。

北京作为我国政治中心、文化中心、国际交往中心。总用水量在 1994～2002 年也是相当之多，并在 1996 年达到最大值 （43.21 亿 m³），而 2002 年呈断崖式下降 （34.62 亿 m³）[图 2-14 （a）]，这得益于相应法规的制定促进了北京节约用水的发展。滴灌、喷灌、膜下灌溉的出现在一定程度上使农业用水量下降 （串丽敏等，2018），从 1994 年的 20.52 亿 m³ 下降到 2013 年的 9.1 亿 m³ [图 2-14 （b）]，在 2004 年后更是呈现逐年下降的趋势。在此期间，由于北京受产业结构的调整和科技进步的影响 （张宇等，2015），工业用水量整体上下降，即从 1996 年的 12.64 亿 m³ 下降到 2013 年的 5.9 亿 m³ [图 2-14 （c）]。而北京的生活用水与上述两种用水结构规律不同，人口的增长导致 （由 1994 年的 1061 万人增加到 2014 年的 2172.9 万人），1994～2014 年北京生活用水量急速上升 （白鹏和刘昌明，2018），由 9.36 亿 m³ 上升到 16.4 亿 m³ [图 2-14 （d）]。

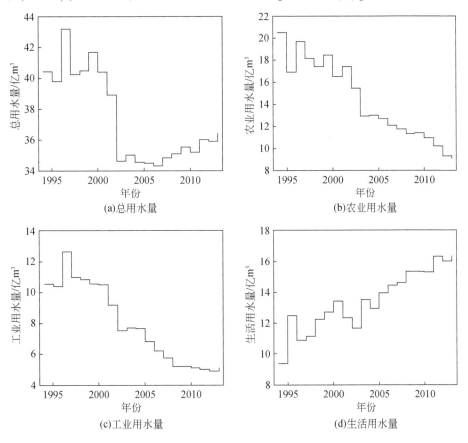

图 2-14　北京年际用水量分析

近 20 年天津总用水量变化波动较大，其中，1999~2001 年总用水量呈断崖式下降，由 25.50 亿 m³ 急剧下降到 19.14 亿 m³。2002~2004 年总用水量又有所回升；2005~2013 年总用水量上下波动较小，基本稳定维持在 23.4 亿 m³ [图 2-15（a）]。近年来低效粗放的灌溉和"福利水"灌溉形式广泛存在，天津农业用水浪费现象普遍严重（张骏涛，2009），导致 1994~1997 年农业用水量呈现明显上升趋势，并于 1997 年达到最大值（14.63 亿 m³），随后 1998~1999 年出现急剧反转，由 10.49 亿 m³ 增加到 12.95 亿 m³；2002~2010 年呈先增加后减少趋势，又于 2011~2013 年出现小幅度波动 [图 2-15（b）]。近年来，天津各工业部门节水意识有所提高，对水资源的管理日益完善，用水效率及用水循环率有所提高（洪思扬等，2017），导致工业用水量整体上呈下降趋势，且工业用水量与总用水量于同一年（1999 年）达到最大值（6.98 亿 m³），其中工业用水量于 2008 年达到最小值（3.81 亿 m³），并自 2009 年后维持稳定上升趋势 [图 2-15（c）]。天津作为沿海开放城市，其经济的快速发展和人口的不断增长，导致近 20 年天津生活用水量呈显著上升趋势，并于 1999 年达到最大值（5.58 亿 m³）[图 2-15（d）]。

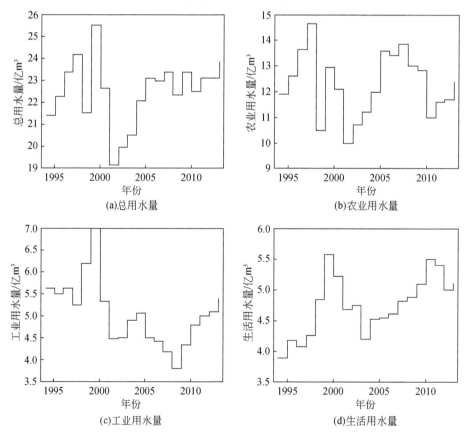

图 2-15　天津年际用水量分析

河北作为农业大省，农业灌溉面积约为 6800 万亩①，占耕地面积的 74%（郝跃颖，2017）。因此在 1994～1999 年河北农业用水量十分庞大，1998 年甚至消耗了 177.54 亿 m³ 之多，但随着工程节水、农艺节水、生物节水、管理节水的全面发展（刘佳嘉，2010），农业用水量在 2000～2002 年较为稳定，在 2000 年的 161.74 亿 m³ 骤降到 2002 年的 161.23 亿 m³ 小范围变化，随后呈波动式下降 ［图 2-16 （b）］。与此同时，工业企业推广循环用水新工艺、密闭循环等技术，水循环利用率提高（李昌强等，2009），工业用水量也随之减少，即从 1995 年的 27.91 亿 m³ 减少到 2010 年的 23.1 亿 m³；在 2011 年呈跳跃式回升（25.7 亿 m³）［图 2-16 （c）］，但整体上呈下降趋势。由于生活用水浪费严重，加上农业的发展和人口的增长，河北的生活用水量在 1994～2000 年持续上升，由 1994 年的 17.49 亿 m³ 增长到 2000 年的 23.08 亿 m³；在 2004 年有明显的下降（21.58 亿 m³）［图 2-16 （d）］，但随后仍呈波动上升。由于农业用水量占总用水量的比例较高，总用水量的变化趋势与农业用水的变化趋势相似 ［图 2-16 （a）］。

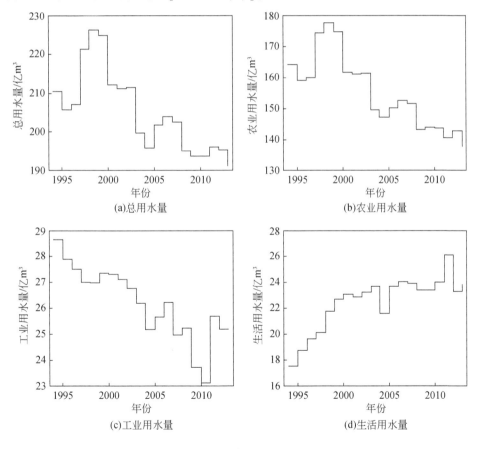

图 2-16 河北年际用水量分析

① 1 亩 ≈ 666.67m²。

　　世界每人年均水资源拥有量为 8800 m³，我国每人年均水资源拥有量为 2200 m³，约为世界每人年均水资源拥有量的 1/4；2013 年，京津冀地区每人年均水资源拥有量仅为 198.53 m³，不足全国平均水平的 1/10，且不到世界平均水平的 1/40，远低于每人年均500 m³ 的世界水资源短缺警戒线（海霞等，2018）；京津冀地区水资源总量只有 215.31 亿 m³，仅占全国的 0.77%，却承载着全国 7.99% 的人口和 9.87% 的 GDP（庄立等，2016）。经济的发展离不开农业，农业作为我国国民经济的基础，其用水量占京津冀总用水量的比重最大。河北作为京津冀经济圈中经济总量和土地面积最大的省份及农业大省，其用水量占京津冀总用水量的比重是最大的，但河北的人均生活用水量相较京津两地偏少（图 2-17 和图 2-18）。总体上京津冀人均生活用水量在 1994～2013 年增减不定，没有明显的变化规律。

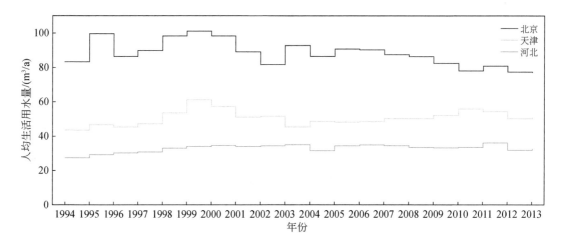

图 2-17　京津冀人均生活用水量分析

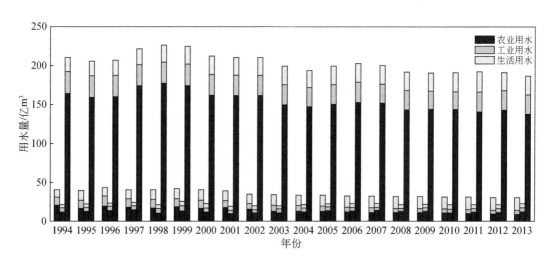

图 2-18　京津冀年际用水汇总

同一年份三个图柱从左到右分别表示北京、天津、河北的用水量

2.2 京津冀水热气象要素变化趋势分析

2.2.1 降水变化趋势分析

在全球变暖的气候背景下，气温每升高 1 ℃，整体上我国降水量增加 1% ~ 3%，但年降水量的变化趋势存在显著的区域特征（左洪超等，2004）。分析图 2-19 可知，与全国降水增加趋势不同，近 53 年来（1960 ~ 2013 年）京津冀地区年降水量呈显著下降趋势（-9.3 mm/10 a），其中 1960 年至 20 世纪 90 年代中期下降趋势最为明显（-12.3 mm/10 a），90 年代中期到 21 世纪初期变化不显著（1.4 mm/10 a），21 世纪以来呈显著增加趋势（17.5 mm/10 a）。

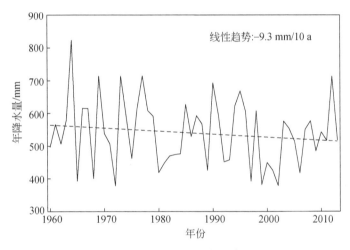

图 2-19 1960 ~ 2013 年京津冀年降水量变化

虽然京津冀全区多年平均降水量呈波动下降趋势，但降水量存在明显的空间差异，分析图 2-20 可知，燕山丘陵区多年平均降水量最多，达到 600 mm 以上；冀北高原区多年平均降水量最少，在 400 mm 以下；太行山区与山前平原区多年平均降水量相当，相差不足 30 mm，多年平均降水量在空间上总体趋势由东南向西北方向逐渐递减。由图 2-21 可知，京津冀地区多年平均降水量趋势变化均不显著，未通过 $P<0.05$ 显著性检验。

我国学者对华北地区降水量的变化进行了大量的研究（袁再健等，2009；褚健婷等，2009；张健等，2010；张皓和冯利平，2010；张可慧，2011），结果均表明降水过程存在明显的季节趋势变化特征，即京津冀地区春季和秋季降水量均呈增加趋势（春季 3.79 mm/10 a；秋季 6.73 mm/10 a），春季燕山丘陵区降水量增加较显著，秋季冀东平原区降水量增加较

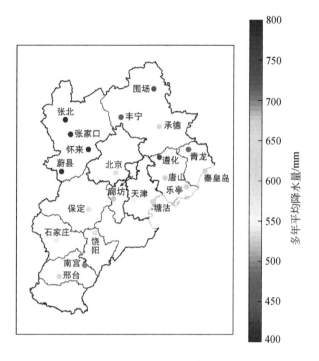

图 2-20　京津冀地区多年平均降水量空间分布（1960～2013 年）

●为国家气象站位置。实心圈表示趋势显著，通过 $P<0.05$ 显著性检验；空心圈表示趋势不显著，

没有通过 $P>0.05$ 显著性检验，本章同

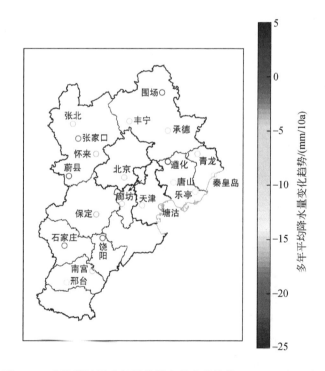

图 2-21　京津冀地区多年平均降水量变化趋势（1960～2013 年）

显著。受东亚夏季风和地形的影响，夏季降水量下降趋势显著（-21 mm/10 a），且冀东平原区减少幅度最大，降水量从东南向西北逐渐减少；冬季水汽含量最少，基本上呈南多北少的分布，降水量趋势变化不明显。虽然春季和秋季的降水量有增加趋势，但对年降水量的贡献较少。受夏季降水量减少的影响（夏季降水量占全年降水量的65%以上），年降水量呈现减少趋势，造成我国华北地区干旱化加剧、降水异常等事件频发（周丹，2015）。

在全球持续变暖的作用下，京津冀地区年降水量持续减少，旱灾增加，异常降水事件频发。由于城镇化的快速发展，社会财富加速向城市集中，流域下垫面发生剧烈变化，极端降水风险加剧。在全球气候变暖背景下，温度不断升高，使得大气的持水能力增强；因此若要达到降水条件，就需要更多的水汽，一旦发生降水，降水强度就会比以往大（张建云等，2016）。申莉莉等（2018）对1981~2018年京津冀极端降水进行了分析，发现大部分地区的极端降水量、年平均极端降水日数和平均极端降水强度等呈减少趋势。极端降水量分布与年平均降水量分布基本一致：在北部地区，从西北向东南逐渐增加；在南部地区，由西向东逐渐增加，极端降水量可占到全区总降水量的1/3以上。左洪超等（2004）利用同期大气再分析资料（NCEP/NCAR[①]）发现，气候特征与大气环流特征密切相关，大气环流异常是京津冀地区降水异常的诱因。但不可忽视的是，受东部季风气候影响的持续增强，极端暴雨很可能以短历时强降水的方式出现（张可慧，2011），由此引发的山洪、泥石流、城市渍涝等次生灾害风险也显著增加。例如，2012年7月21日发生在北京的特大暴雨，造成79人死亡，160.2万人受灾，经济损失高达116.4亿元[②]。

2.2.2 温度变化趋势分析

温度的改变直接影响降水量的变化，进而影响区域的水热循环过程。在全球气候变暖加剧的环境背景下，中国气候变化趋势与全球气候变化趋势基本一致（任国玉等，2005），京津冀地区气温与全球气候变暖呈明显的正响应（张可慧，2011；李鹏飞等，2015）。通过对京津冀地区多年平均气温分析发现，1961~1969年是逐渐变冷的，1969年后气温回升，尤其是1984年后气温迅速上升，1998年增温达到高峰。近53年京津冀地区年平均气温、年均最高气温和年均最低气温均呈上升趋势，分别为0.28℃/10 a、0.16℃/10 a和0.43℃/10 a（图2-22和图2-23）。

---

① NCEP 指美国国家环境预测中心（National Centers for Environmental Prediction）；NCAR 指美国国家大气研究中心（National Center for Atmospheric Research）。

② http：//www.qgshzh.com/show/db15c68a-2f3c-429d-afcd-27e279f95e40。

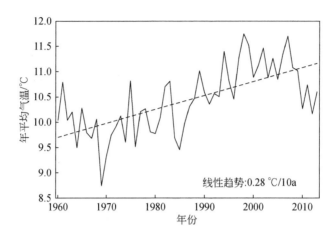

图 2-22　1960～2013 年京津冀地区年平均气温变化趋势

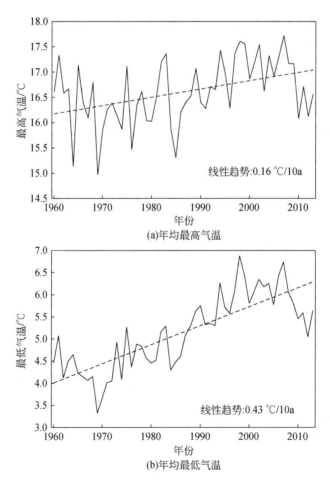

(a)年均最高气温

(b)年均最低气温

图 2-23　1960～2013 年京津冀地区年均最高和最低气温变化趋势

　　我国学者（周雅清和任国玉，2005；李春强等，2009；张可慧，2011；阿多等，2016）研究发现，京津冀地区四季均温也呈现增温趋势，只是增温幅度略有不同，即冬季（0.23 ℃/10 a，$P<0.01$）增温幅度最大，其次为春季（0.27 ℃/10 a，$P<0.01$），而夏季（0.06 ℃/10 a）和秋季（0.14 ℃/10 a，$P<0.01$）增温相对平缓，低于年平均气温的变化幅度。

　　对京津冀地区（1960～2013 年）平均气温、平均最高气温和平均最低气温空间分布进行分析发现（图2-24），京津冀地区1960～2013 年平均气温、平均最高气温与平均最低气温空间分布特征一致，多年平均气温南部高于北部，城区高于郊区，从西北向东南呈现升高趋势。分析多年平均气温、最高气温、最低气温趋势分布可知（图2-25），多年平均气温与多年平均最低气温增温趋势分布（除承德外）基本一致，由邢台—蔚县—北京—乐亭一线增温趋势向两侧逐渐递减；与多年平均最高气温增温趋势分布相差较大，其中塘沽最高气温增幅最大，南部地区增幅不明显，均通过 $P=0.05$ 显著性检验。周雅清和任国玉（2005）研究发现，华北地区受热岛效应影响增温相当显著，秦皇岛、张家口、北京等地均属于经济发达、人口密集地区，该地区受热岛效应影响更加明显。另有学者研究发现，京津冀地区多年平均气温空间分布具有差异，这不只受热岛效应的影响，还与地理特征有显著的联系，即内陆气温最高，沿海地区略低于内陆，平原地区高于山区（陈方远，2015）。

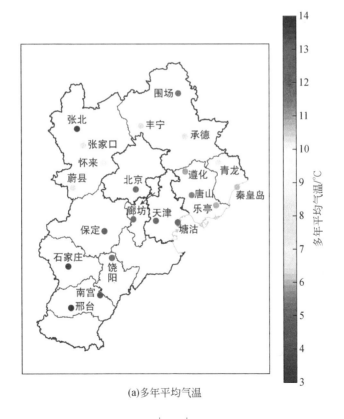

(a)多年平均气温

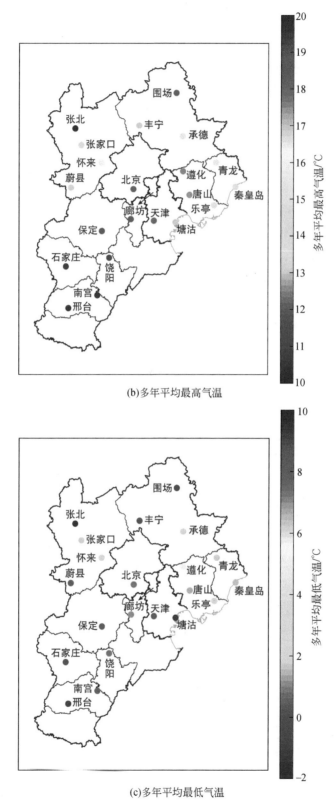

(b)多年平均最高气温

(c)多年平均最低气温

图 2-24　京津冀地区多年平均气温、最高气温和最低气温空间分布（1960～2013 年）

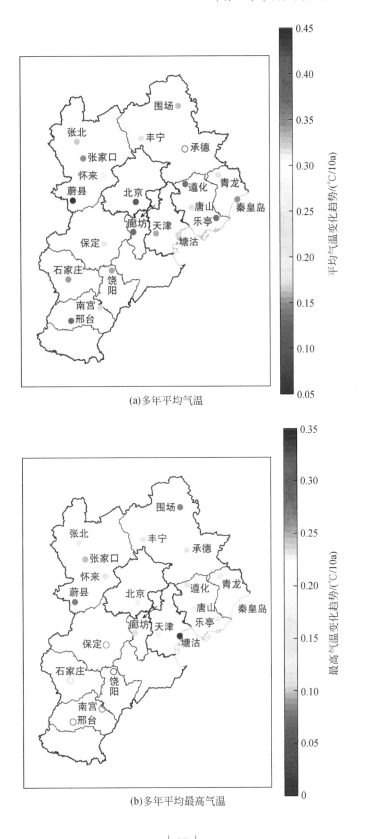

(a)多年平均气温

(b)多年平均最高气温

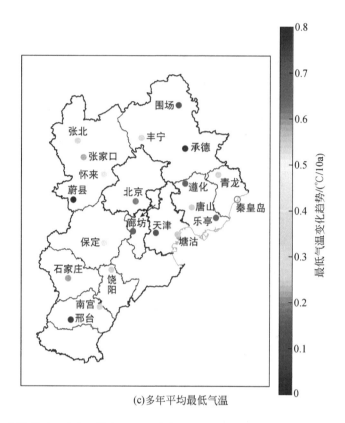

(c)多年平均最低气温

图 2-25 京津冀地区多年平均气温、最高气温和最低气温变化趋势（1960～2013 年）

1951 年以来，我国华北地区增温趋势非常显著，导致京津冀地区持续性极端高温事件频繁发生（施洪波，2011）。张可慧（2011）指出，极端天气事件的变化与区域气候变暖关系密切。而随着京津冀地区城镇化进程的加快，热岛效应加剧，发生在城市的极端气象灾害损失要比郊区大很多。例如，2009 年 6 月 20 日～7 月 5 日，石家庄连续 15 天最高气温超过 35 ℃，日平均气温达 38.3 ℃，比常年偏高 6.2 ℃，且其中 3 天超过 40 ℃，其高温持续时间之长，创石家庄气象站 1955 年建站以来的最长纪录。

2.2.3 风速变化趋势分析

风速作为影响水热循环重要的空气动力学因素，间接影响水汽输送的方向和速率。京津冀地区地形复杂，海陆热力性差异明显，导致京津冀地区多年平均风速存在明显的空间差异性（图 2-26）。分析发现，京津冀地区多年平均风速空间分布呈马鞍形：主峰值区位于坝上张北地区（4.05 m/s），次峰值区位于沿海塘沽地区（4.01 m/s），中部北京湾及其南北延伸区域地势低洼，风速较低，形成张北—北京—塘沽自西北向东南先下降再增加的空间变化特征。

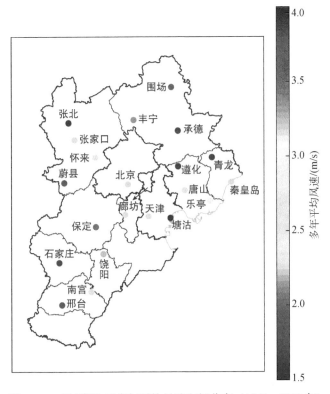

图 2-26　京津冀地区多年平均风速空间分布（1960～2013 年）

对不同地区风速变化趋势的研究发现，自 20 世纪 70 年代以来，在地表热力性差异下降和地表粗糙度增加等多重影响下，全球范围内地表风速呈现整体性下降变化特征（Vautard et al.，2010；Yang et al.，2014），这一现象也被学术界称为"风速停滞"（wind stilling）。20 世纪 70 年代初，在"风速停滞"的大背景下，京津冀地区近 53 年年平均风速呈明显下降趋势 [-0.15m/（s·10a），图 2-27 和图 2-28]，其中 1969～2003 年年平均风速呈显著下降趋势（最小值 1.80 m/s）；2003 年后年平均风速趋势反转，下降趋势消失并出现显著增加；张北、塘沽和乐亭三地风速减小趋势最为明显 [-0.45 m/（s·10a）]，东北部减幅相对不明显，未通过 $P=0.05$ 显著性检验。

风速的变化时刻影响地表水分的蒸发速率，在一定程度上改变水循环过程。刘文莉等（2013）研究发现，极端干旱发生频率与平均风速呈正相关性，华北平原极端干旱发生频率下降可能与风速显著下降有关。不仅如此，风速的持续下降，部分抵消了全球变暖对干旱的负面影响，有效减缓了京津冀水资源压力的增加（详细分析见第 3 章）。

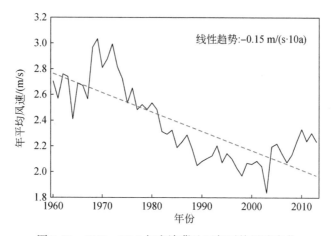

图 2-27 1960～2013 年京津冀地区年平均风速变化

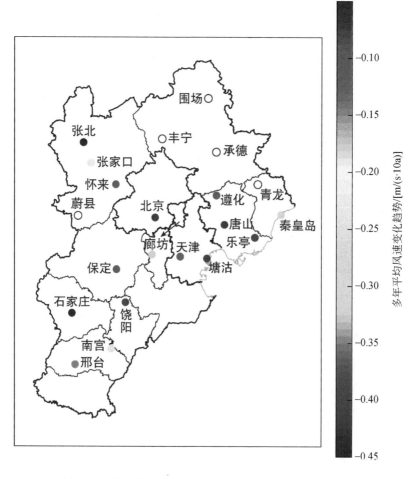

图 2-28 京津冀地区多年平均风速趋势 (1960～2013 年)

东亚季风是影响我国水循环的重要因素之一, 郝立生等 (2016) 通过对华北地区月降水资料研究发现, 京津冀地区夏季降水受东亚季风影响显著, 即强东亚夏季风年华北夏季降水偏多, 弱东亚夏季风年华北夏季降水偏少。这与张人禾 (1999) 研究的结论相一致, 东亚夏季风通过水汽输送的变化, 从而影响华北夏季降水。研究发现, 强东亚夏季风年降水偏多地区与弱东亚夏季风年降水偏多地区的空间分布具有明显差异。强夏季风降水偏多地区主要分布在华北西南部地区, 而弱夏季风降水偏多地区主要分布在中部地区 (郝立生等, 2016)。华北地区受东亚季风影响显著, 东亚季风强度对该区极端温度事件存在一定影响。王塑 (2018) 研究发现, 在强夏季风年内 6~8 月平均极端高温指标在华北地区整体趋于增多, 最大连续湿期在中北部少数地区呈显著增加; 在强冬季风年内当年 12 月至次年 2 月平均极端低温指标在华北地区整体趋于增多。

2.2.4 辐射变化趋势分析

太阳辐射作为水热平衡的重要因素, 是地球上生命体的初级能量来源, 在水的三相变化中提供主要动力, 直接影响蒸发能力的改变, 从而间接影响水循环生态系统。由于受到辐射测站数量和质量的限制, 日照时数作为太阳地表辐射的间接观测, 已成为常规气象观测要素, 并被广泛应用于地表太阳净辐射变化的研究中。自 20 世纪 50 年代以来, 世界大部分地区的地表净太阳辐射呈现一致性的下降趋势, 这一现象被称为 "全球变暗" (global dimming), "全球变暗" 在 1990 年后消失, 由 "全球变暗" 变为 "全球变亮" (global brightening) (Wild et al., 2005; IPCC, 2007)。

京津冀地区自 20 世纪 60 年代以来, 地表净辐射呈持续下降趋势, 其中 1960~1984 年处于稳定下降阶段 [-3.329 MJ/($m^2 \cdot$ mon $\cdot$ 10a)]; 1985~1997 年处于加速下降阶段 [-5.926 MJ/($m^2 \cdot$ mon $\cdot$ 10a)]。与全球变化趋势不同, 自 20 世纪 90 年代末以来, 京津冀地区地表净辐射下降幅度虽然减缓 [1998~2005 年为 -3.151 MJ/($m^2 \cdot$ mon $\cdot$ 10a)], 但并未出现反转 (郑有飞等, 2012)。

基于京津冀地区 21 个气象站点 1961~2013 年逐日日照时数分析发现, 京津冀地区多年平均日照时数为 6.6~8.2h/d, 线性变化趋势为 -0.25h/10a (图 2-29)。分析京津冀地区多年平均日照时数空间分布发现 (图 2-30), 空间上基本呈现以怀来—蔚县两地为峰向周围递减的空间分布特征, 其中怀来地区的多年平均日照时数最多 (2970 h/a), 其次是蔚县 (2888 h/a); 通过对日照时数进行趋势分析 (图 2-31), 发现其与全国整体变化趋势一致, 近 53 年来京津冀地区平均日照时数均呈显著下降趋势, 减幅以邢台—石家庄—保定—廊坊—塘沽一线为岭, 向两侧地区逐渐变缓, 自 1993 年后下降幅度减缓, 部分地区甚至略有回升。

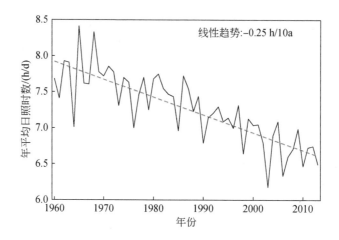

图 2-29　1960~2013 年京津冀地区年平均日照时数变化

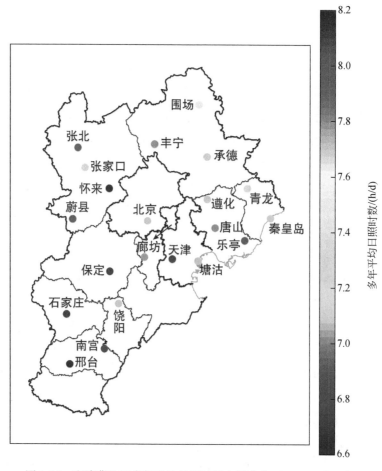

图 2-30　京津冀地区多年平均日照时数空间分布（1960~2013 年）

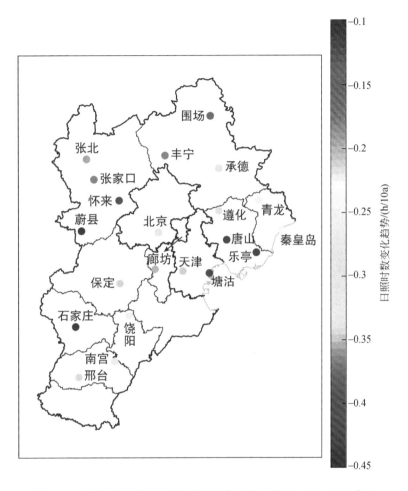

图 2-31　京津冀地区多年平均日照时数变化趋势（1960～2013 年）

2.2.5　相对湿度变化趋势分析

相对湿度是影响空气动力学阻抗的重要气象要素，通过影响蒸发能力间接影响水热循环过程。相对湿度是指空气中的实际水汽压（e）与同温度下的饱和水汽压（E）的比值。相对湿度的大小不仅随着空气中水汽的含量变化，同时也随着气温变化。在全球变暖背景下，气温升高导致大气持水能力增强，当水汽压不变时，气温升高，饱和水汽压增大，相对湿度减小。与全球变化趋势一致，京津冀地区温度不断升高，近 53 年年平均相对湿度呈明显减小趋势（图 2-32）。在全球变暖背景下，区域水循环发生改变，进而影响气候的干湿状况。本研究发现，京津冀地区近 53 年年平均降水量与相对湿度的波动变化呈现明显一致性。因此相对湿度的变化受降水、气温、风速等气象要素的共同影响。

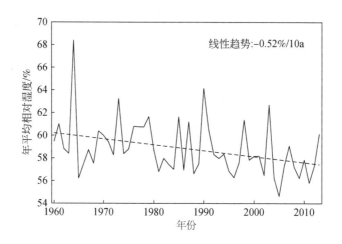

图 2-32　1960～2013 年京津冀地区年平均相对湿度变化

本研究基于京津冀地区 21 个气象站逐日资料分析发现，近 53 年京津冀地区年平均相对湿度变化整体呈降低趋势（年平均相对湿度在 54.08%～68.50%），短期变幅较大，气候倾向率为-0.52%/10 a。王遵娅等（2004）利用国家逐日气象资料对全国相对湿度进行分析发现，近 50 年华北地区年平均相对湿度变化与全国年平均相对湿度变化趋势一致，均呈减小趋势；与全国四季相对湿度变化趋势（春季和冬季相对湿度减小，而夏季、秋季增加，但不明显）不一致，华北地区四季均呈减小趋势。

受地形、降水等多种因素的综合影响，京津冀地区年平均相对湿度空间分布差异明显。该区多年平均相对湿度由南向北、由东向西逐渐降低。全区多年平均相对湿度最高的是乐亭（65.88%），最低的是张家口（47.45%）（图 2-33）。分析图 2-34 可知，承德—秦皇岛一线相对湿度递增趋势明显，增幅最大的是秦皇岛（1.18%/10a），其次为承德（1.05%/10a）。除上述两地之外，其他均呈减少趋势，由北向南出现三个峰值，减幅最大为塘沽（-2.00%/10 a），其次是邢台（-1.84%/10 a）和北京（-1.61%/10 a），由北京—塘沽一线向西南部基本呈减幅先降后增的趋势。京津冀地区是我国重要的粮食生产基地，粮食产量深受气候变化影响。Kang 和 Eltahir（2018）基于高分辨率的区域气候模型模拟集合，预测发现气候的变化使华北平原灌溉农业发展广泛，增强了温度和湿度的综合度量，灌溉区域水汽反馈机制增强，使得该区高温热浪风险显著增加。

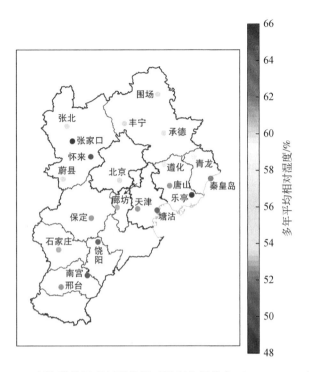

图 2-33 京津冀地区多年平均相对湿度空间分布（1960~2013 年）

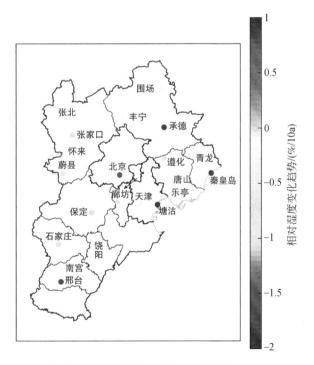

图 2-34 京津冀地区多年平均相对湿度变化趋势（1960~2013 年）

2.3 小 结

京津冀地区作为"首都经济圈",在经济发展的同时水资源的供需矛盾也日益突出。本研究通过分析 1994~2013 年京津冀水文统计年鉴数据发现,农业、工业、生活用水量的增加导致水资源不足(其中农业用水量的占比最大),多年平均降水量远小于地下水供需平衡时的降水量,导致京津冀地下水长期处于超采状态。近年来随着科技的发展和有关法规的颁布,人们对水资源利用更加合理的同时节水意识也随之提高,农业和工业的用水量有较明显的下降;但人口的增长导致京津冀地区的生活用水量仍呈稳定上升的趋势。随着 2015 年南水北调中线工程的竣工,京津冀地区地下水超采的现状得到了很大的缓解,但人均水资源拥有量仍低于世界人均水资源拥有量,水资源不足的状况不容乐观。

在全球变暖的气候背景下,水热循环过程受降水、温度、风速、辐射和相对湿度等多种因素综合影响。京津冀地区作为我国重要的政治中心、农牧交错带和经济发展的驱动地带,在全球气候变化背景下相对于其他地区表现出尤为明显的气候变化特征。因此,研究气候变化背景下京津冀地区的水热气象要素的时空分布及其成因机制具有重要意义。

基于 21 个气象站逐日气象数据资料发现,与全国降水增加趋势不同,受夏季降水减少的影响,京津冀地区近 53 年来年降水量呈显著下降趋势,造成我国华北地区干旱化加剧、降水异常等事件频发。在全球变暖的背景下,京津冀地区气温与全球气候变暖呈明显的正响应,受热岛效应增温非常显著,导致京津冀地区持续性极端高温事件频繁发生。与全球"风速停滞"大背景一致,京津冀地区平均风速逐年递减,夏季降水受东亚季风影响显著,受地形、海陆热力性质差异等因素影响,降水量空间分布存在明显差异。在"全球变暗"的背景下,京津冀地区与全球变化不一致,并未出现"全球变亮"现象,年平均日照时数呈现持续下降趋势。在全球变暖的背景下,气温升高使大气持水能力增强,相对湿度减小,导致极端降水风险增加,与全球变化趋势一致,京津冀地区近 53 年年平均相对湿度呈明显减小趋势。

第3章 自然侧地表水与地下水运动过程解析

3.1 研究方法

3.1.1 Mann-Kendall 检验

利用 Mann-Kendall（MK）检验法对降水序列进行突变检验。对于降水序列 $X = \{X_1, X_2, \cdots, X_n\}$（含有 n 个样本），构造一个秩序列：

$$S_k = \sum_{i=1}^{k} r_i \quad (k = 2, 3, \cdots, n) \tag{3-1}$$

式中，若 $X_i > X_j$ $(j = 1, 2, \cdots, i)$，$r_i = 1$；否则 $r_i = 0$，秩序列 S_k 是第 i 个时刻数值大于第 j 个时刻时数值个数的累加，在时间序列为随机的假设下，定义统计量：

$$\mathrm{UF}_k = \frac{\left[S_k - E(S_k) \right]}{\sqrt{\mathrm{var}(S_k)}} \quad (k = 2, 3, \cdots, n) \tag{3-2}$$

$$E(S_k) = \frac{n(n+1)}{4} \tag{3-3}$$

$$\mathrm{var}(S_k) = \frac{n(n-1)(2n+5)}{72} \tag{3-4}$$

式中，$\mathrm{UF}_k = 0$，$E(S_k)$ 和 $\mathrm{var}(S_k)$ 分别是 S_k 的均值和方差，且 X_1，X_2，$\cdots$，X_n 相互独立时，它们具有相同连续分布。按时间序列 X 的逆序重复上述过程，得到另外一条曲线 UB_k，本研究给定显著性水平 $\alpha = 0.05$，那么临界值 $\mu_{0.05} = \pm 1.96$。UF_k 和 UB_k 两条曲线超过临界线，表明上升或下降趋势显著，超过临界线的范围为出现交点且交点在临界线之间，且交点对应的时刻便是突变开始的时间。

3.1.2 Morlet 小波分析

20 世纪 80 年代，Morlet 提出一种具有时–频多分辨功能的小波分析（wavelet

analysis），目的是更好地研究时间序列中的多种变化周期，反映系统在不同时间尺度中的变化趋势，并能对系统未来发展趋势进行定性估计。

Morlet 小波是一种连续的复数小波，其变化系数包括实部、虚部两个变量，实部表示信号在不同时间位置上的分布和相位信息，用来区分不同特征的时间尺度信号；小波变换系数的模反映了特征时间尺度信号的强弱程度。用 Morlet 小波系数反映年径流变化的时间尺度和出现变化的时间位置，以及时间尺度信号的强弱。小波分析涉及小波函数和小波变换两方面。

1. 小波函数

小波函数指的是具有振荡特性，在有限的区域内能够迅速衰减到 0 的一类函数 $\psi(t)$。

$$\int_{-\infty}^{+\infty} \psi(t)\,\mathrm{d}t = 0 \tag{3-5}$$

$\psi(t)$ 也称为基小波，其伸缩和平移构成一簇函数系：

$$\psi_{a,b}(t) = |a|^{-1/2}\psi\left(\frac{t-b}{a}\right) \quad (a, b \in R \text{ 且 } a \neq 0) \tag{3-6}$$

式中，$\psi_{a,b}(t)$ 为子小波；a 为尺度因子，反映了小波的周期长度；b 为时间因子，反映了在时间上的平移。

2. 小波变换

对于给定的 Morlet 小波和水文时间序列 $f(t)$，其连续小波变换为

$$W_f(a, b) = \frac{1}{\sqrt{a}}\Delta t \sum_{k=1}^{N} f(k\Delta t)\,\hat{\psi}\left(\frac{k\Delta t - b}{a}\right) \tag{3-7}$$

式中，$\hat{\psi}$ 为 $\psi(t)$ 的复共轭函数；N 为取样次数；Δt 为取样间隔。

显然 $W_f(a, b)$ 随参数 a、b 变化。由于 Morlet 小波是复数形式，变换后的系数亦为复数，取小波系数的实部，以 b 为横坐标，a 为纵坐标所作的关于 $W_f(a, b)$ 的二维等值线图，即小波系数实部等值线图。

在参数 a 相同情况下，小波变换系数随时间的变化过程反映了水文时间序列在该尺度下的变化特征：小波变换系数为正时对应于偏多期；小波变换系数为负时对应于偏少期；小波变换系数为 0 时对应于由偏少期或偏多期或由偏多期向偏少期的过渡。

根据 Torrence 等（1998）导出的关系，Morlet 小波尺度 a 与周期 T 有如下对应关系：

$$T = \frac{4\pi a}{c + \sqrt{2 + c^2}} \approx 1.033a \tag{3-8}$$

式中，c 为无维度的频率，为了满足 Morlet 小波函数的容许性条件，据 Torrence 等（1998）的研究，取 $c=6$。

小波方差公式为

$$\mathrm{Var}(a) = \int_{-\infty}^{+\infty} \left| W_f(a,\ b) \right|^2 \mathrm{d}b \qquad (3\text{-}9)$$

离散形式为

$$\mathrm{Var}(a) = \frac{1}{N} \sum_{i=1}^{N} \left| W_f(a,\ x_i) \right|^2 \qquad (3\text{-}10)$$

式中，$\mathrm{Var}(a)$ 为小波方差；N 为年径流系列的长度；$W_f(a,\ x_i)$ 为尺度 a、时间 x_i 处的小波系数的平方，对于复系数则为系数模的平方。

3.1.3　经验正交函数分解

经验正交函数（empirical orthogonal function，EOF）分解法作为一种多元统计分析方法，已被广泛应用于水文、气象研究领域，许多学者采用该方法提取时间与空间变化信息用于区域时空分布研究。EOF 分解法是一种分析矩阵数据中的结构特征并提取其主要数据特征量的方法，其基本原理是对包含 m 个气象站点的基流随时间进行分解。其基本原理如下（周凯和王义民，2020）。

1）选定要分析的数据，进行数据预处理

一般将原始资料矩阵 X 进行距平处理，得到数据矩阵 $X_{m\times n}$，计算矩阵 $X_{m\times n}$ 与其转置矩阵的乘积，得到

$$C_{m\times n} = \frac{1}{n}(X_{m\times n} X_{m\times n}^{\mathrm{T}}) \qquad (3\text{-}11)$$

式中，$C_{m\times n}$ 为协方差矩阵；$X_{m\times n}$ 为数据矩阵；m 为气象站；n 为年份。

2）计算矩阵 $C_{m\times m}$ 的特征值和特征向量

计算矩阵 $C_{m\times m}$ 的特征值和特征向量需满足：

$$C_{m\times m} \times V_{m\times m} = V_{m\times m} \times E_{m\times m} \qquad (3\text{-}12)$$

式中，$V_{m\times m}$ 为矩阵 $C_{m\times m}$ 的特征向量；$E_{m\times m}$ 为 $m\times m$ 的对角阵，即

$$E_{m\times m} = \begin{bmatrix} \lambda_1 & 0 & \cdots & 0 \\ 0 & \lambda_2 & \cdots & 0 \\ \vdots & \vdots & & \vdots \\ 0 & 0 & \cdots & \lambda_m \end{bmatrix} \qquad (3\text{-}13)$$

式中，λ_1，λ_2，$\cdots$，λ_m 为矩阵 $C_{m\times m}$ 的特征值。特征值从大到小排列，将每个非零特征值对应的一列特征向量，作为 EOF 对应的一个空间分布模态。

3）计算时间系数矩阵

时间系数矩阵可以由矩阵 $C_{m×m}$ 中的特征向量求出，$V_{m×m}$ 得出后，即可得到时间系数矩阵：

$$T_{m×n} = V_{m×m}^{\mathrm{T}} × X_{m×n} \tag{3-14}$$

式中，$T_{m×n}$ 为时间系数矩阵。

4）计算每个特征向量的方差贡献率

矩阵特征值 λ 越大，说明对应的特征向量或空间模态越重要，对总方差的贡献率也就越大。即

$$R_k = \frac{\lambda_k}{\sum\limits_{i=1}^{m} \lambda_i} \tag{3-15}$$

式中，R_k 表示第 k 个模态的方差贡献率；λ_i、λ_k 分别表示第 i 个和第 k 个特征值，k=1，2，…，i，…，p（$i<p<m$）。前 p 个特征向量的累积方差贡献率可由式（3-16）计算：

$$G = \frac{\sum\limits_{i=1}^{p} \lambda_i}{\sum\limits_{i=1}^{m} \lambda_i} \tag{3-16}$$

式中，G 表示前 p 个特征向量的累积方差贡献率。

5）显著性检验

EOF 分解出的结果是无意义的噪声还是有物理意义的信号，需要经过显著性检验才能分辨。常用于分解结果显著性检验的方法有两种，即 North 法和蒙特卡罗法，本研究选择 North 法对特征值的误差范围进行显著性检验。其表达式为

$$e_i = \lambda_i \left(\frac{2}{N}\right)^{1/2} \tag{3-17}$$

$$\lambda_i - \lambda_{i+1} \geqslant e_i \tag{3-18}$$

式中，e_i 为特征值 i 的误差范围；N 为样本总数。

一般认为，相邻的特征值 λ_i 和 λ_{i+1} 满足式（3-18）时，特征值所对应的 EOF 的分解结果具有物理意义。

3.1.4 域重新标度分析法

域重新标度分析法，简称 R/S 分析，R/S 分析是 H. E. Hurst 在大量实证研究基础上提出的一种时间序列统计方法，该方法属于非参数分析法，对考察的对象几乎不作任何假设。通过 Hurst 指数 H 随时间尺度的变化规律，可预测时间序列变化发展的趋势性（黄勇等，2002），用于判断未来趋势相对于过去趋势的变异程度，该方法已被广泛用于水文、

气象要素时间序列的定性预测（潘雅婧等，2012），其基本原理如下。

设在时刻 t_1，t_2，$\cdots$，t_n 处取得的响应时间序列为 ξ_1，ξ_2，$\cdots$，ξ_n（在水文研究中表示水文数据的时间序列，如 $t_1 \sim t_n$ 年降水序列），对于任意正整数 $\tau \geqslant 1$，该时间序列的平均为

$$< \xi >_\tau = \frac{1}{\tau} \sum_{t=1}^{\tau} \xi \quad \tau = 1, 2, 3, 4, \cdots, n \tag{3-19}$$

用 $X(t)$ 表示累积离差：

$$X(t, \tau) = \sum_{\mu=1}^{t} (\xi(\mu) - < \xi >_\tau) \quad 1 \leqslant t \leqslant \tau \tag{3-20}$$

把同一个 τ 值所对应的最大 $X(t)$ 值和最小 $X(t)$ 值之差称为极差，并记为

$$R(\tau) = \max_{1 \leqslant t \leqslant \tau} X(t, \tau) - \min_{1 \leqslant t \leqslant \tau} X(t, \tau) \quad \tau = 1, 2, 3, 4, \cdots, n \tag{3-21}$$

Hurst 利用的标准偏差为

$$S(\tau) = \left[\frac{1}{\tau} \sum_{t=1}^{\tau} (\xi(\tau) - < \xi >_\tau)^2 \right]^{1/2} \quad \tau = 1, 2, 3, 4, \cdots, n \tag{3-22}$$

引入无量纲的比值 R/S，对 R 进行重新标度，即

$$\frac{R}{S} = \frac{\max\limits_{1 \leqslant t \leqslant \tau} X(t, \tau) - \min\limits_{1 \leqslant t \leqslant \tau} X(t, \tau)}{\left[\frac{1}{\tau} \sum\limits_{t=1}^{\tau} (\xi(\tau) - < \xi >_\tau)^2 \right]^{1/2}} \tag{3-23}$$

Mandelbrotetal 证实了 Hurst 的研究，并得出了更广泛的指数律，即

$$R/S = (\tau/2)^H \tag{3-24}$$

式中，H 为 Hurst 指数。

此外，极差 R 与 Hurst 指数 H 之间满足如下关系：

$$R = 2^{2H-1} - 1 \tag{3-25}$$

式（3-25）中极差 R 与 Hurst 指数 H 之间的相互关系（庄新田和黄小原，2003）为：①$H=1/2(R=0)$ 时，时间序列 ξ 为完全随机过程，各项指标完全独立，相互无依赖。过去状况与未来趋势之间不存在相关性，即未来的增量与过去的增量不相关。②$1/2<H<1(R>0)$ 时，时间序列呈正相关，具有长期记忆性，代表的过程具有持久性，即未来的增量与过去的增量变化一致，且这种持久性行为的强度依赖于 H 距 1 的距离，H 越靠近 1，R 就越接近 1，呈正相关性，即未来与过去密切相关。③$0<H<1/2(R<0)$ 时，时间序列呈负相关，具有反持久性，即未来的增量与过去的增量变化相反，且这种反持久性行为的强度依赖于 H 距 0 的距离，H 越靠近 0，R 就越接近 -0.5，呈负相关性。

3.2 地表水运动过程解析

3.2.1 地表水时间周期与突变分析

由图 3-1 可知,京津冀年径流量与年降水量具有显著的正相关关系。利用 Morlet 小波分析发现,京津冀年降水量存在 2～7 年、8～9 年、10～20 年、21～34 年 4 个时间尺度的演变规律。由图 3-2 可知,2～7 年时间尺度,周期性变化较小;其余 3 个时间尺度的周期变化在整个研究时段表现得较稳定。

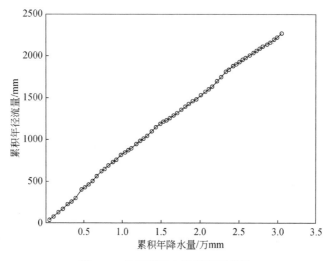

图 3-1 京津冀降水径流累积曲线

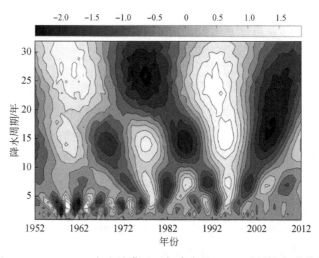

图 3-2 1952～2012 年京津冀地区年降水量 Morlet 小波实部等值线

观察京津冀年降水量 Morlet 小波系数方差解释率图可知，京津冀年降水量 25 年左右的时间尺度对应着最大峰值，说明 25 年左右的周期振荡最强，对应着第 1 主周期（图 3-3）。除了最大峰值外，还有 3 个较为明显的峰值，依次对应着 4 年、7 年、14 年的时间尺度。

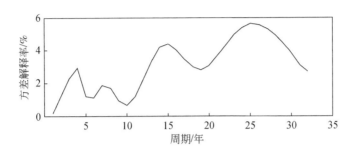

图 3-3　1952～2012 年京津冀地区年降水量 Morlet 小波系数方差

由 MK 突变检验结果分析可知（图 3-4），UF 统计量在 1959 年之后一直小于 0，即降水量在 1959 年之后一直呈现减小趋势，1965 年降水量出现均值突变，减小趋势变得显著，在 1979 年前后其减小趋势减缓，此后一直在临界线徘徊。

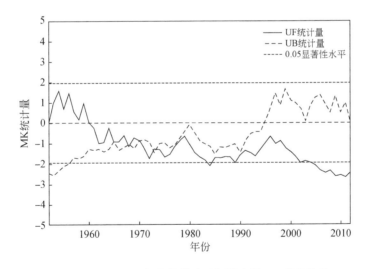

图 3-4　1952～2012 年京津冀地区年降水量 MK 趋势检验

气温变化与年降水量有着显著的负相关关系，气候变化加强了海河流域蒸发，地表径流明显减少（刘春蓁等，2004）。利用 Morlet 小波分析发现，京津冀年蒸发量存在 2～6 年、7～11 年、12～21 年、22～34 年 4 个时间尺度的演变规律。由图 3-5 可知，2～6 年时间尺度，周期性变化较小；其余 3 个时间尺度的周期变化在整个研究时段表现得较稳定。

观察京津冀年蒸发量 Morlet 小波系数方差解释率图可知，京津冀年蒸发量 27 年左右的时间尺度对应着最大峰值, 说明 27 年左右的周期振荡最强, 对应着第 1 主周期 (图 3-6)。除了最大峰值外, 还有 2 个较为明显的峰值, 依次对应着 3 年、15 年的时间尺度。

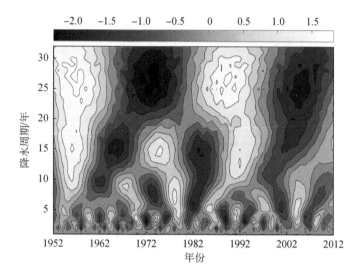

图 3-5 1952～2012 年京津冀地区年蒸发量 Morlet 小波实部等值线

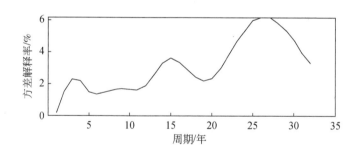

图 3-6 1952～2012 年京津冀地区年蒸发量 Morlet 小波系数方差

由 MK 突变检验结果分析可知 (图 3-7), UF 统计量在 1960 年之后一直小于 0, 即蒸发量在 1960 年之后一直呈现减小趋势, 1961 年蒸发量出现均值突变, 减小趋势变得显著, 在 1979 年前后其减小趋势减缓, 此后一直在临界线上徘徊。

产流量是指降水形成地表径流的那部分水量。利用 Morlet 小波分析发现, 京津冀年产流量存在 2～6 年、7～9 年、9～22 年、23～34 年 4 个时间尺度的演变规律。由图 3-8 可知, 2～6 年时间尺度, 周期性变化较小; 其余 3 个时间尺度的周期变化在整个研究时段表现得较稳定。

观察京津冀年产流量 Morlet 小波系数方差解释率图可知, 京津冀年产流量 25 年左右的

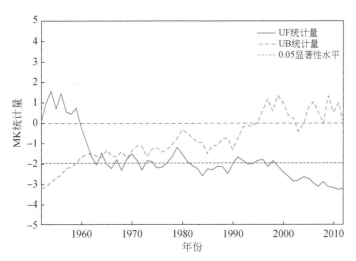

图 3-7　1952～2012 年京津冀地区年蒸发量 MK 趋势检验

时间尺度对应着最大峰值，说明 25 年左右的周期振荡最强，对应着第 1 主周期（图 3-9）。除了最大峰值外，还有 3 个较为明显的峰值，依次对应着 4 年、7 年、15 年的时间尺度。

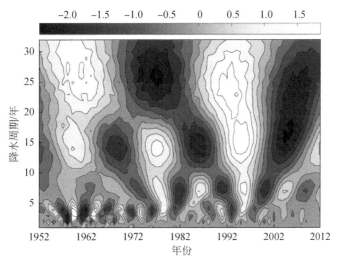

图 3-8　1952～2012 年京津冀地区年产流量 Morlet 小波实部等值线

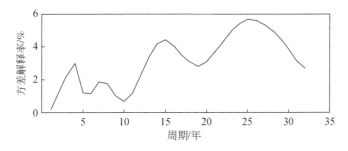

图 3-9　1952～2012 年京津冀地区年产流量 Morlet 小波系数方差

由 MK 突变检验结果分析可知（图 3-10），UF 统计量在 1960 年之后一直小于 0，即产流量在 1960 年之后一直呈现减小趋势，1962 年产流量出现均值突变，减小趋势变得显著，在 1980 年前后其增加趋势减缓，此后一直在临界线徘徊。

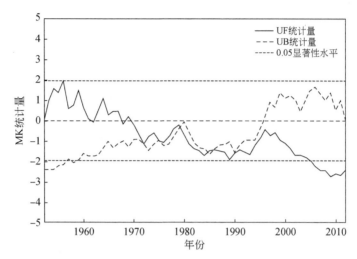

图 3-10　1952～2012 年京津冀地区年产流量 MK 趋势检验

3.2.2　基于 EOF 分解的地表水时空变化解析

EOF 分解实现了原始场的时空分离，得到新的空间场和时间系数来表征原始场的全部特征，一般而言，只要分析前几个分量即可，因为它们代表了原始场的大部分特征。由图 3-11 可以看出，京津冀地区年降水量模态的第一主成分方差解释率高达 98% 以上，研究可知模态的第一主成分及其对应的时间系数就能很好地表述京津冀地区年降水量的时间变化及其空间变化分布的主要特征。根据图 3-12 结果，模态中特征向量的分量值均为正值。高值中心位于东部和南部地区，反映这些地区为年降水量变化的敏感中心，具有年降水量变化幅度较大的特点；低值位于西北部和中部地区，年降水量变化幅度较小。整体上东南部地区的年际变化要大于中北部地区。

从模态所对应的时间系数来看（图 3-13），1960 年之前的时间系数为正值，可知年降水量呈增加趋势，随后便在正值与负值之间徘徊，整体上京津冀地区年降水量没有明显的变化规律。

由图 3-14 可知，京津冀地区年蒸发量模态的第一主成分方差解释率高达 99.1% 以上，研究可知模态的第一主成分及其对应的时间系数就能很好地表述京津冀地区年蒸发量的时间变化及其空间变化分布的主要特征。

由图 3-15 可知，蒸发与降水结果具有较高的空间一致性。高值中心位于东部和南部

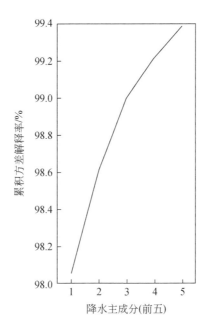

图 3-11　京津冀地区降水 EOF 分解主成分方差解释率

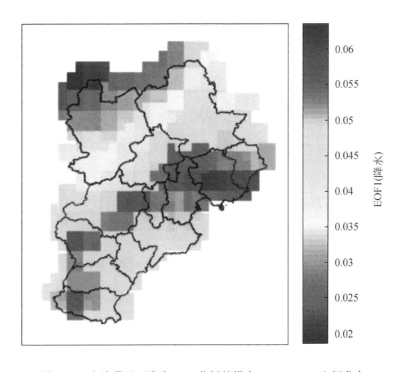

图 3-12　京津冀地区降水 EOF 分析的模态一（EOF1）空间分布

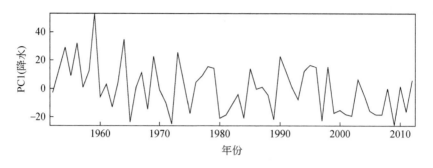

图 3-13　1952～2012 年京津冀地区降水模态一（PC1）逐年时间系数变化

地区，反映这些地区为年降水量盈亏变幅较大且蒸发变化剧烈的敏感地区；低值位于西北部和中部地区，年蒸发量变化幅度较小。整体上东南部地区的年际变化要大于中北部地区。

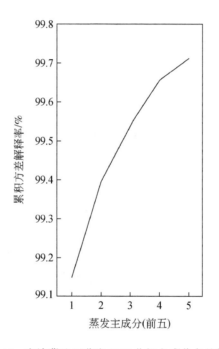

图 3-14　京津冀地区蒸发 EOF 分解主成分方差解释

　　从模态所对应的时间系数来看（图3-16），1960 年之前的时间系数为正值，可知年蒸发量呈增加趋势，随后便在正值与负值之间徘徊，整体上京津冀地区年蒸发量没有明显的变化规律。

　　由图 3-17 可以看出，京津冀地区年产流量模态的第一主成分方差解释率高达 97.8%以上，研究可知模态的第一主成分及其对应的时间系数就能很好地表述京津冀地区年产流

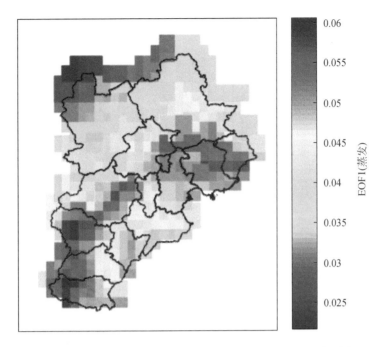

图 3-15　京津冀地区蒸发 EOF 分析的模态一（EOF1）空间分布

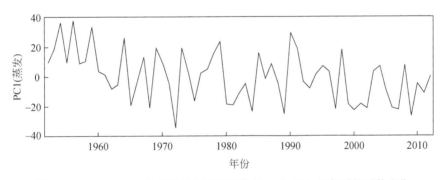

图 3-16　1952~2012 年京津冀地区蒸发模态一（PC1）逐年时间系数变化

量的时间变化及其空间变化分布的主要特征。根据图 3-18 可知，模态中特征向量的分量
值均为正值。高值中心位于中部地区，次高峰位于北部一带，反映这些地区为年产流量变
化的敏感中心，具有年产流量变化幅度较大的特点；低值位于东部地区，年产流量变化幅
度较小。整体上东南部地区的年际变化要大于西北部地区。

　　从模态所对应的时间系数来看（图 3-19），1960 年之前的时间系数为正值，可知年产
流量呈增加趋势，随后便在正值与负值之间徘徊，整体上京津冀地区年产流量没有明显的
变化规律。

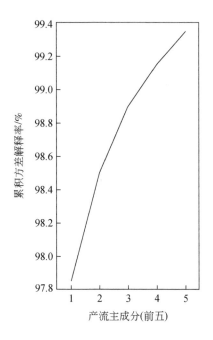

图 3-17　京津冀地区产流 EOF 分解主成分方差解释率

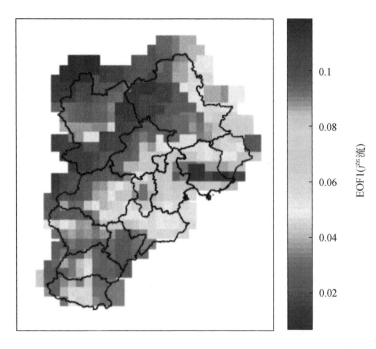

图 3-18　京津冀地区产流 EOF 分析的模态一（EOF1）空间分布

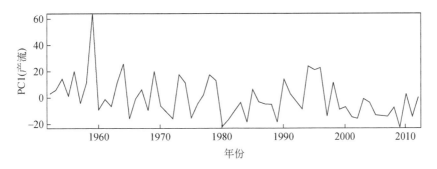

图 3-19　1952~2012 年京津冀地区产流模态一（PC1）逐年时间系数变化

3.2.3　基于 Hurst 指数的地表水未来发展趋势分析

由图 3-20 可知，京津冀地区东部和南部部分地区降水量 H 值小于 0.5，即东部和南部部分地区地区未来降水与过去降水变化的趋势相反，预计未来降水量会缓慢减少；中部和北部地区 H 值大于 0.5，即中部和北部地区未来降水的趋势与过去相同，未来降水量预计会缓慢减少。

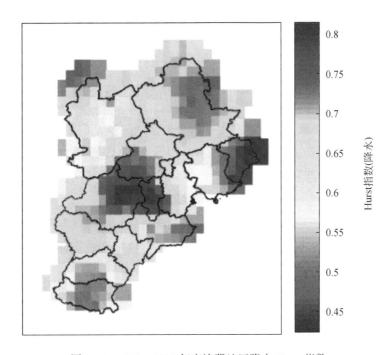

图 3-20　1952~2012 年京津冀地区降水 Hurst 指数

由图 3-21 可知，京津冀地区东部和南部部分地区蒸发量 H 值小于 0.5，即东部和南部部分地区未来蒸发与过去蒸发变化的趋势相反，预计未来蒸发量会缓慢增加；中部和北部地区 H 值大于 0.5，即中部和北部地区未来蒸发的趋势与过去相同，未来蒸发量预计会缓慢减少。

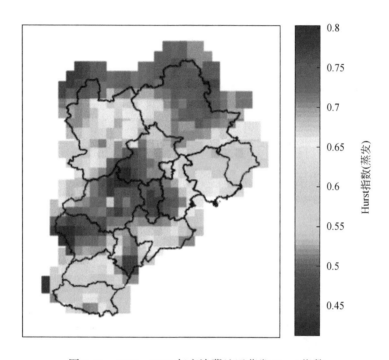

图 3-21　1952~2012 年京津冀地区蒸发 Hurst 指数

由图 3-22 可知，京津冀地区东部和南部部分地区产流量 H 值小于 0.5，即东部和南部部分地区未来产流与过去产流变化的趋势相反，预计未来产流量会缓慢增加；中部和北部地区 H 值大于 0.5，即中部和北部地区未来产流的趋势与过去相同，未来产流量预计会缓慢减少。

通过分析京津冀降水、蒸发、产流未来发展趋势可知，京津冀东部和南部部分地区地表水预计会缓慢减少；中部和北部地区地表水预计会缓慢增加。整体来说，京津冀地区地表水未来将缓慢增加。

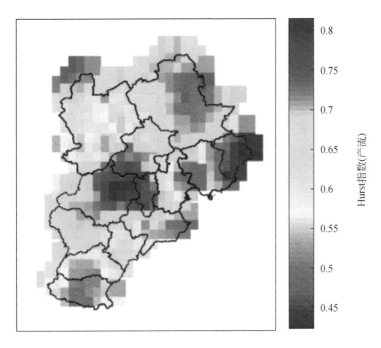

图 3-22　1952～2012 年京津冀地区产流 Hurst 指数

3.3　地下水运动过程解析

3.3.1　地下水时间周期与突变分析

基流作为地下水的重要组成部分，反映了地下水与地表水之间互相补给的关系，在气候变化与人类活动的双重影响下，基流量与基流持续时长也发生变化。因此，本节采用京津冀地区基流运动过程来研究该区地下水运动过程。

由 MK 突变检验结果分析得到基流的 UF 曲线可知（图 3-23），京津冀地区基流在 1966 年之前为正负波动变化，且波动幅度越来越小；1952～2012 年共发生 5 次突变，分别为 1980 年、1984 年、1986 年、1988 年和 1990 年；从 1966 年以后呈现持续负值状态，其中在 1994 年基流出现均值突变，其 UF 值超过 5% 临界线且在临界线附近小幅度波动，减少趋势变得显著；1994～2001 年基流出现小幅度上升，下降趋势不显著；到 2001 年再次超出 0.05 显著性水平，且呈现大幅度下降趋势，表明京津冀地区基流减少趋势日益显著。

小波系数的变化特征可以用来表征年地下水的变化特征。当小波系数实部为正数（实

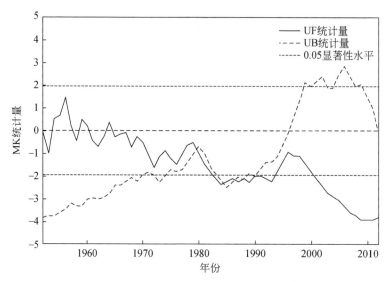

图 3-23　1952~2012 年京津冀地区基流 MK 趋势检验

线）时，代表年地下水丰水期；当小波系数实部为负数（虚线）时，代表年地下水枯水期；当小波系数实部为 0 时，代表年基流由丰水期向枯水期或者由枯水期向丰水期的转折点。

　　为了清楚地了解年地下水周期的变化规律，用颜色的深浅来表示年地下水量的大小，颜色越深年地下水量越小；颜色越浅年地下水量越大（图 3-24）。可以看出，京津冀地区年地下水量小波系数等值线在 23~26 年、11~17 年、6~8 年、3~4 年 4 个时间尺度上较为密集地出现小波高值、低值中心变化。其中在 23~26 年时间尺度上，年地下水经历了丰→枯→丰→枯 4 个交替变化过程，且最后枯水期的等值线未闭合，说明在 2012 年之后可能还存在枯水期；在 11~17 年时间尺度上存在枯→丰→枯→丰→枯→丰→枯→丰 8 个丰枯交替变化过程，且最前枯水期和最后丰水期的等值线未闭合，说明 1952 年之前可能还存在枯水期，2012 年之后可能还存在丰水期；在 6~8 年时间尺度上存在枯→丰→枯→丰→枯→丰→枯→丰→枯→丰→枯→丰→枯 13 个交替变化过程，同样在最前枯水期的等值线未闭合，并且这三个尺度的周期变化在整个研究时段表现得比较稳定；而 3~4 年时间尺度的周期，在 1957~1977 年周期变化较为剧烈，后期到 2012 年周期性变化较小。

　　从位相结构上看，在 23~26 年时间尺度上，1952~1970 年为丰水期，1970~1985 年为枯水期，1985~2000 年为丰水期，2000~2010 年为枯水期，且 2010 年以后等值线未闭合，说明 2012 年以后可能还存在连续几年的丰水期。

　　由图 3-25 可知，年地下水量小波方差图中存在 4 个较为明显的峰值，依次对应着 4 年、8 年、15 年、25 年的时间尺度。其中 25 年左右的时间尺度对应着最大峰值，说明 25 年左右的周期振荡最强，为流域年地下水量变化的第 1 主周期；15 年左右的时间尺度对应

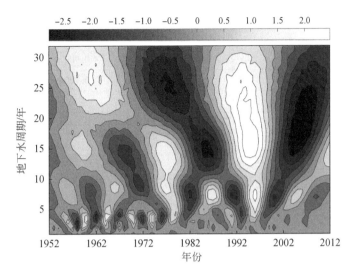

图 3-24 1952～2012 年京津冀地区年地下水量 Morlet 小波实部等值线

着第二大峰值，为流域年地下水量变化的第 2 主周期；4 年与 8 年左右的时间尺度对应着的峰值相近，但与第 1、第 2 峰值相比峰值很小，属于小波动。京津冀地区年地下水量在整个时间域内的变化主要由第 1、第 2 主周期控制。

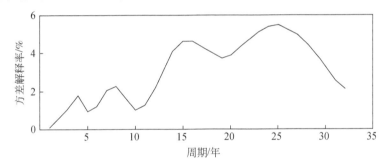

图 3-25 1952～2012 年京津冀地区年地下水量 Morlet 小波系数方差

3.3.2 基于 EOF 分解的地下水时空变化解析

表 3-1 为京津冀地区降水、蒸发、产流和基流之间的相关系数矩阵，分析表 3-1 可知，降水、蒸发、产流和基流四者之间都具有较强的相关关系，其中降水与蒸发的相关性最为密切，产流与基流的相关性最为密切。

表 3-1　京津冀地区降水、蒸发、产流和基流之间的相关系数矩阵

指标	降水	蒸发	产流	基流
降水	1	0.9241	0.9007	0.8629
蒸发	0.9241	1	0.7296	0.7251
产流	0.9007	0.7296	1	0.9246
基流	0.8629	0.7251	0.9246	1

对京津冀地区基流进行 EOF 分解，本节将提取变量场分解后的第一主要模态进行分析，该模态最具优势地位，是表征基流变化的主要分布形式。模态一的空间分布及对应的时间系数如图 3-26 和图 3-27 所示。

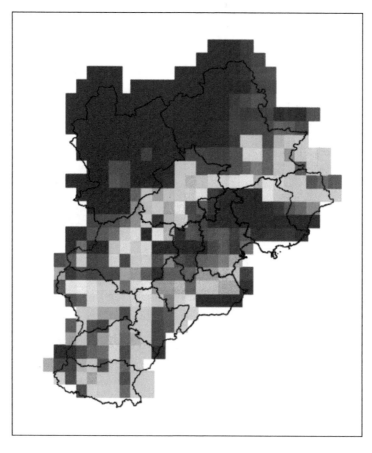

| 0.02 | 0.04 | 0.06 | 0.08 |

EOF1(基流)

图 3-26　京津冀地区基流 EOF 分析的模态一（EOF1）空间分布

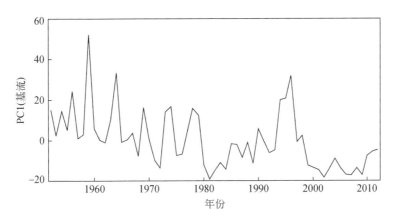

图 3-27　1952～2012 年京津冀地区基流模态一（PC1）逐年时间系数变化

根据图 3-26 结果可知，模态一中特征向量的分量值均为正值，说明 1952～2012 年京津冀地区的基流变化空间分布在该模态下具有整体一致性，即某时段基流在区域内普遍偏多或者偏少；从图中可以看出高值中心区主要位于天津和河北东部，其中最大载荷值达 0.08，反映这些地区为基流变化的敏感中心地带，具有变化幅度较大的特点；低值中心主要位于京津冀南部和北部地区，最小载荷值可达 0.008 左右，反映这些地区对基流变化影响较小，总体呈现出 EOF 值由中部地区分别向南北方向逐渐递减的分布特点。

模态一分解得到的时间系数代表其对应模态的时间变化特征，其正负代表模态的方向，正号表示与该模态同向，负号表示与该模态异向，其绝对值越大，该模态越典型。从模态一所对应的时间系数可以看出（图 3-27），1980 年之前时间系数为正值，因此可以得出 1952～1980 年京津冀地区处于基流增加状态；1980 年以后时间系数几乎为负值，说明在 1980～2012 年基流属于减少状态。纵观京津冀地区基流 1952～2012 年有明显的下降趋势。

3.3.3　基于 Hurst 指数的地下水未来发展趋势分析

根据 R/S 分析原理，基于各观测站点年基流量的历史变化趋势，判读其未来基流量的变化趋势，对 Hurst 指数 H 值进行分析得到如图 3-28 所示结果。由图 3-28 可知，除邢台、黄骅、秦皇岛、丰宁和围场之外的其余观测站点的基流量时间序列的 H 值均大于 0.5，尤其是被北京—蔚县—保定—廊坊包围的中心区的 H 值高达 0.8 甚至 0.9 以上，说明这些站点的年基流量存在比较明显的 Hurst 现象，即未来年基流量延续过去年基流量变化趋势的可能性很大；而以围场—丰宁一线和邢台为中心的观测站点的基流量时间序列的 H 值小于 0.5，说明该序列具有反持久性；除此之外还可以看出，少部分观测站点的基流量时间序

列的 *H* 值接近 0.5，零星分布在以黄骅、秦皇岛等地区为中心的区域，说明该地区过去状况与未来趋势之间不存在相关性，即未来的增量与过去的增量不相关。

结合各观测站基流量时间序列的历史变化趋势及其对应的 *H* 值，即可预测其未来的变化趋势，由图 3-27 可知，1952～2012 年京津冀地区基流整体呈减少趋势，京津冀地区西南—东北一线未来基流量预计会缓慢减少，而燕山山脉和邢台附近地区未来基流量预计会缓慢增加。从总体情况上看，整个京津冀地区呈现出比较明显的 Hurst 现象，基流序列总体上以延续历史变化趋势为主。

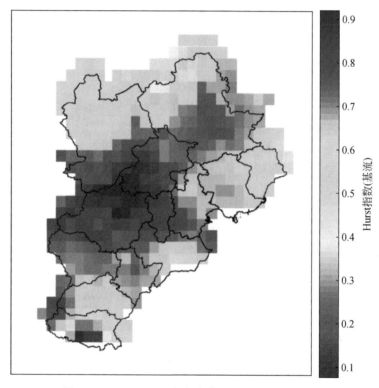

图 3-28　1952～2012 年京津冀地区基流 Hurst 指数

3.4　典型地下水超采区压采治理

河北省南部的邯郸市为京津冀地区典型地下水超采区域。邯郸市辖 18 个县（市、区），总面积为 12 047 km²，其中山丘区为 4460 km²，平原区为 7587 km²，分别占区域总面积的 37.0% 和 63.0%。全市多年平均降水量约为 548.9 mm，多年平均水资源总量为 14.85 亿 m³。全市农作物总播种面积为 1412.3 万亩，有效灌溉面积为 822.3 万亩。至 2018 年底，全市人口共计 952.8 万人，全市生产总值为 3454.6 亿元。

3.4.1 邯郸市地下水资源基本情况

邯郸市多年平均地下水资源量为 14.55 亿 m^3（矿化度 $M \leqslant 2g/L$），其中山丘区地下水资源量为 5.62 亿 m^3，占全市地下水资源总量的 38.6%；平原区为 9.61 亿 m^3，占全市地下水资源总量的 66.0%；山丘平原区重复计算量为 0.68 亿 m^3，占全市地下水资源量的 4.7%。2014 年地下水开采量占邯郸市总供水量的 65.2%，是邯郸市的主要供水水源。

因受地形地貌、气象水文和水文地质条件的影响，区域内地下水资源模数有一定差别，总体上是平原区大于山丘区，多雨区大于少雨区。邯郸市不同评价类型区地下水的入渗条件和补给水源差别较大，资源量的年际变化也不同。

山丘区的地下水主要受降水入渗补给，排泄条件也比较好。资料统计显示，邯郸市西部山丘区（1980~2000 年系列）地下水资源量平均最大最小极值比为 2.5，小于同期降水量的比值。其中滏阳河山区地下水资源量最大最小极值比为 1.8，漳河山区地下水资源量最大最小极值比为 4.8。

根据统计资料分析结果，邯郸市东部平原区地下水资源量平均最大最小极值比为 3.9。其中，地下水资源量最大最小极值比较大的是黑龙港平原和徒骇马颊河平原，最大最小极值比分别为 5.3 和 4.9，滏西平原和漳渭河平原地下水资源量最大最小极值比均为 3.6。

根据邯郸市水利局编制的《河北省邯郸市水资源评价》，邯郸市区域可一次利用的浅层地下淡水多年平均可开采量为 11.3041 亿 m^3，平均可开采系数为 0.81，占全市地下水资源量的 77.7%。其中，山丘区多年平均可开采量为 3.4574 亿 m^3，平均可开采系数为 0.62，占全市地下水可开采量的 30.6%；平原区多年平均可开采量为 7.8467 亿 m^3，平均可开采系数为 0.93，占全市地下水可开采量的 69.4%。

3.4.2 地下水超采区分布及超采情况

邯郸市平原区地下水平均埋深由 1980 年的 7.16 m 下降到 2005 年末的 20.40 m，年平均约下降 0.53 m，其中 1980~1990 年平均下降 0.44 m，1991~2000 年平均下降 0.55 m，2001~2005 年平均下降 0.67 m。地下水位变化呈现持续下降趋势且下降速率逐渐增大。

2015 年，邯郸平原区浅层地下水超采区面积共计 4877 km^2，占平原区总面积的 64.3%。按超采程度分，属于一般超采区的面积有 1693 km^2，占超采区总面积的 34.7%；属于严重超采区的面积有 3184 km^2，占超采区总面积的 65.3%。一般超采区年均超采量为 4140 万 m^3，主要分布在邯郸平原区中东部，包括曲周县滏西平原区、临漳县滏西平原区、馆陶县漳卫河平原区、广平县黑龙港平原区、魏县黑龙港平原区、曲周县黑龙港平原区、馆陶县黑龙港平原区。严重超采区年均超采量为 18 978 万 m³，主要分布在邯郸平原区中部及东北部，包括鸡泽县滏西平原区、肥乡县①滏西平原区、永年县②滏西平原区、成安县滏西平原区、临漳县漳卫河平原区、邱县黑龙港平原区、肥乡县黑龙港平原区、永年县黑龙港平原区、临漳县黑龙港平原区、成安县黑龙港平原区。

综合分析邯郸市平原区浅层地下水超采情况，具有两方面的特征：一是邯郸东部平原区浅层地下水呈现大范围超采，平原区西部的山前平原区及平原区东南部的东部黄河平原区未超采；二是中部平原区浅层地下水开采程度较高，开采系数及超采系数较大，常年性地下水位下降漏斗区基本属于严重超采区。

3.4.3 压采治理方案

邯郸市地下水超采综合治理实施方案以"节、引、蓄、调、管"为着力点，严格控制地下水超采，充分调蓄雨洪资源，有效涵养水源，重点实施结构节水、工程节水、技术节水、机制节水等综合措施，确保压采目标的实现。具体措施包括农业项目、林业项目和水利项目三个大类、五个方面：一是农业压采，具体措施包括调整种植模式、小麦春灌节水、保护性耕作、水肥一体化；二是水利压采，具体措施包括地表水替代地下水工程、井灌区高效节水工程；三是林业压采，具体措施包括非农作物替代；四是城市工业与生活压采；五是体制节水，具体措施包括农业水价改革、水管体制改革、基层服务网络建设、发挥科技支撑、完善法规政策体系。

各年度实施方案总体目标：2014 年总实施面积 116.29 万亩，总压采水量为 2.39 亿 m³。其中农业项目实施面积约 43.0 万亩、压采量 1.17 亿 m³，水利项目实施面积 73.29 万亩、压采量 0.78 亿 m³，机制节水 0.04 亿 m³，城市工业与生活压采量 0.4 亿 m³。2015 年总实施面积 241.77 万亩，总压采水量 1.64 亿 m³。其中农业项目实施面积约 155.60 万亩、压采量 0.83 亿 m³，林业项目实施面积约 2.0 万亩、压采量 0.04 亿 m³，水利项目实施面积约 84.17 万亩、压采量 0.71 亿 m³，管理节水 0.06 亿 m³。2016 年总实施面积 218.96 万亩，总压采水量 1.67 亿 m³。其中农业项目实施面积约 147.88 万亩、压采量 0.88 亿 m³，林业项目实施面积约 3.39 万亩、压采量 0.05 亿 m³，水利项目总实施面积约 67.69 万亩、压采量 0.74 亿 m³。

---

① 2016 年，国务院同意撤销肥乡县，设立肥乡区。
② 2016 年，国务院同意撤销永年县，设立永年区，原隶属于永年县的南沿村镇、小西堡乡、姚寨乡归至丛台区管辖。

1. 农业压采

1）调整种植模式

邯郸市地下水超采综合治理试点农业种植结构调整项目以压减地下水开采为目标，以调减依靠深层地下水灌溉的小麦种植面积为重点。通过在无地表水替代的地下水严重超采区（主要是深层地下水超采区），适当压减依靠地下水灌溉的冬小麦种植面积，改冬小麦、夏玉米一年两熟制为种植玉米、棉花、花生、油葵、杂粮等农作物一年一熟制，实现"一季休耕、一季雨养"，充分挖掘秋粮作物雨热同期的增产潜力，并结合畜牧养殖业发展，支持发展青贮玉米、苜蓿等作物。

邯郸市农业种植结构调整项目的补助标准和方式为：亩均补助标准为500元，补助资金按照"先实施后补助，先公示后兑现"的程序进行，验收合格后，通过"一折通"或"一卡通"拨付。补助对象主要包括项目区内压减小麦种植的农户、家庭农场、农民专业合作组织等。

2）小麦春灌节水

邯郸市地下水超采综合治理试点小麦春灌节水项目通过在地下水严重超采区，选择蓄水保墒能力较好的麦田，大力推广节水抗旱品种，农机农艺良种良法结合，配套推广土壤深松、秸秆还田、播后镇压等综合节水保墒技术，小麦生育期内减少浇水1~2次，重视浇好拔节水，适墒浇灌孕穗灌浆水，实现小麦稳产。

邯郸市小麦春灌节水项目的补助标准和方式为：亩均补助标准为148元，其中现金补贴98元，按照"先实施后补助，先公示后兑现"的程序进行，验收合格后，通过"一折通"或"一卡通"拨付；节水品种物化补贴50元，实行县级统一组织供种、统一结算。补助对象主要包括项目区内种植小麦节水品种的农户、家庭农场、农民专业合作组织等。在完成分配任务的基础上，剩余资金用于种子补贴。

3）保护性耕作

邯郸市地下水超采综合治理试点保护性耕作项目，遵循政府引导、社会参与、公平竞争、择优立项的原则开展项目申请，采取村集体、农机合作组织、土地流转大户、家庭农场实施手段，实现整村推进、成方连片，达到规模化效果，实行市场机制、农民自愿、定额补助、先干后补，做到严格监督。

4）水肥一体化

邯郸市地下水超采综合治理试点水肥一体化项目分为小麦玉米水肥一体化技术项目和蔬菜膜下滴灌水肥一体化技术项目。

邯郸市的小麦和玉米总播种面积占总播种面积的80%以上，小麦、玉米成为地下水超采综合治理试点的重要实施对象。小麦玉米水肥一体化技术是将可溶性肥进行充分溶解，通过水为载体,利用微喷技术施于田间的方式促进作物的生长,同时达到节水的效果。在地下水严重超采区,可以通过采用可移动喷灌及输水控制计量、加肥控制、地下输水主管道和地上灌溉等系统,结合示范方自动墒情监测站及自动传输系统,应用科学灌溉手段,推广小麦玉米水肥一体化节水技术,既节约用水,又提高水肥利用效率,提高农产品产量和质量。小麦玉米水肥一体化节水项目全部为省以上投资,项目资金主要包括首部输水控制系统、计量系统、加肥控制系统、地下输水主管道系统、地上灌溉系统等设备配件及建设安装施工,平均每亩补贴标准约为850元。

邯郸市是河北省重要的蔬菜产区。蔬菜生产耗水高,在地下水压采综合治理中承担较大的任务,以节约用水、提高种植收益为目的,通过推广水肥一体化技术,提高水肥使用率,将实现节本增效,逐步改善蔬菜基地的水土生态环境。蔬菜水肥一体化技术是蔬菜无公害标准化生产的核心技术,同时该项措施技术比较成熟,设施设备实现本土化,大面积推广有基础、农民易接受,对于其他作物的节水栽培也具有明显的示范带动作用。

邯郸市蔬菜膜下滴灌水肥一体化技术项目重点在农民蔬菜专业合作社、生产企业、家庭农场、专业大户等法人组织或者村镇集中管理的规模化设施园区实施。通过建设蔬菜膜下滴灌,完善田间工程;一般对新建项目每亩补助1600元,用于购买安装滴灌水肥一体化设施设备,快速接头、更新微喷带、建好施肥池,不足部分由生产主体自筹。

2. 水利压采

1)地表水替代地下水工程

邯郸市地表水替代地下水工程通过对项目区内灌溉水利工程进行恢复改造,提高渠道的输水能力,进而充分利用地表水资源,并通过田间管灌溉工程提高水资源利用效率,减少地下水开采量,进而有效抑制对地下水的超采。

其中,邯郸县①、临漳县、成安县、永年县地表水灌溉工程的水源主要为漳滏河;大名县、邱县、曲周县地表水灌溉工程的水源主要为引黄水;肥乡县、鸡泽县、广平县、魏县地表水灌溉工程的水源主要为漳滏河和引黄水;磁县地表水灌溉工程的水源主要为小跃峰渠和漳滏河;馆陶县地表水灌溉工程的水源主要为引卫水和引黄水。

地表水替代地下水工程的主要措施为河渠工程与坑塘工程。通过多引多蓄地表水,加强渠系连通、泵站改造、水闸加固、坑塘治理、高效节水等工程措施建设,可增加水资源的调蓄能力。地表水替代地下水工程项目实施后,通过地表水源代替现状地下水灌溉,减少了地下水开采量,水资源短缺现象得到有效缓解,尤其是地下水超采区,配合地下水调度和水资源优化配置工程的实施,将大幅减少地下水的开采量,实现深层地下水超采区地

---

① 2016年,国务院同意撤销邯郸县,原邯郸县下辖地区分别划归邯山区和丛台区。

下水超采的减少。

2) 井灌区高效节水工程

井灌区高效节水工程以提高水的利用率和水分生产率，增加科技含量，建设优质、高效农业为目标，结合作物种植情况，采用高效节水的喷灌工程达到节水的目的，包含固定式喷灌、半固定式喷灌、滴灌及微喷等多种节水灌溉形式，并配套潜水泵、加压水泵、智能井房、标志牌等设施。其中成安县更是发展了固定式喷灌、半固定式喷灌、中心支轴式喷灌、平移式喷灌、卷盘式喷灌等多种高效节水灌溉模式。

根据河北省有关文件要求，结合邯郸市的实际，邯郸市地下水超采综合治理按照"水源有保证，干渠畅通，成方连片，压采又增产"的原则在成安、肥乡、馆陶、广平、曲周、魏县、永年、临漳、大名、邱县等县开展了井灌区高效节水灌溉项目，使项目区农业生产条件明显改善、农业综合生产能力进一步提高。

邯郸市井灌区高效节水工程建设，集高效节水灌溉工程、技术与管理体系为一体，使项目区农业生产条件明显改善、农业综合生产能力进一步提高、农业超采地下水量显著下降、节水压采效果显著，为当地高效节水灌溉技术的推广起到良好的示范作用。

3. 林业压采

邯郸市地下水超采综合治理试点林业部门的项目主要包括非农作物替代种植，即在地下水严重超采且无地表水替代的小麦种植区，试行退地减水，适当减少用水量较大的农作物种植面积，主要采用低密度的造林模式，改种榆树、椿树、白蜡、国槐、柳树、枣树、核桃等耐干旱、耐瘠薄且有一定经济效益的生态树种，间作牧草、药材等耐旱作物，发展养殖等林下经济，实现耕地休养生息。

4. 城市工业与生活压采

根据国家南水北调工程计划，2014 年汛后南水北调中线第一期工程通水，该工程计划每年分配河北省净水量 29.53 亿 m^3。邯郸市的临漳县、成安县、磁县、邱县、鸡泽县、广平县、馆陶县、魏县等处于南水北调的受水区。根据南水北调工程规划和城镇供水工程规划，南水北调通水后将每年供给磁县 210 万 m^3，肥乡县 200 万 m^3，邱县 200 万 m^3，广平县 255 万 m^3，馆陶县 190 万 m^3，将实现南水北调水置换邯郸市工业与生活的地下水 1055 万 m^3。截至 2018 年，邯郸市已建南水北调水厂 17 个，水厂实际消纳能力 1.35 亿 m^3/a，已完工管网供水能力 1.15 亿 m^3/a。

城市地下水压采取引南水北调水置换地下水来实现，临漳县第三水厂，魏县南水北调配套水厂，大名县第二水厂，永年县南水北调配套水厂标准件工业园区水厂、西南工业园区水厂、广府生态园区水厂均为新建水厂；永年县南水北调配套水厂城区水厂，鸡泽县南水北调水厂，成安县一水厂、二水厂、三水厂为原有地表水厂，水源置换为南水北调水。

临漳县第三水厂为新建南水北调配套水厂，总投资 3194.25 万元，设计供水能力 3 万 m^3/d，已建设完工，于 2016 年 9 月开始供水，水厂以下配套管网总长度 114.25km，覆盖临漳县城及周边十个乡镇，2017 年 12 月底完工，水厂投入运行后已持续供水 18 万 m^3，共填埋城市自备井和原公共供水水源井 18 眼。

魏县南水北调配套水厂总投资 2600 万元，设计供水能力 3 万 m^3/d，已建设完工，于 2016 年 6 月开始供水，水厂以下配套管网总长度 8.449 km，覆盖魏县县城，已建设完工，水厂投入运行后已持续供水 187 万 m^3，封存备用城市自备井和原公共供水水源井 1 眼。

大名县第二水厂为南水北调配套水厂，总投资 3714.6 万元，设计供水能力 2.16 万 m^3/d，已建设完工，于 2017 年 2 月 18 日开始供水，实际供水能力为 0.8 万 m^3/d，水厂以下配套管网总长度 16 km，封存备用城市自备井和原公共供水水源井 7 眼。

成安县南水北调水厂总投资 3340.03 万元，设计供水能力 2.5 万 m^3/d，已建设完工，于 2017 年 2 月 9 日开始供水，水厂以上输水管道总长度 52km，已建设完工，水厂以下配套管网总长度 8.4 km，对应水厂分别为成安县一水厂、二水厂及三水厂，覆盖整个城区，建设已完工，共封存城市自备井和原公共供水水源井 9 眼。

鸡泽县南水北调水厂总投资 2344 万元，设计供水能力 2.0 万 m^3/d，已建设完工，于 2016 年 10 月 13 日开始供水，水厂以上输水管道建设长度为 24.1 km，覆盖县城区域，水厂投入运行后已持续供水 29 万 m^3。

永年县南水北调水厂包括永年县南水北调配套水厂城区水厂、西南工业园区水厂、标准件工业园区水厂、广府生态园区水厂，分别投资 6505.66 万元、4007.61 万元、2658.13 万元、2658.13 万元，设计供水能力分别为 6 万 m^3/d、2 万 m^3/d、1 万 m^3/d、1 万 m^3/d，城区水厂于 2017 年 3 月 4 日投入运行，其他水厂暂未使用，水厂以上输水管道总长度 18.919 km，已建设完工，水厂以下配套管网总长度 53.5 km，对应水厂分别为城区水厂、标准件工业园区水厂、西南工业园区水厂，分别覆盖永年城区规划范围、标准件工业园区规划范围以及西南工业园区规划范围，南水北调投入使用后将封存城市自备井和原公共供水水源井 8 眼。

5. 体制节水

邯郸市在体制节水方面主要通过农业水价改革、水管体制改革、建设基层服务网络、发挥科技支撑、完善法规政策体系等措施来实施地下水超采的综合治理工作。

1）农业水价改革

邯郸市是一个农业大市，且许多县（市、区）多年来农业灌溉水费中只收电费，地表水不收费，计量设施不完善，信息化管理设施不配套，渠灌区农民灌溉仅收提水成本等，造成全市农业灌溉大水漫灌现象存在，地下水超采严重，农业节水成为全县水资源可持续利用的关键。农业水价改革是促进农业节水的一个重要管理手段。邯郸市水价改革模式是按照河北省水利厅、财政厅、物价局联合下发的《农业水价改革及奖补办法》的文件精神，以及根据近几年水价改革的实践经验，确定实行"超用加价"的水价改革模式。

面对农业用水的严峻形势，在农业水价改革方面，邯郸市的各试点县基本都出台了农业水价综合改革实施方案。对农业用水分类定价，提出了水权额度内用水平价、超水权额度累进加价的农业终端水价制度，农业节水精准补贴和奖励机制，管理组织建设及进度安排等。建立能够反映工程供水成本、农民可以承受、促进农业节约用水、农田水利工程及设施长效良性运行、社会资本融资农田水利工程建设的农业水价形成机制。邯郸市通过建立能够反映工程供水成本、农民可以承受、促进节约用水的农业水价形成机制，探索实行确权水量内农业用水享受优惠水价、超水权用水累进加价的农业终端水价制度，为2017年底以前实现农业用水"计量供水、成本核算、按量收费、收缴到户、精准补贴"的改革目标提供了极大的助力，也为全市的地下水超采综合治理提供了强力的支撑。

邯郸市农业水价改革具体分为以下几项内容：

（1）水权制度改革。作为河北省地下水超采综合治理项目区之一，邯郸市根据《河北省水权确权登记办法》，优先在项目区开展水权分配，编制了各试点县的《水资源使用权分配方案》为水权改革提供了技术支撑。各试点县的《水资源使用权分配方案》将农业可分配水量按亩确权到用水户，由县级水行政主管部门颁发水权证书，保障农业用水者的用水权益，农业用水水权的确权为农业水价改革打下了基础。

（2）完善农业水价形成机制。在明晰农业初始水权的基础上，按照促进节约用水，降低农民水费支出，保障良性运行的原则，科学预测农业灌溉的成本，充分考虑农民承受能力，合理核定农业的水价，实行超定额加价的农业终端水价。

（3）建立精准补贴机制。建立对用水者协会、机井或扬水站承包者、用水合作组织、灌区管理单位等用水管理组织及农户、农场主、新型农业经营主体等灌溉用水主体进行补贴的精准补贴机制。由各试点县水利、农业、财政等部门及基层用水管理组织，联合对水费收缴情况进行核实、公示，由各县财政统一按耕地面积发放给增加负担的农户账户或是征缴的水费不能保证正常运行的水管组织的账户。

（4）建立节水奖励基金。实行按水量计量收费，建立节水奖励基金，对节约用水成绩突出、效果显著的用水管理组织或灌溉用水主体进行节水奖励。在保证工程正常运行的基础上，利用超限额加价征收的水费、财政安排资金、社会捐赠、水权转让等收入建立节水奖励基金。主要奖励对象为采用喷灌、微滴灌等高效节水措施的农户、农场主、新型农业经营主体；对管理技术先进、统计数据完整水费收缴到位、节水工程维修服务周到的农民用水者协会、机井或扬水站承包者、用水合作组织、灌区管理单位等用水管理组织；把高耗水作物调整为耐旱作物的农户、农场主、新型农业经营主体等灌溉用水主体。

(5) 农业用水计量设施安装。邯郸市对地下水超采综合治理项目区安装了用水计量设施，按照"一泵一表、一户一卡"要求，安装计量设施，按水量收费，实行"先充值缴纳水费、后刷卡取水浇地"。

(6) 灌溉水费征收管理。农业水费由各县、乡、村的农民用水合作组织（水管员或承包人）负责收缴，并使用统一票据，于每年12月底前汇总、公示。县、乡、村农民用水合作组织建立用水管理平台，健全水费收缴管理系统，设立水费专户和收缴终端，办理刷卡存储水量。

(7) 水费使用管理。收缴的平价水费，支付渠道和用途按现行使用政策执行；收缴的加价水费，扣除电力部门的电费、水利工程维修养护费、配水人员劳务费和管理费用等合理性开支外（机井或扬水站大修，需一事一议），仍有节余的，一般作为村节水基金，主要用于节水灌溉工程建设、维修养护、村节水宣传、节水奖励等。村节水基金由村用水分会管理，县用水者协会总会监管，建立收支台账，在一定范围内定期向公众公布水费使用明细，公示7天期满无异议后存档，防止乱收费等。

2) 水管体制改革

邯郸市在水管体制改革方面进行了一系列的工作，主要集中在农田水利工程产权制度改革方面，通过水管体制改革推进全市的地下水压采和农业节水工作。

邯郸市通过进行农田水利工程产权制度改革，建立小型水利工程产权制度，水行政主管部门代表政府对小型水利工程进行产权登记，颁发产权证书，落实管护主体及其责任。创新运行管护模式，针对不同类型工程特点，因地制宜采取专业化集中管理及社会化管理等多种管护方式。

在水利项目上，项目区建立专业管理组，如灌区管理、农民用水者协会等，建立经济自立灌排区管理模式，将工程产权移交给农民用水者协会。及时把工程的产权移交项目村（农民用水者协会）进行统一管理，其中干支渠渠系连通、整治工程由各县水管部门或基层水利服务体系进行管理，斗农渠及附属建筑物由乡镇或农民用水合作组织管理，坑塘及节水灌溉工程由项目村、农民用水合作组织或合作社管理，并与项目乡镇、村或农民用水合作组织或合作社签订工程管护协议，管护单位按照制定的各项管理制度安排灌溉秩序、工程管理、维修及水费的征收等工作，以确保工程良性运行，发挥长久效益。将现有管理体制进行改革，切实成为自主经营、自负盈亏的灌溉管理新体制，实现节水增效，增加农民收入，改善农民生活。同时以社区驱动发展的形式，让群众广泛参与管理，不断完善社会化服务体系。

同时，由农民用水合作组织按照制定的各项管理制度安排灌溉秩序、工程管理、维修及水费的征收等工作，工程运行费和更新改造费，贯彻执行"自主经营，自负盈亏，利益共享，股份合作"的法人实体，经营管理本着"平等自愿，风险共担，谁投资、谁建设、谁管理、谁受益"的原则，按照章程协议，具体实施操作，切实处理好所有权、经营权、管理权的关系，采取不同的管理模式。要解决好技术管理人员的待遇问题，实行责、权、利挂钩，充分调动他们的积极性，确保工程系统的良好运行及长效运行，使工程发挥最大的效益。同时应积极让农民参与用水者协会管理，切实按照他们的意愿行事，保证农民利益不受侵犯。

为积极探索水利工程"建、管、养、用"一体化机制，建立归属清晰、权责明确、监管有效的小型水利工程良性运行机制，成安县把深化小型水利工程管理体制改革作为加强水利管理、提高工程效益的突破口，按照"试点先行、典型引路、分类实施、全面推进"的总体要求。通过承包、租赁等形式，把小型水利工程产权、使用权明确到户、责任到人。对扬水站、机井以及田间低压管道、大型喷灌工程和固定（半固定式）喷灌工程明晰了产权、使用权，颁发了"两证一书"。

3）建设基层服务网络

邯郸市各试点县进行了基层水利服务（县级用水者协会-村级用水分会和基层水利站）体系建设。为提高工程管护效率，激发群众的节水意识，强化群众参与程度，不断健全基层服务网络。

邯郸市各试点县均已经成立县用水者协会总会，并在各县民政局进行了注册，健全了协会制度，具体负责县级水资源配置等工作。县用水者协会总会监管各村用水分会的职责落实情况、全县水价改革补贴资金发放和水事纠纷等有关事项。各行政村依托县用水者协会总会成立村用水分会，具体负责本辖区内的水利灌溉设施的维修和管护，或监管村灌溉、水费征收、水费支出以及协调民事纠纷、水事纠纷等，实现了专人负责、专人管理、专人维修。同时，还通过成立乡镇基层水利站和县级水利技术服务中心，对小型水利工程进行技术指导，对农民提供水利技术服务。通过改革，从根本上解决了过去小型水利工程管理难、经费保障难、工程维护难和无人管、无钱管的问题。

邯郸市基层服务网络建设，为农户释放红利，也为地下水压采工作和美丽乡村建设注入了新的活力。

4）发挥科技支撑

邯郸市充分发挥科技支撑作用，以计量设施安装、农业灌溉用水水权交易信息系统建设为基础构建农田水利信息管理平台。通过安装科学的计量设施，实现水量科学计量；同时加强农业灌溉预报系统建设，通过农田水利信息管理平台建设保障了水资源科学化管理。农田水利信息管理平台包括县级管理平台、基层服务组织管理平台和村级管理平台。建设县级管理平台，实现县级的农业灌溉用水管理、农业灌溉定额管理、农业水价管理、水权管理和水权交易、产权管理和产权交易管理。县级管理平台设置在县水利局。依托基层水利站，建设基层服务组织管理平台，实现乡镇农业灌溉用水管理和水权管理。管理平台设置在基层服务组织办公室。依托农民用水者协会,建设村级管理平台,实现村农业灌溉用水管理和水权管理。

另外,农田水利工程规划和设计方案的优劣及工程质量关系到工程的成败,为此部分试点县以县级水利局为主,成立了技术领导小组,具体负责农田水利工程规划、设计和施工技术指导,在工程实施时,深入到田间地头,为小型农田水利工程建设提供全方位的技术服务,同时对施工队伍和农民进行科学技术培训,以提高工程施工质量。

5)完善法规政策体系

在地下水超采综合治理方面,邯郸市出台了一系列的管理办法,完善了法规政策体系。按照实行最严格水资源管理制度的要求及落实《河北省水权确权登记办法》的要求,邯郸市作为地下水超采治理试点,在河北省水利厅领导下,河北省水利科学研究院协同邯郸市水利局、各试点县政府及水利局,根据实际情况编制了各试点县的水资源使用权分配方案;为进一步细化河北省《农业水价改革及奖补办法》、《河北省地下水管理条例》,各试点县在编制的农业水价综合改革实施方案、地下水超采综合治理地表水灌溉项目实施方案、地下水超采综合治理井灌区高效节水灌溉项目实施方案等基础上,还编制了"超用加价"农业水价改革实施方案。

部分试点县政府依据相关法律、法规,结合县情,制定了节水型建设管理运行手册、地下水资源管理办法等一系列规章、规定,为节水建设和地下水压采工作注入了动力。

另外,村级农民用水者协会根据群众的意愿,出台了适合不同村情的水费计征及奖惩办法、农业灌溉用水管理办法、生活用水管理办法、新打机井审批程序、村级节水型社会建设运行管理手册等各项制度,确保节水目标的实现。

3.4.4 地下水变化解析

1. 实际地下水开采量变化

2014 年,邯郸市项目区治理前基准年实际地下水开采量为 3.00 亿 m^3,其中水利项目区为 1.60 亿 m^3,占项目区实际开采总量的 53.30%;农业项目区为 1.40 亿 m^3,占项目区实际开采总量的 46.70%。考核基准年实际地下水开采总量为 2.56 亿 m^3,其中水利项目区为 1.20 亿 m^3,占项目区实际开采总量的 46.90%,农业项目区为 1.36 亿 m^3,占项目区实际开采总量的 53.10%。相比之下,邯郸市项目区实际地下水开采量减少了 0.44 亿 m^3,其中水利项目区减少 0.40 亿 m^3,农业项目区减少了 0.04 亿 m^3。

2015 年,邯郸市项目区治理前基准年实际地下水开采量为 5.39 亿 m^3,其中水利项目区为 1.87 亿 m^3,占项目区实际开采总量的 35%;农业项目区为 3.46 亿 m^3,占项目区实际开采总量的 64%；林业项目区为 0.06 亿 m³，占项目区实际开采总量的 1%。考核基准年实际地下水开采总量为 3.35 亿 m³，其中水利项目区为 1.08 亿 m³，占项目区实际开采总量的 32%；农业项目区为 2.24 亿 m³，占项目区实际开采总量的 67%；林业项目区为 0.03 亿 m³，占项目区实际开采总量的 1%。相比之下，邯郸市项目区实际地下水开采量减少了 2.03 亿 m³，其中水利项目区减少了 0.79 亿 m³，农业项目区减少了 1.22 亿 m³，林业项目区减少了 0.03 亿 m³。

2016 年，邯郸市项目区治理前基准年实际地下水开采量为 5.28 亿 m³，其中水利项目区为 1.64 亿 m³，占项目区实际开采总量的 31%；农业项目区为 3.53 亿 m³，占项目区实际开采总量的 67%；林业项目区为 0.11 亿 m³，占项目区实际开采总量的 2%。考核基准年实际地下水开采总量为 3.78 亿 m³，其中水利项目区为 1.03 亿 m³，占项目区实际开采总量的 27%；农业项目区为 2.71 亿 m³，占项目区实际开采总量的 72%；林业项目区为 0.04 亿 m³，占项目区实际开采总量的 1%。相比之下，邯郸市项目区实际地下水开采量减少了 1.50 亿 m³，其中水利项目区减少了 0.61 亿 m³，农业项目区减少了 0.82 亿 m³，林业项目区减少了 0.07 亿 m³。

2. 平水状况地下水开采量折算

假设一个地区不同降水年份下的地下水开采量与平水年份的地下水开采量的比值是相对稳定的，可通过比例折算出该年项目区平水状况下地下水开采量。

2014 年，邯郸市项目区治理前基准年平水状况地下水开采总量为 2.90 亿 m³，其中水利项目区为 1.55 亿 m³，占项目区平水状况下开采总量的 53.45%，农业项目区为 1.35 亿 m³，占项目区平水状况下开采总量的 46.55%。与实际地下水开采量相比，邯郸市项目区平水状况地下水开采总量折减 1069 万 m³，平均折算系数 0.97。考核基准年平水状况地下水开采总量为 1.88 亿 m³，其中水利项目区为 0.86 亿 m³，占项目区平水状况下开采总量的 45.74%，农业项目区为 1.02 亿 m³，占项目区平水状况下开采总量的 54.26%。与实际地下水开采量相比，邯郸市项目区平水状况地下水开采总量折减 1.02 亿 m³，平均折算系数 0.65。

2015 年，邯郸市项目区治理前基准年平水状况地下水开采总量为 5.34 亿 m³，其中水利项目区为 1.87 亿 m³，农业项目区为 3.41 亿 m³，林业项目区为 0.06 亿 m³。与实际地下水开采量相比，邯郸市项目区平水状况地下水开采总量折减 401 万 m³，平均折算系数 1.0。考核基准年平水状况地下水开采总量为 3.84 亿 m³，其中水利项目区为 1.20 亿 m³，农业项目区为 2.61 亿 m³，林业项目区为 0.03 亿 m³。与实际地下水开采量相比，邯郸市项目区平水状况地下水开采总量折减 4878 万 m³，平均折算系数 1.1。

2016 年，邯郸市项目区治理前基准年平水状况地下水开采总量为 5.01 亿 m³，其中水利项目区为 1.58 亿 m³，农业项目区为 3.35 亿 m³，林业项目区为 0.08 亿 m³。与实际地下水开采量相比，邯郸市项目区平水状况地下水开采总量折减 401 万 m³，平均折算系数 1.0。考核基准年平水状况地下水开采总量为 3.46 亿 m³，其中水利项目区为 0.92 亿 m³，农业项目区为 2.51 亿 m³，林业项目区为 0.03 亿 m³。与实际地下水开采量相比，邯郸市项目区平水状况地下水开采总量折减 4878 万 m³，平均折算系数 1.1。

3. 地下水压采量

根据分析计算，2013~2015 年邯郸地区治理前基准年平水状况下开采地下水 2.90 亿 m³，考核基准年平水状况下开采地下水 1.88 亿 m³，地下水总压采量 1.02 亿 m³。2014~2016 年邯郸地区治理前基准年平水状况下开采地下水 5.34 亿 m³，考核基准年平水状况下开采地下水 3.84 亿 m³，地下水总压采量 1.50 亿 m³。2015~2017 年邯郸地区治理前基准年平水状况下开采地下水 5.01 亿 m³，考核基准年平水状况下开采地下水 3.46 亿 m³，地下水总压采量 1.55 亿 m³。

4. 地下水位变化

2006~2013 年邯郸市浅层地下水位整体呈下降趋势，其中曲周、永年、邱县、馆陶浅层地下水位略有上升，上升速率在 0.05~0.37 m/a，其余各县浅层地下水位均呈现下降趋势，其中临漳、成安下降速率最快，达到 0.93~0.97 m/a。邯郸市深层地下水位普遍下降，其中广平、馆陶、魏县地下水位下降速率最快，下降速率在 0.72~0.83 m/a，其余县下降速率在 0.15~0.66 m/a。

2014 年浅层地下水位呈下降趋势，成安、邱县、临漳、永年下降较快，下降速率约为 1.0 m/a，广平下降速率较慢。深层水位持续下降，下降速率在 0.97~3.96 m/a。临漳、曲周、魏县下降速率最快，超过了 3 m/a。

2015 年浅层水位除了大名和鸡泽水位略有回升外，整体上仍在下降，下降速率最快的是曲周，达到 2.41 m/a，其次是临漳、成安、肥乡、邱县下降速率均超过了 1.0 m/a，魏县的下降速率较慢，约为 0.4 m/a。深层水位回升态势较明显，11 个县中有 7 个县水位回升，上升幅度在 0.18~3.55 m/a，其中曲周上升速率最快，馆陶下降速率最快。

2016~2017 年邯郸市大部分地区的浅层和深层地下水位是相对回升的，相对回升幅度在 1.76~3.90 m，表明近年地下水超采治理发挥了一定的积极作用。

3.4.5 压采治理效果

1. 压采治理覆盖范围

2014 年邯郸市地下水超采综合治理工程覆盖 11 个县，各项目县地下水超采综合治理工程分别包括农业、水利两个方面。农业项目实施面积55.97万亩，其中调整种植模式5.00万亩，小麦春灌节水37.47万亩，保护性耕作8.72万亩，水肥一体化4.78万亩。水利项目实施面积64.25万亩，其中井灌区高效节水工程27.27万亩，地表水替代地下水工程36.98万亩。

2015年邯郸市地下水超采综合治理工程覆盖13个县，各项目县地下水超采综合治理工程分别包括农业、水利和林业三个方面。农业项目实施面积155.60万亩，其中调整种植模式2.68万亩，小麦春灌节水143.0万亩，保护性耕作2.0万亩，水肥一体化7.92万亩。水利项目实施面积84.18万亩，其中井灌区高效节水工程36.95万亩，地表水替代地下水工程47.23万亩。林业项目实施面积2.0万亩。

2016年邯郸市地下水超采综合治理工程覆盖13个县，各项目县地下水超采综合治理工程分别包括农业、水利和林业三个方面。农业项目实施面积147.88万亩，其中调整种植模式14.58万亩，小麦春灌节水实施119.0万亩，保护性耕作10.80万亩，水肥一体化1.8万亩。水利项目实施面积67.69万亩，其中井灌区高效节水工程30.82万亩，地表水替代地下水工程36.87万亩。林业项目实施面积3.39万亩。

2. 压采目标完成度

2014年邯郸市压采项目区实际压采量为10 462万 m^3，压采完成度为87%。水利项目实际压采量为6866万 m^3，压采完成度为81%。其中，地表水替代地下水工程实际压采量为4455万 m^3，压采完成度为83%；井灌区高效节水工程实际压采量为2411万 m^3，压采完成度为98%。农业项目实际压采量为3296万 m^3，压采完成度为95%。其中，调整种植模式实际压采量为727万 m^3，压采完成度为90%；小麦春灌节水实际压采量为1597万 m^3，压采完成度为133%，保护性耕作实际压采量为423万 m^3，压采完成度为65%；水肥一体化实际压采量为549万 m^3，压采完成度为67%。城市工业与生活压采由于南水北调配套水厂及输水管网工程建设滞后，实际压采量仅为0.03亿 m^3，完成度仅为8%。

2015年邯郸市压采项目区实际压采量为15 090.65万 m^3，压采完成度为91%。水利项目实际压采量为6742.88万 m^3，压采完成度为90%。其中，地表水替代地下水工程实际压采量为4336.37万 m^3，压采完成度为93%；井灌区高效节水工程实际压采量为2406.51万 m^3，压采完成度为87%。农业项目实际压采量为8011.32万 m^3，压采完成度为93%。其中，调整种植模式实际压采量为375.44万 m^3，压采完成度为83%；小麦春灌节水实际压采量为6706.22万 m^3，压采完成度为95%；保护性耕作实际压采量为82.58万 m^3，压采完成度为83%；水肥一体化实际压采量为847.08万 m^3，压采完成度为91%。林业项目实际压采量为336.45万 m^3，压采完成度为87%。

2016年邯郸市压采项目区实际压采量为15 499.88万 m^3，压采完成度为88%。水利项目实际压采量为 6547.84 万 m³，压采完成度为 89%。其中，地表水替代地下水工程实际压采量为 4884.54 万 m³，压采完成度为 91%；井灌区高效节水工程实际压采量为 1663.36 万 m³，压采完成度为 82%。农业项目实际压采量为 8442.65 万 m³，压采完成度为 88%。其中，调整种植模式实际压采量为 2635.65 万 m³，压采完成度为 90%；小麦春灌节水实际压采量为 5211.18 万 m³，压采完成度为 88%；保护性耕作实际压采量为 486.82 万 m³，压采完成度为 90%；水肥一体化实际压采量为 109 万 m³，压采完成度为 94%。林业项目实际压采量为 509.39 万 m³，压采完成度为 88%。

3.4.6　地下水压采治理影响因素

1. 人为干扰因素解析

1）农业地下水开采

农业为各县地下水用水大户，其特点一是农业开采机井数量巨大且分散，同时农业开采井多为个体农户/集体管理，用水计量和管理规范程度较低，绝大多数没有安装用水计量系统。二是农业地下水实际开采量受当年农业生产的灌溉需求驱动，因此与降水丰枯变化、年内分布密切相关。降水量偏丰的年份，作物对降水的利用增多，农业实际开采量减少。反之则对降水利用减少，导致农业开采量的增加。

邯郸市项目区内春夏玉米种植结构下小麦春灌节水压采措施下的亩均用水量为 197 m³/亩，井灌区高效节水压采措施下的亩均用水量为 162 m³/亩，保护性耕作压采措施下的亩均用水量为 202 m³/亩，小麦玉米水肥一体化压采措施下的亩均用水量为 172 m³/亩，蔬菜水肥一体化压采措施下的亩均用水量为 219 m³/亩。非项目区内春夏玉米种植结构下的亩均用水量为 233 m³/亩，蔬菜种植结构下的亩均用水量为 363 m³/亩。相较而言，小麦春灌节水压采措施下的亩均节水量为 37 m³/亩，井灌区高效节水压采措施下的亩均节水量为 72 m³/亩，保护性耕作压采措施下的亩均节水量为 32 m³/亩，小麦玉米水肥一体化压采措施下的亩均节水量为 62 m³/亩，蔬菜压采措施下的亩均节水量为 144 m³/亩。

2）工业、生活地下水开采

与农业地下水用水不同，工业、生活地下用水占地下水开采量的比重小、供水相对集中，此外城市地下用水主要通过水源地及供水管网系统供水，一般都有计量，统计较为准确，同时城市地下用水过程相对稳定，一般不受水文频率影响。

3）农产品市场价格波动的影响

邯郸市不同年份各类农作物种植面积可能随经济发展和市场需求有所不同，如 2015 年棉花种植面积比 2013 年减少 33.5 万亩，这与国际粮食市场价格波动有极大的关系。棉花种植面积减少，小麦玉米面积增大，必将导致试点区灌溉用水量的增加。如今农户经济行为与市场的联系日益密切，农户逐步依靠对市场价格的反应进行资源配置和生产决策，农户做出生产决策越来越受到市场价格波动、市场信息的影响，市场价格作为信号传递给农民后影响着农户的决策和行为。经济效益因素推动了邯郸市种植业的变化和经济作物面积消长，随之也影响地下水压采目标的实现。

2. 降水影响

邯郸市地下水开采主要为农业开采，且农业开采主要用于农作物灌溉，而灌溉量随降水情况发生变化。对于降水充沛年份，地下水开采量较少，同时降水补充地下水，导致地下水位上升或下降幅度减缓，易于压采目标的实现。反之，对于干旱年份，地表水紧缺，地下水补给量减少，同时地下水开采量增多，加剧地下水位下降，压采目标难以完成。

3. 外调水源的影响

在邯郸市地下水压采治理项目的地表水替代地下水工程中，引卫、引黄、引江等外调水源作为地表水的重要一环能否按照原定规划引水对保证实现邯郸市地下水压采目标至关重要。引黄入邯工程供水范围涉及大名县、广平县、肥乡县、鸡泽县、邱县、曲周县、魏县 7 个县。引卫工程涉及大名县、馆陶县、魏县 3 个县。引漳滏河灌区（岳城、东武仕水库）涉及成安县、肥乡县、鸡泽县、临漳县、邱县、魏县、永年县 7 个县。外调水源的引入极大地缓解了邯郸市当地农业、工业、城市居民生活对地表水的巨大压力，从侧面减少了地下水的开采量，对于地下水压采治理具有重要影响。

3.5　小　　结

采用 MK 检验、Morlet 小波分析、EOF 分解和 R/S 分析法对 1952～2012 年京津冀地区的降水、蒸发、产流、基流进行周期与突变分析及时空分解分析和未来趋势分析，由此可知京津冀地区地表水从 1960 年发生突变之后，地表水减小趋势减缓。同时地表水 2～7年时间尺度周期性变化较小，其余时间尺度的周期变化在整个研究时段表现得较稳定；其中 26 年左右周期振荡最强。而京津冀地区西南部和东北部为地表水变化的敏感中心，具有变化幅度大的特点；西北部和中部地区地表水变化幅度较小。预测未来京津冀大部分地区地表水将会缓慢增加。京津冀地区基流在 1966 年左右发生突变后，基流减少趋势日益显著；京津冀地区年降水量在整个时间域内的变化主要受 25 年左右的周期控制；纵观京津冀地区基流在 1952～2012 年有明显的下降趋势，其中，在 1980 年之前基流整体呈增加状态，自 1980 年以后基流呈减少状态，预计未来京津冀地区基流将整体呈缓慢减少趋势。

　　地下水作为邯郸市的主要供水水源，多年来一直支撑着邯郸市的农业、工业的生产发展以及居民生活的基本保障，这是邯郸市地下水严重超采的主要原因。数据显示，自 1980 年以来邯郸市地下水位始终处于下降状态，且下降速率逐年增大，超采区面积超 4000 km^2，年均超采量在 0.4 亿 ~ 1.9 亿 m^3，当地地下水资源急剧减少，使当地资源型缺水状况进一步加重。

　　随着近年来邯郸市地下水综合治理措施启动实施，地下水超采状况得到有效控制并有所好转。地下水治理措施范围覆盖 13 个县，分别包括农业、水利、林业、城市工业与生活用水、体制节水五个方面，各类项目具体实施面积逐年扩大，年目标完成度处于较高水平，地下水超采治理成效显著。根据相关数据，邯郸市近年地下水实际开采量逐年减少，同时压减开采总量不断增加，年压减量超 1.5 亿 m^3，地下水位总体变化趋势由下降转变为上升，上升速率随年度增加，回升速率达到 1.76 ~ 3.9 m/a 水平，个别地区虽地下水位仍有所下降，但下降趋势得到减缓。

|第4章| 城市（群）水、能、物质流解析

4.1 可持续城市水循环模式选择

4.1.1 模式定义

1. 水循环模式的内涵

城市水循环模式是指在特定社会经济发展阶段和自然资源禀赋等条件下形成的具有不同系统发展方向和设施建设重点及不同环境和资源目标的水循环独特类型。

城市水循环模式具体体现在其系统结构上。水循环结构指的是系统内的各组成要素（子系统、配套设施和控制技术等）之间相互关联、相互作用的方式或秩序，也就是各要素在系统内排列和组合的具体形式。水循环由不同子系统构成，每个子系统又包含一系列采用不同技术的设施组合，在共同作用下实现系统整体的多重功能。不同的子系统组合、不同的设施单元和技术组合共同决定了系统的整体结构，从而影响系统的具体功能表现。我们应当意识到，城市水循环模式决定了各个子系统基础设施的建设发展，从而对依赖于基础设施建立的水污染控制技术体系的构成产生约束。不论是在城市现有水循环结构的基础上进行系统改造和技术升级，还是针对新建城市基于可持续评价指标进行系统模式的优化选择，都需要考虑不同发展模式下的不同系统结构和设施组成，以此来调整和修正水污染控制技术体系的组织结构与技术选择。

2. 可持续水循环模式的意义

不同的系统结构下配套不同的水设施，进而引导不同的水活动，在不同的水污染控制技术下产生不同的物质流和环境影响。例如，最原始的直泄式合流制水循环是按照就近坡向水体的原则布置排水管网，雨水和污水混合后未经处理和利用直接排入水体。在这一系统中，没有污染物的去除，更没有水资源和营养物质的回用，对城市水环境的影响最大。又如，"传统水循环+雨水源头处理+污水回用"的结构模式，可以在控制进入水环境污染

负荷的基础上，减小降雨径流产生城市内涝的风险，削减城市径流污染对水环境的影响，同时回用经过深度处理的污水，减少城市系统对天然原水的需求。

传统城市水循环主要针对城市污水收集和处理系统而言，包括污水收集输送管网和污水处理厂两部分。城市生活用水用户（包括居民生活用户和公共行业用户），以及部分工业用户的混合排水是系统的输入，各用户产生的污水经过收集由城市污水管网输送到污水处理厂，经污水处理后直接排入城市接纳水体。而伴随我国快速城镇化带来的水资源紧缺、生活污染排放增加、降雨径流污染加重等多重压力，原有的污水收集和处理系统既不能应对雨水径流造成的日益严重的城市面源污染，也不能涵盖能作为城市非传统水资源的再生水利用，从而难以解决城市水环境质量持续恶化、城市水资源压力持续增加的问题。这就对建立更综合、更完善、更全面的系统规划方法，制定更配套化、更集成化的城市水污染控制技术选择和可持续水循环模式的发展提出了巨大挑战。

可持续水循环模式重视对污水再生回用，需要研究和应用新型水循环，并且加强对城市面源污染的控制，影响整个城市水循环中水和物质的流向与强度，进而影响整个系统的结构、布局、处理能力等。

为研究识别可持续系统模式的特点，将城市水循环模式概化为雨污收集输送子系统、雨水径流控制子系统、污水处理子系统、再生水处理和输送子系统四个子系统，如图 4-1 所示。在污水收集和处理系统的原有基础上，补充了对合流制管网溢流处理设施，增加了应用最佳管理措施（best management practices，BMPs）或低影响开发（low impact development，LID）等技术的雨水径流处理子系统，完善了以污水处理厂出水为水源的再生水处理和输送子系统。应当注意到，在完善后的城市水污染控制系统中，设施单元、技术环节的增加导致结构复杂程度增加，对水污染控制技术的优化筛选，不仅仅需要考虑子系统的成本效益，还需要从整个系统的角度出发，综合考虑系统的整体性能，这使得筛选与系统结构配套的水污染控制技术组合更为复杂。

4.1.2　模式选择技术与模型工具

本节中，基于自下而上的技术模型和技术数据库构建了城市水环境模式多目标鲁棒优化模型（multi-objective robust optimization model，MOROM），为城市水循环的模式设计和技术选择提供鲁棒优化方案集。不同于以往采用情景分析来刻画系统鲁棒性的方法，鲁棒优化模型能够识别各种不确定性扰动下都有较好性能和可靠约束达标能力的方案，从而提供权衡系统成本、污染负荷及鲁棒性三个目标的城市水循环模式和技术选择方案。

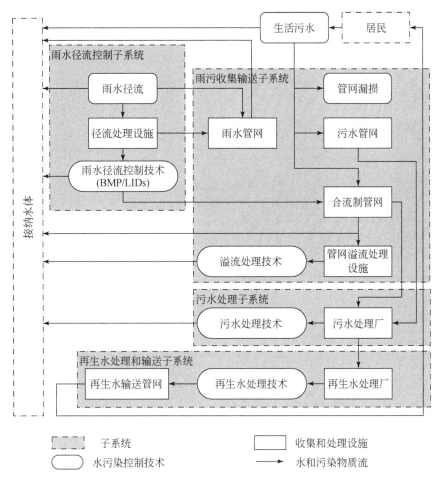

图 4-1　城市水循环模式示意

　　模型的构建和应用过程按照问题识别、初始方案生成、方案鲁棒优化这三个步骤开展（图 4-2）。首先对需要解决的实际规划问题进行分析描述，识别规划决策过程中影响决策和实施效果的关键要素和控制因子，判断对象的目标和约束条件，在此基础上结合决策者偏好对问题进行数学描述和表达。在这一阶段需要在系统概化的基础上，综合考虑污水和污染物在系统内部、子系统之间变化规律以及各子系统污染排放特征，对城市水循环内水量水质变化进行模拟。在模拟过程中既要合理概化系统结构，又要反映系统典型特征，模拟计算不同系统结构和技术组合下的城市水循环污水和雨水径流处理和排放的水量水质、特征污染物削减量和排放负荷。此外，还需要确定优化模型的决策变量，构建目标函数，识别模型不确定性因素的来源和相应分布。模型的不确定因素中考虑了关键模型参数和决策变量的不确定性。在完成问题识别后，采用基于非支配排序的多目标遗传算法（Non-dominated sorting genetic algorithm-Ⅱ，NSGA-Ⅱ）产生可行解集，对可行解集所包含的决策变量和选定的模型参数采样并进行不确定性分析，计算在不确定性扰动下系统性能的稳定性和系统约束的可靠性，实现对系统鲁棒性的量化，并以包括鲁棒性的三类目标函数对方案集进行非支配排序，最终生成鲁棒性最优前沿面上的方案集。

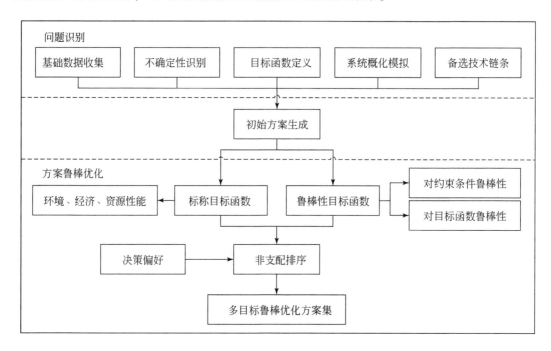

图 4-2　城市水循环模式设计和技术选择方法框架

1）模型的输入与输出

MOROM 的输入可以分为两类：第一类是技术组合相关信息，包括技术组合链条编号、技术对特征污染物的去除能力、技术设施生命周期成本等；第二类是城市经济和环境特征信息，用于估算城市再生水使用潜力的基础信息和用水定额，以及基于城市基础数据和模型假设确定的用于估算系统内部物质流动的水量水质信息。这些信息可进一步划分为如下四类：

（1）城市基础信息，具体包括人口与面积、地理位置和消费水平分类、各城市用地类型的面积以及管网漏损率。

（2）城市再生水需求信息。模型限定了再生水的 4 种用途——农业灌溉、市政用水（包括绿地浇灌、道路冲刷、机动车清洗和冲厕）、工业用水（包括循环冷却水和发电耗水）以及生态环境用水。

（3）水量水质信息，该部分输入是系统计算生活污水和雨水径流产量的依据。其中生活污水产量的计算需要结合城市人口数和不同城市类型的人均日产生量，雨水径流量的计算则依赖于降水数据和产流系数。模型利用五类特征污染物（亦即 COD、BOD、TN、TP

和氨氮）来刻画水质情况。

（4）技术数据库，在概化的水循环中主要涉及三类污染控制技术——溢流处理技术、雨水径流处理技术和污水与再生水处理技术。按照预先建立的原则，模型将独立的技术单元组成可行的技术链条，并且通过限定技术链条的长度，最终生成有限的技术数据库。技术数据库向模型主体部分提供了大量的技术链条及其污染物去除效率和成本参数，作为优化目标计算的依据。表4-1~表4-3给出了输入变量及其含义。

表 4-1　城市特征信息输入

类别	输入变量	说明	单位
城市规模	Pop	城区人口规模	万人
	UA	城市面积	km²
	UB	建成区面积	km²
	UF	建设用地面积	km²
城市类别	cityR	城市地域分区	
	cityL	城市类别划分（根据城镇居民人均消费水平）	
资源与环境	R_m	第 m 月降水量	mm
基础设施水平	f_j	用地类型 j 占建成区面积的比例	%
	η_d	污水收集管网漏损率	%

表 4-2　城市再生水需求信息输入

类别	输入变量和模型参数	说明	单位
农业灌溉	V_A	农业灌溉年用水量	m³
	A_V	可直接食用农作物种植面积	km²
	E_V	可直接食用农作物单位面积年灌溉量	m³/km²
市政用水	A_G	城市绿地面积	km²
	E_G	城市绿地单位面积日灌溉定额	m³/(km²·d)
	A_{Ro}	城市道路面积	km²
	E_{Ro}	城市道路冲洗水量定额	m³/km²
	N_{Ro}	城市道路年冲洗次数	次
	E_F	城市人均日冲厕用水量	m³/d
	N_C	城市机动车保有量	辆
	T_C	年洗车次数	次
	E_C	洗车用水定额	m³/车次

类别	输入变量和 模型参数	说明	单位
工业用水	R_{TPP}	循环冷却水和清灰用水占热电厂用水量比例	%
	E_{TPP}	单位发电能力耗水量	$m^3 /$ ($kW \cdot h$)
	G_{TPP}	城市热电厂年发电量	$kW \cdot h$
生态环境用水	RU	城市年生态环境补水量	m^3

表 4-3　水量水质信息输入

类别	模型参数	说明	单位
生活污水	E_D (cityR，cityL)	cityR，cityL 类城市人均日生活污水产生量	L/ (p · d)
	$Days_m$	第 m 月天数	d
	$E_{W,l}$ (cityR，cityL)	cityR，cityL 类城市人均日污染物 l 的负荷	g/ (p · d)
雨水径流	E_j	j 类用地产流系数	
	$C_{R,j,l}$	j 类用地产流污染物 l 的浓度	mg/L
	E_R	其他建设用地产流系数 l	
	$C_{R,l}$	其他建设用地产流污染物 l 的浓度	mg/L

　　模型的输出主要是满足模型算法中各项约束，按照决策偏好和目标约束对可行方案进行非支配排序后得到的聚集在最优前沿面上的方案集，这些方案的结构是通过若干结构指标（决策变量）来反映的。总共有截流倍数、溢流处理比例和合流制系统比例等 10 个连续的决策变量和合流制溢流处理、雨水径流处理、污水和再生水处理技术链条共 3 个离散的决策变量，变量的详细情况及其取值范围将在 4.1.3 节进行讨论。这些决策变量决定了水循环中各部分的水流比例关系和污染物的削减情况，因而能够反映水循环结构上的主要特征。

　　同时，对所有方案对应的系统中间变量和不确定性采样结果都进行了输出，后续通过构建评价指标对方案集包含的内部信息进行更深入统计分析，从而反馈指导系统概化和模型假设，并为决策者提供更多系统内关联关系和关键参数的信息。

　　2）模型的优化目标与约束条件

　　鲁棒模型的优化目标共有三个，即最小化污染物排放负荷、最小化系统总投入成本、最大化系统鲁棒性。优化目标体现了规划时对水循环在环境性能、经济性能以及抗摄动能力的期望，目标的优化是通过改变决策变量的取值实现。但是这三个目标本身存在竞争关系，难以做到同时优化，因而需要进行权衡比较。4.1.3 节将结合各关键指标给出目标函数的具体形式。

系统的排放负荷是一定时间范围内排入水体的 5 种特征污染物的加权质量和，这一权重确定的基本依据为对环境的影响程度。排放负荷的来源包括未收集的生活污水、合流制管网溢流、管网漏损、污水处理子系统出水、未收集及经过 BMP 设施处理后排放的雨水径流。由于再生水重新进入城市水循环，不排入水体，因而认为其不产生排放负荷。各部分的流量和浓度由决策变量决定，并满足质量守恒定律。

系统的投入成本是在整个生命周期内，建设、运行和维护的成本扣除再生水回用带来的收益。建设费用是由合流制/分流制处理规模和吨水处理成本确定的，年运行维护费用取为同期折旧费用的一固定比例，并按照贴现率计算的现值。再生水回用的收益根据回用水量和再生水水价确定。

系统的鲁棒性衡量了系统面对多种不确定扰动时，维持原有环境和经济性能的能力，具体而言，包括模型参数波动下系统性能的偏离程度和对约束的违背程度。我们将前者称为方案鲁棒性（solution robustness，SR），后者称为模型鲁棒性（model robustness，MR）。在计算时，模型参数的不确定性包括决策变量、各类成本参数、去除效率的波动，一般认为它们的扰动在给定上下限（如±10%）内呈均匀分布。给定参数的扰动后，可以计算在这一扰动条件下的环境性能和经济性能。根据中心极限定理，可以用多次独立扰动下的性能平均值表征不确定性条件下系统性能的波动程度，即模型鲁棒性。方案鲁棒性中，考虑的约束包括水质约束和水量约束。水量约束是指再生水回用量不能超过城市同一时段内的再生水需求量，水质约束是指污水和再生水处理设施的出水水质须满足相应的排水标准和再生水回用标准。由于这些约束条件已作为鲁棒性的一部分考虑，因此不再作为传统意义上的"硬性约束"单独出现。

3）模型的优化算法

这一优化模型本质上是一个混合整数非线性优化问题，其决策变量既有连续的结构指标，也有代表技术链条的取值离散化的变量，同时优化模型具有多个存在竞争关系的目标和水量水质约束，上述因素增加了模型求解的困难。为了得到令人满意的近似最优解，模型采用带精英策略的非支配排序遗传算法 NSGA-Ⅱ，它具有共享参数少、计算复杂度低等优点。使用这一算法的重要基础是将决策变量编码化，即以基因的形式来反映各决策变量，基因也是变异、交叉互换等行为发生的主体。NSGA-Ⅱ算法的具体操作步骤如下：

（1）确定种群规模 N、进化代数 tG 以及突变概率等其他模型参数；

（2）按照一定的方式生成规模既定的初始种群，对群内每个个体都计算其负荷、成本和鲁棒性；

（3）对个体进行非支配排序，排序时同一支配排序集合内的个体按其聚集距离的大小确定适宜度的顺序；

（4）在当前种群中执行选择、变异、交叉等操作，生成与父代种群规模相同的子代种群，两个种群合并后，挑选出适宜度最高的 N 个个体组成新一代种群；

（5）重复步骤（3）、步骤（4），直至进化代数达到 tG，末代种群个体即为该优化问题的帕累托最优解。

NSGA-Ⅱ算法输出的帕累托最优解集是一组互不支配的方案，它们共同组成帕累托前沿面，但是它们在三个优化目标上的表现大相径庭，这也体现了优化目标间的权衡关系。

4.1.3 可持续城市水循环构建的关键指标

可持续城市水循环的关键指标定义了系统的结构和技术组合。基于对城市水循环的概化，我们认为关键指标需要涉及排水体制选择、末端污染控制、合流制管网溢流污染控制，以及针对雨水面源径流的源头削减和末端处理等系统组成与设施的规模及比例。这些关键指标也决定了污水和污染物质在子系统之间的流动关系。在描述系统结构之后，还需要通过技术组合指标确定各个子系统的技术链条，叠加到各子系统处理设施中并根据所选技术链条的性能参数，计算各子系统处理设施的污染物去除能力和使用成本。关键指标描述了系统结构和技术选择的规划方案，并基于物质平衡计算了系统的环境和经济性能。

1. 描述系统结构的关键指标

描述系统结构的关键指标 x_S，$S = 1$，$\cdots$，10 均为连续变量，主要依据对城市水循环的概化进行筛选。结合我国城市水循环的现状和发展历程，排水体制中合流制和分流制可以共存，同时出于水环境污染控制的需求，对城市排放的生活污水收集率需要大于0.8。此外，采用合流制的雨污收集输送系统中考虑了对雨水径流截流，并根据我国《室外排水设计规范》（GB 50014—2006）[①] 的规定，截流倍数取值范围设为 $1 \sim 5$。对城市水循环结构特征进行描述的关键指标定义和取值范围见表4-4。

表4-4 描述系统结构的关键指标

关键指标	定义	取值范围
x_1	合流制系统比例	$R_1 = [0, 1]$
x_2	生活污水收集率	$R_2 = [0.8, 1]$
x_3	雨水径流接管率	$R_3 = [0, 1]$
x_4	合流制管网截流倍数	$R_4 = [1, 5]$
x_5	道路广场雨水产流处理率	$R_5 = [0, 1]$

---

① 《室外排水设计规范》（GB 50014—2006）已作废，现行《室外排水设计标准》（GB 50014—2021）。

关键指标	定义	取值范围
x_6	屋顶雨水产流处理率	$R_6 = [0, 1]$
x_7	居住区和商业区雨水产流处理率	$R_7 = [0, 1]$
x_8	绿地雨水产流处理率	$R_8 = [0, 1]$
x_9	合流制管网溢流处理率	$R_9 = [0, 1]$
x_{10}	再生水回用率	$R_{10} = [0, 1]$

2. 描述技术组合的关键指标

为反映城市水循环的水污染控制技术体系，我们搭建了城市水污染控制技术数据库，包含城市雨水径流处理技术、合流制管网溢流处理技术、污水和再生水处理技术的性能信息与关联法则，并在数据库中嵌套了技术组合生成模块，通过读取单元技术信息和关联法则，为城市水污染控制技术选择提供了可扩展、可自动生成的备选技术链条库。

采用步进式（step-wise approach）遵循单元技术关联矩阵，逐一枚举生成可行的技术链条。技术生成规则在技术关联矩阵表现为以下四类形式：①不能共存的单元技术；②能共存的单元技术；③技术单元前序必须存在的技术单元；④单元技术后续必须存在的单元技术。依据这四类关联关系，技术组合模块以 MATLAB 为平台，采用 if-then 构造对相邻技术单元逐一进行判断，生成可行技术组合的个数取决于各子系统处理设施的技术层级细分程度及单元技术的数量。此外，技术更新带来新单元技术的增加也可以通过扩展技术数据库以及相应关联矩阵，将新单元技术包括到技术组合备选中。

技术数据库中应用技术组合模块，调用储存的单元技术选项和关联法则，生成城市水污染控制系统各子系统水污染处理设施备选技术链条。描述技术组合的变量则是从各个子系统备选技术链条中以整数型变量随机取值，从而确定该子系统采用的水污染控制技术。描述技术组合的关键指标定义和取值范围见表4-5。

表4-5 描述技术组合的关键指标

关键指标	定义	取值范围
k_{BMP}	雨水径流处理技术链条编号	$\Gamma_{BMP} = \{1, 2, \cdots, 20\}$
k_{CSO}	合流制管网溢流处理技术链条编号	$\Gamma_{CSO} = \{1, 2, \cdots, 6\}$
k_{WTP}	污水和再生水处理技术链条编号	$\Gamma_{WTP} = \{1, 2, \cdots, 700\}$

每个技术链条都是由一系列单元技术组成的，描述技术组合的关键指标确定了相应的一组由单元技术顺序组合的污染物去除能力和使用成本参数矩阵。例如，k_{BMP} 在 $\Gamma_{BMP} =$

{1，2，…，20} 中随机取整确定的技术链条编号，对应的是一个由 $J=4$ 类用地类型、$L=5$ 类污染物去除率、$C=2$ 类成本参数构成的 $J \times L \times C$ 三维矩阵；k_{WTP} 则是在 $\Gamma_{WTP} = \{1, 2, \cdots, 700\}$ 中随机取整确定的技术链条编号，对应的是一个由 $L=5$ 类污染物去除率、$C=2$ 类成本参数构成的 $L \times C$ 二维矩阵。

包括污染物去除能力和使用成本的技术性能参数不是关键指标，而是由描述技术组合的关键指标通过技术数据库生成的被选技术方案库中读取相应参数，因此技术性能参数通过技术组合决策变量间接决定。城市水循环整体的技术参数个数 N_T 为各子系统中处理设施 t 相应技术组合参数个数 N_t 的加和，其计算如式（4-1）所示。

$$N_T = \sum_t N_t \quad t = \text{BMP, CSO, WTP} \quad (4-1)$$

式中，N_t 由技术污染物去除能力参数个数 N_{Tt} 和技术成本参数个数 N_{Ct} 两部分组成，如式（4-2）所示。L 和 C 分别为特征污染物和成本类型参数的数量。对 BMP/LIDs 还应考虑处理技术对雨水径流量削减的参数个数 N_{Rt}。

$$N_t = N_{Tt} + N_{Ct} \quad (4-2)$$
$$N_{Tt} = L \cdot N_{k_t}, N_{Ct} = C \cdot N_{k_t} \quad (4-3)$$

在数据库中储存的单元技术性能数据用来反映各个子系统污水处理设施备选技术单元性能特征。我们主要考虑了技术单元对特征污染物的去除能力、技术单元的使用成本两方面的性能指标，并在数据库中给出了所有技术性能参数的上下取值范围和中间值。技术组合模块生成的技术链条符合单元技术关联法则，但能否实现出水水质达标，一方面取决于系统上游结构参数的选择及城市输入特征，另一方面受到在不确定性环境下外界扰动及技术性能本身扰动的影响。因此，在对城市水污染控制系统筛选技术组合方案时，应考虑技术选择和系统结构的匹配关系与耦合影响，还需要量化不确定性扰动对技术组合处理效果稳定性和可靠性的影响。

1）技术链条的污染物去除能力

技术链条 k_t 对污染物 l 的去除率为

$$R_{k_t,l} = 1 - \prod_{g \in S_{k_t}} (1 - r_{g,l}), l = \text{SS, COD, NH}_3\text{-H, TN, TP}, t = \text{CSO, BMP, WTP} \quad (4-4)$$

式中，S_{k_t} 为组成技术链条 k_t 中包含的技术单元个数；$r_{g,l}$ 为技术单元 g 对污染物 l 的去除率。

应注意到，对雨水径流污染控制措施是对四类建设用地的可选技术进行组合而非上下游层级关系的技术组合，其对雨水径流污染削减能力就是该类建设用地可选单元技术的污染物去除能力。同时，BMP/LIDs 的应用对雨水径流量也有一定削减效果，这在一定雨水收集率和截流倍数下对合流制管网规模与后续污水处理厂的规模也会产生影响。

2）技术链条的使用成本

按照技术组合原则生成的技术链条 k_t 的生命周期成本为

$$LC_{k_t} = \sum_{g \in S_{k_t}} \left[\mathrm{UCC}_g + \mathrm{UOMC}_g \cdot \frac{(1+i)^{L_g} - 1}{i(1+i)^{L_g}} \right] \cdot Q_g \tag{4-5}$$

式中，UCC_g 和 UOMC_g 分别为技术单元 g 的单位建设成本和单位运行维护成本；Q_g 为采用技术单元 g 的设施规模；L_g 为技术单元 g 的使用年限；i 为贴现率。

3. 关键指标与城市水循环结构优化目标的关系

前述确定的关键指标对城市水循环的环境、经济等方面的性能有着显著的影响，因此我们采用多目标优化方法根据关键指标来量化具有冲突、竞争关系的多个系统目标在规划和决策方案中的变化情况。在实际应用中，由于受到环境或其他不可避免的因素影响，决策者不可能严格按照最优系统目标 $f(X)$ 所对应的决策变量（即关键指标）实施优化方案，系统其他参数在实际中也可能偏离原始值，因此在模型中选用决策变量 X_D 和模型参数 X_P 作为不确定性扰动的来源。设 Ω 和 Φ 分别为可行解空间和模型参数取值空间，有 $X_D \in \Omega$，$X_P \in \Phi$，相应模型实际不确定向量为 $x_{D,P} = [X_D, X_P]$。设 δ_D，δ_P 为干扰向量，$\delta_{i_D\_lower}$，$\delta_{i_D\_upper}$ 为决策变量 $X_D(i_D)$ 干扰向量的取值上下界，$\delta_{i_P\_lower}$，$\delta_{i_P\_upper}$ 为模型参数 $X_P(i_P)$ 干扰向量的上下界。N_D，N_P 分别为不确定的决策变量和模型参数个数，B_D，B_P 为以干扰向量为半径的邻域，如式（4-6）所示。

$$\begin{aligned} B_D &= \{ \xi_D \,|\, \xi_D = (\xi_1, \cdots \xi_{N_D}), \xi_{i_D} \in [\delta_{i_D\_lower}, \delta_{i_D\_upper}], i_D = 1, \cdots, N_D \} \\ B_P &= \{ \xi_P \,|\, \xi_P = (\xi_1, \cdots \xi_{N_P}), \xi_{i_P} \in [\delta_{i_P\_lower}, \delta_{i_P\_upper}], i_P = 1, \cdots, N_P \} \end{aligned} \tag{4-6}$$

决策变量实际取值为 $X'_D = X_D + \xi_D$，模型参数实际取值为 $X'_P = X_P + \xi_P$，此时相应的目标函数向量为 $f(X'_D, X'_P)$，采用新系统目标偏离原始目标的程度来量化决策变量 X_D 所描述的系统在受到 δ_D，δ_P 扰动时的维持自身性能的能力，也就是该方案所描述系统的鲁棒性。综上，对模型问题表述如下：

$$\begin{aligned} &\min f(X_D, \xi_D, \xi_P) = (f_{\mathrm{load}}, f_{\mathrm{cost}}, f_{\mathrm{robust}}), \\ &\forall X_D \in \Omega, X_P \in \Phi, \forall \xi_D \in B_D, \xi_P \in B_P \end{aligned} \tag{4-7}$$

式中，f_{load} 包括了系统内生活污水和雨水径流两类污染源产生的污染负荷排放当量，表征系统的环境性能；f_{cost} 涵盖了城市水污染控制系统内部收集、输送和处理设施的生命周期成本，代表系统的经济性能；f_{robust} 量化了系统在受到不确定性因素扰动时经济性能和环境性能偏离最优值的程度，描述了系统的鲁棒性。由于在模型中引入了鲁棒性概念，MOROM 求解目标是当决策变量及部分模型参数受到不确定性扰动时，在可行空间中搜寻目标函数的最优解。模型本身具有多维度、多目标、多不确定性的特征，使得求解多目标鲁棒最优解的难度远高于传统的多目标优化模型。

1）环境性能目标

通过计算系统对环境的年污染负荷排放当量来量化城市水污染控制系统的环境性能。

如式（4-8）所示，研究中采用特征污染物年排放负荷的加权和来集成表示系统环境性能目标函数。在综合考虑特征污染物对水体溶解氧消耗强度及排污收费等相关研究的基础上，对五类特征污染物 $l = $ SS，COD，$NH_3\text{-}H$，TN，TP 的当量换算系数 ω_l 取值，分别为 2、1、30、10 和 100。

$$f_{\text{load}} = \sum_l \left(\omega_l \cdot \sum_m \sum_{\text{sub}} \text{LOAD}_{\text{sub},m,l} \right) \quad \text{sub} = \text{sewer, runoff, wwtp, reuse} \qquad (4\text{-}8)$$

式中，$\text{LOAD}_{\text{sub},m,l}$ 是子系统 sub 于 m 月排入水体的污染物 l 的负荷量。根据第 3 章对城市水污染控制系统的概化，雨污收集输送子系统 sub = sewer 内包括了由未收集的生活污水、管网漏损、合流制管网溢流三部分排放到水体中的污染负荷；雨水径流控制子系统 sub = runoff 内包含了四类建设用地的地表产流直接进入水体及经过 BMP/LIDs 处理后排放进入水体的污染负荷；污水处理子系统 sub = wwtp 为经过污水处理厂处理后排放进入水体的污染负荷。由于认为再生水中的少量污染物属于再进入到城市水系统循环中而不是直接排入水体，在计算污染负荷年排放量时不考虑再生水中的污染物，sub = reuse 时子系统污染负荷排放为 0。基于模型输入变量和内部参数，在梳理概化子系统内部的上下游物质平衡关系的基础上，逐一计算各子系统逐月污染负荷排放量。

在收集和传输过程中逐月排放到水体的污染负荷如式（4-9）~ 式（4-12）所示。其中合流制管网溢流产生的污染负荷与收集进入合流制管网的生活污水量、雨水径流量以及截流倍数 x_4 的取值相关。

$$\text{LOAD}_{\text{sewer},m,l} = \text{LODA}_{\text{uncol},m,l} + \text{LODA}_{\text{depl},m,l} + \text{LODA}_{\text{CSO},m,l} \qquad (4\text{-}9)$$

$$\text{LODA}_{\text{uncol},m,l} = (1 - x_2) \cdot E_{\text{W},l} \cdot \text{Days}_m \cdot \text{Pop} \qquad (4\text{-}10)$$

$$\text{LODA}_{\text{dep},m,l} = x_2 \cdot \eta_d \cdot E_{\text{W},l} \cdot \text{Days}_m \cdot \text{Pop} \qquad (4\text{-}11)$$

$$\text{LODA}_{\text{CSO},m,l} = (1 - x_9 \cdot r_{k_{\text{CSO}},l}) \cdot C_{\text{CSO},m,l} \cdot Q_{\text{CSO},m} \qquad (4\text{-}12)$$

雨水径流控制子系统逐月排入水体的污染负荷如式（4-13）~ 式（4-16）所示。其中 $\text{LOAD}_{r,m,l}$ 为其他建设用地的雨水径流污染，$\text{LOAD}_{\text{unR},m,l}$ 为未采用 BMP/LIDs 处理的雨水径流污染负荷，$\text{LOAD}_{\text{BMP},m,l}$ 为综合考虑了 BMP/LIDs 对径流污染物去除能力和径流量削减能力的污染负荷排放。α_j 为用地类型 j 采用径流控制措施的比例，对应决策变量有 $\alpha_{1\sim4} = x_{5\sim8}$。

$$\text{LOAD}_{\text{runoff},m,l} = (1 - x_3) \cdot (\text{LOAD}_{r,m,l} + \text{LOAD}_{\text{unR},m,l} + \text{LOAD}_{\text{BMP},m,l}) \qquad (4\text{-}13)$$

$$\text{LOAD}_{r,m,l} = C_{\text{R},l} \cdot E_{\text{R}} \cdot R_m \cdot (\text{UB} - \text{UF}) \qquad (4\text{-}14)$$

$$\text{LOAD}_{\text{unR},m,l} = \sum_j (1 - \alpha_j) \cdot E_{\text{R},j} \cdot E_j \cdot R_m \cdot f_j \cdot \text{UF} \qquad (4\text{-}15)$$

$$\text{LOAD}_{\text{BMP},m,l} = \sum_j (1 - r_{k_{\text{BMP}},j,l}) \cdot (1 - (r_q)_{k_{\text{BMP}},j}) \cdot \alpha_j \cdot E_{\text{R},j} \cdot E_j \cdot R_m \cdot f_j \cdot \text{UF}$$

$$\qquad (4\text{-}16)$$

在计算出最终雨水径流产流量和产流水质后，可依此计算合流制管网混合所集纳雨水径流和生活污水后的水量水质，从而确定管网溢流处理和排放负荷情况。进入合流制管网的生活污水量为 $Q_{\text{com},m}$，进入分流制管网的生活污水量为 $Q_{\text{sep},m}$。当 $Q_{\text{com},m}+x_1 \cdot x_2 \cdot Q_{R,m} < (x_4+1) \cdot Q_{\text{com},m}$ 时，表示合流制管网接纳雨水径流和生活污水量超过了管网规模，产生溢流量 $Q_{\text{CSO},m}$ 的计算过程如（4-17）～式（4-19）所示，反之则不产生溢流。

$$Q_{\text{CSO},m} = Q_{\text{com},m}+x_1 \cdot x_2 \cdot Q_{R,i}-(x_4+1) \cdot Q_{\text{com},m} \tag{4-17}$$

$$Q_{\text{com},m} = x_1 \cdot x_2 \cdot (1-r_d) \cdot \text{Days}_m \cdot \text{Pop} \cdot E_D$$

$$Q_{\text{sep},m} = \frac{(1-x_1)}{x_1}Q_{\text{com},m} \tag{4-18}$$

$$Q_{R,m} = \sum_j (1-(r_q)_{k_{\text{BMP}},j} \cdot \alpha_j) \cdot E_j \cdot R_m \cdot P_j \cdot \text{UA}, \alpha_{1\sim4}=x_{5\sim8} \tag{4-19}$$

合流制管网溢流的水质 $C_{\text{CSO},i,l}$ 计算过程如式（4-20）～式（4-21）所示，$C_{\text{DW},l}$ 为按照城市特征计算出的生活污水水质，$Q_{\text{com},m}$ 为 m 月进入合流制管网的生活污水量，$Q_{R,m}$ 为 m 月考虑雨水径流控制措施后的产流量。

$$C_{\text{CSO},i,l} = \frac{C_{\text{DW},l} \cdot Q_{\text{com},m}+x_1 \cdot x_2 \cdot \text{LOAD}_{\text{runoff},m,l}}{Q_{\text{com},m}+x_1 \cdot x_2 \cdot Q_{R,m}} \tag{4-20}$$

$$C_{\text{DW},l} = \frac{E_{W,l}}{E_D \cdot (1-r_d)} \tag{4-21}$$

污水处理子系统对污水进行处理后部分直接排入水体，部分作为再生水处理进水进入再生水处理和输送系统。对污水处理子系统排入水体的污染负荷计算如式（4-22）～式（4-24）所示。在该模块假设分流制和合流制管网都接入同一个污水处理设施，认为该污水处理设施的逐月进水浓度 $C_{\text{WWTP},m,l}$ 是生活污水和雨水径流充分混合后进水，其中合流制管网输送污水的水质 $C_{\text{com}\_s,i,l}$ 等于管网溢流水质 $C_{\text{CSO},i,l}$，污水处理设施的逐月处理污水量 $Q_{\text{WWTP},m}$ 为管网子系统最终输送入污水处理设施的水量。

$$\text{LOAD}_{\text{WWTP},m,l} = (1-x_{10}) \cdot (1-r_{k_{\text{WWTP}},l}) \cdot C_{\text{WWTP},m,l} \cdot Q_{\text{WWTP},m} \tag{4-22}$$

$$C_{\text{WWTP},m,l} = \frac{(1-r_{k_{\text{WWTP}}}) \cdot [C_{\text{com}\_s,m,l} \cdot (Q_{\text{com},m}+x_1x_2 \cdot Q_{R,m})+C_{\text{DW},l} \cdot Q_{\text{sep},m}]}{Q_{\text{com},m}+Q_{\text{sep},m}+x_1x_2 \cdot Q_{R,m}} \tag{4-23}$$

$$Q_{\text{WWTP},m} = Q_{\text{com},m}-Q_{\text{CSO},m}+Q_{\text{sep},m} \tag{4-24}$$

在本研究中考虑再生水处理和输送子系统处理设施及输送管网的使用成本，但不再计算所产生的再生水中污染物含量，如式（4-25）所示。相应地，采用污水处理设施出水为进水的再生水处理设施进水水质 $C_{\text{WRTP},m,l}$ 和水量 $Q_{\text{WRTP},m}$ 计算如式（4-26）和式（4-27）所示。

$$\text{LOAD}_{\text{reuse},m,l} = 0 \tag{4-25}$$

$$C_{\text{WRTP},m,l} = C_{\text{WWTP},m,l} \cdot (1-r_{k_{\text{WRTP}}}) \tag{4-26}$$

$$Q_{\text{WRTP},m} = x_{10} \cdot Q_{\text{WTTP},m} \tag{4-27}$$

2）经济性能目标

通过计算城市水污染控制系统中输送和处理设施的建设成本与生命期内运行维护成本来量化系统总投入成本，以再生水使用收费来折算系统的资源回用性能，在本研究中采用总投入成本减去资源回用效益来代表系统的经济性能。如式（4-28）所示，在本节中定义系统的输送设施包括系统内的污水管网和再生水管网，系统的处理设施为系统内污水处理厂、再生水处理厂、管网溢流处理设施以及雨水径流的 BMP/LIDs。

$$f_{\mathrm{cost}} = \sum_{\mathrm{sub}} \mathrm{COST}_{\mathrm{sub}} - B_{\mathrm{reuse}} \quad \mathrm{sub=sewer, runoff, wwtp, wrtp} \tag{4-28}$$

收集输送子系统的成本计算如式（4-29）～式（4-31）所示。CC_{β_1}，$\beta_1 = \mathrm{com, sep,}$ CSO 分别代表合流制、分流制管网及溢流处理设施的建设成本，L_{β_1} 为设施各自的生命年限，$\mathrm{UCC}_{\mathrm{com}}$、$\mathrm{UCC}_{\mathrm{sep}}$、$\mathrm{UCC}_{\mathrm{CSO}}$ 为合流制、分流制管网平均投资成本，以及合流制溢流处理设施的吨水投资成本。参考市政工程投资相关统计和规范资料，对合流制管网吨水投资成本取值为 2000 元/（m³·d），一般认为合流制排水管网系统的造价比分流制低 20%～40%，对分流制管网吨水投资成本取值为 2600 元/（m³·d）。此外，结合文献调研，管网系统的年运行维护费用取值为建设费用年折旧值的 1%～5%，在本研究中对合流制管网取值 1%，即 $\lambda_{\mathrm{com}} = 0.01$；分流制管网由于接管复杂，泵站更多，年运行维护费用占比取值为 3%，即 $\lambda_{\mathrm{sep}} = 0.03$。CSO 处理设施的运行维护成本 UOMC_g 在技术数据库中有两类表达形式：占建设成本的百分比和吨水运行维护成本，计算时需根据表达形式选择匹配的成本函数。综上，$\mathrm{COST}_{\mathrm{sewer}}$ 为按照贴现率 i 将使用年限内的运营维护成本贴现后的收集输送子系统设施的生命周期成本。

$$\mathrm{COST}_{\mathrm{sewer}} = \sum_{\beta_1 = \mathrm{com, sep, CSO}} \left[\mathrm{CC}_{\beta_1} + \frac{(1+i)^{L_{\beta_1}} - 1}{i(1+i)^{L_{\beta_1}}} \cdot \mathrm{OMC}_{\beta_1} \right] \tag{4-29}$$

$$\begin{cases} \mathrm{CC}_{\mathrm{com}} = \mathrm{UCC}_{\mathrm{com}} \cdot \max \left[\dfrac{(1+x_4) \cdot Q_{\mathrm{com},m}}{\mathrm{Days}_m} \right] \\[2ex] \mathrm{CC}_{\mathrm{sep}} = \mathrm{UCC}_{\mathrm{sep}} \cdot \max \left[\dfrac{Q_{\mathrm{sep},m} + (1-x_1) \cdot x_2 \cdot Q_{\mathrm{R},m}}{\mathrm{Days}_m} \right] \\[2ex] \mathrm{CC}_{\mathrm{CSO}} = \left(\sum\limits_{g \in S_{k_{\mathrm{CSO}}}} \mathrm{UCC}_g \right) \cdot \max \left(\dfrac{Q_{\mathrm{CSO},m}}{\mathrm{Days}_m} \right) \end{cases} \tag{4-30}$$

$$\begin{cases} \mathrm{UOMC}_{g = \mathrm{com, sep}} = \lambda_g \cdot \mathrm{UCC}_g \cdot \left[\dfrac{(1+i)^{L_{\beta_1}} - 1}{i(1+i)^{L_{\beta_1}}} \right]^{-1} \\[2ex] \mathrm{OMC}_{\mathrm{CSO}} = \left(\sum\limits_{g \in S_{k_{\mathrm{CSO}}}} \mathrm{UOMC}_g \right) \cdot \max \left(\dfrac{Q_{\mathrm{CSO},m}}{\mathrm{Days}_m} \right) \end{cases} \tag{4-31}$$

雨水径流控制子系统的生命周期成本计算如式（4-32）～式（4-34）所示。L_{β_2} 为各技术单元生命周期，UCC_g，$g \in S_{k_{\mathrm{BMP}}}$ 为雨水径流污染控制所采用技术单元的单位建设成本，UOMC_g 为技术单元的单位运行维护成本。

$$\text{COST}_{\text{runoff}} = \sum_j \left(\text{CC}_{\text{runoff},j} + \text{OMC}_{\text{runoff},j} \right) \tag{4-32}$$

$$\text{CC}_{\text{runoff},j} = \sum_{g \in S_{k_{\text{BMP}}}} \left(\text{UCC}_g \cdot \frac{Q_{\text{R},m,j}}{\text{Days}_m} \right) \tag{4-33}$$

$$\text{OMC}_{\text{runoff},j} = \sum_{g \in S_{k_{\text{BMP}}}} \left[\frac{(1+i)^{L_{\beta_2 = g}} - 1}{i(1+i)^{L_{\beta_2 = g}}} \cdot \text{UOMC}_g \cdot \frac{Q_{\text{R},m,j}}{\text{Days}_m} \right] \tag{4-34}$$

污水处理子系统的总成本主要考虑了污水处理设施的生命周期成本，计算过程如式（4-35）~式（4-37）所示。污水处理设施成本由单元技术构筑物建设成本、运行维护成本构成，皆通过调用技术数据库中的成本参数、单元设施生命周期以及相应的成本函数公式计算得到。

$$\text{COST}_{\text{WWTP}} = \text{CC}_{\text{WWTP}} + \text{OMC}_{\text{WWTP}} \tag{4-35}$$

$$\text{CC}_g = \sum_{g \in S_{k_{\text{WWTP}}}} \text{UCC}_g \cdot \frac{Q_{\text{WWTP},m}}{\text{Days}_m} \tag{4-36}$$

$$\text{OMC}_g = \sum_{g \in S_{k_{\text{WWTP}}}} \left[\frac{(1+i)^{L_{\beta_3 = g}} - 1}{i(1+i)^{L_{\beta_3 = g}}} \cdot \text{UOMC}_g \cdot \frac{Q_{\text{WWTP},m}}{\text{Days}_m} \right] \tag{4-37}$$

再生水处理和输送子系统的总成本则包括了再生水处理设施和再生水输送管网系统两部分，计算过程如式（4-38）和式（4-39）所示。其中，$\text{UCC}_{\text{re\_dis}}$、$\text{UOMC}_{\text{re\_dis}}$ 分别为再生水输送管网的单位建设成本和单位运行维护成本。由于再生水为有压管，对其建设成本可参考供水管网。结合统计数据，供水管网建设费用占整个供水系统总建设成本的 50% ~ 80%，考虑到供水处理设施相对再生水处理设施较为简单，在本研究中 $\text{UCC}_{\text{re\_dis}}$ 取值为 $4000\ \text{元}/(\text{m}^3 \cdot \text{d})$。同时，再生水管网的运行维护费用也表示为建设成本年折旧值的比例，取 $\lambda_{\text{sep}} = 0.04$。再生水处理设施成本均认为进水为污水处理二级或者三级出水，对应的技术组成链条是按照出水水质重新划分后的 k_{WRTP}。

$$\text{COST}_{\text{reuse}} = \text{CC}_{\text{reuse}} + \text{OMC}_{\text{reuse}} \tag{4-38}$$

$$\text{CC}_{\text{reuse}} = \sum_{g \in S_{k_{\text{WRTP}}}} \text{UCC}_g \cdot \frac{Q_{\text{WRTP},m}}{\text{Days}_m} + \text{UCC}_{\text{re\_dis}} \cdot \frac{Q_{\text{WRTP},m}}{\text{Days}_m} \tag{4-39}$$

$$\text{OMC}_{\text{reuse}} = \sum_{g \in S_{k_{\text{WRTP}}}} \left[\frac{(1+i)^{L_{\beta_4 = g}} - 1}{i(1+i)^{L_{\beta_4 = g}}} \cdot \text{UOMC}_g \cdot \frac{Q_{\text{WRTP},m}}{\text{Days}_m} \right] +$$

$$\frac{(1+i)^{L_{\text{re\_dis}}} - 1}{i(1+i)^{L_{\text{re\_dis}}}} \cdot \text{UOMC}_{\text{re\_dis}} \cdot \frac{Q_{\text{WRTP},m}}{\text{Days}_m} \tag{4-40}$$

在本研究中主要考虑了再生水回用所带来的资源效益，如式（4-41）所示。在本研究中再生水水价 P_{reuse} 取值为 $1\ \text{元}/\text{m}^3$，再生水年回用量 $Q_{\text{R}} = \sum_m Q_{\text{WWRP},m}$，贴现年限 L 等同于再生水输送管网的生命周期 $L_{\text{re\_dis}}$。

$$B_{\text{reuse}} = \frac{(1+i)^L - 1}{i(1+i)^L} \cdot P_{\text{reuse}} \cdot \sum_m Q_{\text{WWRP},m} \tag{4-41}$$

3) 鲁棒性目标

鲁棒性是指系统参数在一定范围内产生摄动时，系统还能维持某些性能的特性。考虑到城市水污染控制系统的规划方案在实施过程中存在大量不确定性因素，如果确定性优化生成的最优方案对不确定性因素敏感，则该方案在不确定性环境下的实施效果可能不佳，甚至出现处理水质超标、系统成本超过预算、负荷排放超过减排目标等，导致该方案不可行。在本研究中，鲁棒性目标是指在给定模型参数及决策变量的不确定性扰动下，优化模型输出方案实现对性能目标函数最优性（optimality）和对模型约束条件可行性（feasibility）的满足程度。这一目标函数可以直接反映在不确定性条件下，模型方案的可靠性和稳定性，以便判断该方案能否抵御一定程度的不确定性扰动，使得优化结果能够适应于应用过程中的变化。因此，模型优化目标的实际效果不能仅根据其理论值来衡量，还应该在综合考虑上述各种不确定性因素影响下，考察其性能目标优化结果偏离理论值程度，即系统的鲁棒性。

实际优化设计中的不确定性因素主要有决策变量的不确定性、设计目标近似的不确定性、目标函数评估的不确定性以及带来模型参数和决策变量扰动的环境不确定性。因此实现优化设计过程，就是寻找鲁棒性好的最优化设计方案的过程，如何定义和量化系统的鲁棒性目标，采用高性能优化算法来求解这类不确定性环境中的复杂非线性优化问题，是MOROM的重点。

A. 鲁棒性目标函数构建

系统鲁棒性目标函数由方案鲁棒性（SR）和模型鲁棒性（MR）两部分组成，如图4-3和式（4-42）所示。在本研究中，通过对每组方案的决策变量和不确定性模型参数的采样，统计系统在受到不确定性扰动时整体性能偏离最优结果的程度来定义方案鲁棒性，以及方案偏离约束的程度来定义模型鲁棒性。

$$f_{\text{robust}} = \text{MR} + \text{SR} \tag{4-42}$$

我们定义方案鲁棒性包括不确定性扰动下系统环境性能和经济性能的鲁棒性 $\bar{f}_{\text{load}}$、$\bar{f}_{\text{cost}}$，如式（4-43）所示，其中 λ_s 为经济性目标鲁棒性的权重，需要通过试算确定。显然，SR越小的方案具有更好的鲁棒性。

$$\text{SR} = \bar{f}_{\text{load}} + \lambda_s \cdot \bar{f}_{\text{cost}} \tag{4-43}$$

在度量系统目标偏离情况时，可采用不确定性扰动下系统的环境性能（总负荷）和经济性能（总成本）的期望值来分析扰动情况。计算期望时，一般假设扰动向量是连续且相互独立的。于是环境性能和经济性能的鲁棒性可由式（4-44）计算。其中，f^{eff} 为平均有效目标函数，可表示目标函数的期望。f^{eff} 定义为系统方案决策变量在扰动领域内的积分，计算公式如式（4-47）所示。其中，$|(B_D, B_P)|$ 为扰动领域，是以不确定向量 $\boldsymbol{x}_{D,P}$ 为中心，

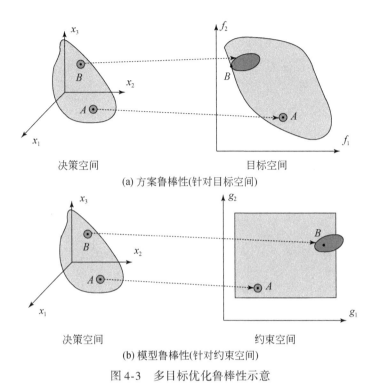

(a) 方案鲁棒性(针对目标空间)

(b) 模型鲁棒性(针对约束空间)

图 4-3　多目标优化鲁棒性示意

$x_1 \sim x_3$ 指不同决策变量；f_1、f_2 指不同目标函数；g_1、g_2 指不同约束

以相应的扰动向量 $\left[\boldsymbol{\delta}_{i_D\_\text{lower}}+\boldsymbol{\delta}_{i_D\_\text{upper}},\boldsymbol{\delta}_{i_P\_\text{lower}}+\boldsymbol{\delta}_{i_P\_\text{upper}}\right]$ 为边长的超立方体。由于式（4-45）一般无法直接计算，因此应用蒙特卡罗模拟对该式进行近似估算，在解和参数的扰动区间内抽取若干样本，样本数目为 H，基于中心极限定理，用样本平均值作为积分的近似值求解，因此 $f_{\text{load}}^{\text{eff}}$，$f_{\text{cost}}^{\text{eff}}$ 有可表示为式（4-46）：

$$\bar{f}_g=\frac{\left|f_g^{\text{eff}}-f_g\right|}{f_g},g=\text{load},\text{cost} \tag{4-44}$$

$$f_g^{\text{eff}}=\frac{\displaystyle\int_{X'\in X+B_D,P'\in P+B_P}f_g(X',P')\,\mathrm{d}(X',P')}{\left|(B_D,B_P)\right|},g=\text{load},\text{cost} \tag{4-45}$$

$$f_g^{\text{eff}}=\frac{1}{H}\sum_{n=1}^H f_g(X'_n,P'_n),X'\in X+B_D,P'\in P+B_P,g=\text{load},\text{cost} \tag{4-46}$$

MR 一般指最优解在不确定性扰动下对模型约束的违背程度，如式（4-47）所示。本研究中主要考虑不确定性扰动下污水和再生水处理出水水质超标的情况，其中 $\bar{D}_{\text{WWTP}}$，$\bar{D}_{\text{WRTP}}$ 分别表示污水和再生水处理出水水质的鲁棒性，λ_C 为再生水扰动偏差的权重，同样通过试算确定。由于污水和再生水处理出水水质在合流制情况下受到接管雨水径流的影响而逐月变化，定义水质扰动为出水水质中污染物 l 超过水质标准 $ST_{g,l}$ 程度的期望 $D_{l,m,\text{WWTP}}^{\text{eff}}$，$D_{l,m,\text{WRTP}}^{\text{eff}}$ 的逐月逐污染物加和。同样基于中心极限定理采用样本均值估算期望近似，给出出水水质的平均有效超标程度 $D_{l,m,g}^{\text{eff}}$，$g = \text{WWTP}$，WRTP，其计算过程如式（4-48）~ 式（4-50）所示。

$$\text{MR} = \overline{D}_{\text{WWTP}} + \lambda_C \cdot \overline{D}_{\text{WRTP}} \qquad (4\text{-}47)$$

$$\overline{D}_g = \sum_{l=1\sim5} \sum_{m=1\sim12} D_{l,m,g}^{\text{eff}} \qquad g = \text{WWTP},\text{WRTP} \qquad (4\text{-}48)$$

$$D_{l,m,g}^{\text{eff}} = \frac{\displaystyle\int_{X'\in X+B_D,\,P'\in P+B_P} D_g(X',P')\,\mathrm{d}(X',P')}{\left|(B_D,B_P)\right|} \qquad g = \text{WWTP},\text{WRTP} \qquad (4\text{-}49)$$

$$D_{l,m,g}^{\text{eff}} = \frac{1}{H}\sum_{n=1}^{H} D_{l,m,g}(X'_n,P'_n) \qquad X' \in X+B_D,\, P' \in P+B_P,\, g = \text{WWTP},\text{WRTP} \quad (4\text{-}50)$$

式中，$D_{l,m,g}$ 为 m 月出水水质中污染物 l 对水质标准 $ST_{g,l}$ 的超出比例，计算过程如式（4-51）~ 式（4-53）所示。f_{WWTP}、f_{WRTP} 分别为污水和再生水处理出水污染物浓度矩阵，矩阵阶数为 5×12，$f_{\text{WWTP}}(l,m)$、$f_{\text{WRTP}}(l,m)$ 为矩阵中 l 行、m 列的元素。$ST_{\text{WWTP},l}$，$ST_{\text{WRTP},l}$ 分别表示污水和再生水处理出水对污染物 l 的水质标准，也是模型相应的水质约束。

$$D_{l,m,g} = \frac{\max(f_g(l,m)-ST_{g,l},0)}{ST_{g,l}}, g = \text{WWTP},\text{WRTP} \qquad (4\text{-}51)$$

$$f_{\text{WWTP}}(l,m) = (1-r_{k_{\text{WWTP}},l}) \cdot C_{\text{WWTP},m,l} \qquad (4\text{-}52)$$

$$f_{\text{WRTP}}(l,m) = (1-r_{k_{\text{WRTP}},l}) \cdot (1-r_{k_{\text{WWTP}},l}) \cdot C_{\text{WWTP},m,l} \qquad (4\text{-}53)$$

B. 不确定性扰动向量分布

对决策变量和给定参数的不确定性扰动范围与分布进行梳理，不确定向量 $x_{D,P} = (X_D, X_P)$ 的构成和分布见表4-6。其中，模型决策变量 X_D 的扰动考虑了描述系统结构决策变量 x_s，$s = 1$，…，10；技术性能参数变量则通过技术组合决策变量间接决定，为 $x_T = [r_{g,l}$，UCC_g，$\text{UOMC}_g]$，其中 $g \in S_{k_t}$，$t = \text{CSO}$，BMP，WTP；其他考虑扰动的模型给定参数为 $X_P = x_P = [\text{UCC}_p$，$\text{UOMC}_p]$，其中 $p = \text{com}$，sep，re_dis。

表4-6　模型不确定性扰动的决策变量和参数

类别	符号	扰动范围 B_δ		概率分布
		扰动下限	扰动上限	
系统结构决策变量	x_s，$s = 1$，…，10	$K_{\text{lower},S}$	$K_{\text{lower},S}$	均匀分布
技术组合决策变量	$r_{g,l}$，$g \in S_{k_t}$	$r_{g,l,\min}$	$r_{g,l,\max}$	均匀分布
	UCC_g，$g \in S_{k_t}$	30%	50%	均匀分布
	UOMC_g，$g \in S_{k_t}$	30%	50%	均匀分布

类别	符号	扰动范围 B_δ		概率分布
		扰动下限	扰动上限	
模型参数	UCC_{com,sep,re_dis}	30%	50%	均匀分布
	$UOMC_{com,sep,re\_dis}$	30%	50%	均匀分布

在本研究中，采用 $\left[\delta_{lower}, \delta_{upper}\right] = \left[K_{lower} \cdot x_{D,P}, K_{upper} \cdot x_{D,P}\right]$ 来表示以 $x_{D,P}$ 为中心的扰动范围，因此也可用 K_{lower}, K_{upper} 来量化扰动程度，一般来讲，决策变量的扰动范围可设定为 $\pm 5\%$、$\pm 10\%$、$\pm 20\%$ 三类。对技术组合决策变量，其污染物去除率的扰动范围由技术组合中各单元技术除率的上下限确定，单元技术的建设成本和运行维护成本则采用 $-30\% \sim 50\%$ 的扰动范围。

综上，本研究涉及的不确定性参数数量如式（4-54）所示。其中，描述系统结构决策变量 $S = 10$ 个。描述技术组合决策变量对应的技术性能参数 N_T 个，N_T 的数目取决于描述技术组合决策变量的取值，每次生成的备选方案中技术组合不同，对应的技术链条中单元技术的个数和类别不同，相应的技术性能参数的数目也各不相同。进行扰动的其他模型参数为 N_P 个，主要包括污水管网、再生水管网的成本参数等，共计 6 个。

$$N_U = S + N_T + N_P \tag{4-54}$$

4.1.4 典型原型城市适宜系统模式

为进一步了解不确定性环境下，城市水循环模式结构和技术的内在关联关系及不确定性的响应方式，尤其是不同扰动程度、不同约束条件下，多目标鲁棒优化的结果在系统成本、负荷及鲁棒性能之间如何进行权衡，本研究基于 2011 年全国 657 个城市的统计数据等资料，综合考虑全国平均的城市社会经济发展阶段和水循环基础设施建设水平，以平均生活产排污水平和多年月均降水量为基准，构建典型原型城市（标准城市）作为模型工具应用和案例分析的典型对象。通过调用城市水污染控制技术数据库，应用多目标鲁棒优化模型对标准城市水循环进行结构设计和技术选择。

1. 典型原型城市特征信息

典型原型城市的构建主要考虑能够反映我国城市发展平均水平的社会经济统计数据，包括城区面积、城市人口数量、建成区面积及四类建设用地比例等。2011 年底全国城区人口为 35 425.6 万人，地级市和县级市的城市个数为 657 个，平均城区人口为 53.9 万人，我们将标准城市城区人口设为 60 万人。2011 年底人均建设用地面积为 1.18km²/万人，相应地，标准城市建设用地面积取值为 71km²。2011 年底我国城市道路广场、居住用地、公共设施用地和绿地面积占建设用地面积的比例平均为 15.8%、31.5%、12.2% 和 10.7%，如图 4-4 所示。考虑到技术数据库中对城市雨水径流污染控制技术，分别按照道路广场、屋顶、居住区和商业区、绿地来进行归类，约 20% 的居住用地面积为屋顶，其余连同公共设施用地作为可应用 BMP/LIDs 的居住区和商业区面积，由此得到四类用地类型的面积占比。

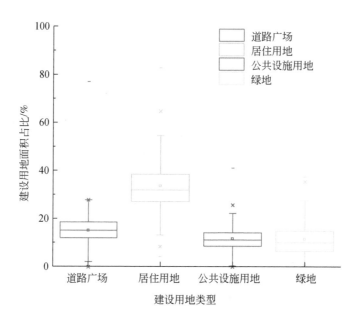

图 4-4　全国城市建设用地类型比例统计

由于我国尚未将城市污水收集输送管网漏损率纳入统计，参考《城市供水管网漏损控制及评定标准（附条文说明）》（CJJ 92—2002）规定要求供水漏损率不大于 12%，在本研究中，污水收集输送管网漏损率取值为 10%。同时，参考《第一次全国污染源普查城镇生活源产排污系数手册》（以下简称《系数手册》）中基于城市地理环境因素、城市经济水平、气候特点和居民生活习惯等结合行政区划分的五类区域，以及根据城镇居民人均消费水平划分的 5 个等级，对标准城市统一采用三类区域、三级水平构建，再由城市分区和消费等级确定所对应的产排污系数。表 4-7 给出了按照典型原型城市设计思路下的模型输入变量、参数取值范围及其概率分布。

2. 典型原型城市再生水需求信息

城市再生水需求潜力计算所需要的参数一部分是农业用水、市政用水、工业用水和生态环境用水的相关用水定额与用水次数，一部分是城市再生水用户相关的统计数据。针对用水定额与用水次数，结合文献和相关统计材料，取值见表4-8。

表4-7 标准城市特征信息输入

类别	输入变量	单位	取值	数据来源
城市规模	Pop	万人	60	统计
	UB	km^2	74	统计
	UF	km^2	71	统计
城市类别	cityR		3	规范
	cityL		3	规范
基础设施水平	f_1	%	15.8	统计
	f_2	%	6.3	统计
	f_3	%	37.4	统计
	f_4	%	10.7	统计
	η_d	%	10	规范、标准

表4-8 标准城市再生水需求信息输入

类别	输入变量和模型参数	单位	取值	数据来源
农业灌溉	V_A	m^3	6.34×10^8	统计
	A_V	km^2	2.20×10^3	统计
	E_V	m^3/km^2	2.50×10^5	文献
市政用水	A_G	km^2	7.57	统计
	E_G	$m^3/(d \cdot km^2)$	2000	文献
	A_{Ro}	km^2	11.20	统计
	E_{Ro}	m^3/km^2	1500	文献
	N_{Ro}	次	210	统计
	E_F	$m^3/(p \cdot d)$	0.05	文献
	N_C	10^5辆	1.43	统计
	T_C	次	20	文献
	E_C	$m^3/$车次	0.015	文献
工业用水	R_{TPP}	%	82	文献
	E_{TPP}	$m^3/(kW \cdot h)$	3.17×10^9	文献
	G_{TPP}	$kW \cdot h$	0.001	文献
生态环境用水	RU	m^3	1.9×10^7	统计

农业对再生水的利用，为安全考虑粮食、蔬菜等直接食用农作物，不采用再生水作为

灌溉水源，因此约占80%的灌溉面积不可采用再生水。2011年底全国总灌溉用水量为3743.5亿m³，全国总灌溉面积为 1.62×10^6 km²，按照人均将农业灌溉总需水量和不可使用再生水的灌溉面积折算到标准城市。

市政对再生水的利用主要包括绿地浇灌、道路冲刷、机动车清洗和冲厕。其中绿地和道路面积皆采用标准城市的建设用地类型比例计算。2011年底全国民用机动车保有量为1.06亿辆，假设80%集中在城镇，可以计算万人平均汽车保有量为2391辆，依此标准计算城市机动车保有量。城市人均日冲厕用水量则假设为城市生活污水人均日产生量的30%。

工业对再生水需求潜力则主要考虑了热电厂循环冷却水和清灰用水，根据文献估值，循环冷却水和清灰用水占热电厂用水量的比例为82%，基于单位发电能力耗水量来计算热电厂对再生水的需求潜力。

生态环境用水则主要包括城市河道、湖泊的补水和换水，2011年底全国生态环境补水量为111.9亿m³，同样按照人均折算到标准城市。

3. 典型原型城市水量水质信息

水量水质信息主要包括城市生活污水及城市雨水径流量和污染物浓度。城市生活污水依据城市分区和消费等级，参考《系数手册》对标准城市的人均日生活污水产生量及人均日污染负荷产生量取值。城市雨水径流量的计算参考《室外排水设计规范》（GB 50014—2006）对不同用地类型的径流系数取值，见表4-9。由于降水过程中各污染物浓度随时间发生变化，在本研究中，采用不同地面产流的污染物平均浓度（EMC）来评价城市雨水径流对水环境的负荷排放。基于文献调研，不同地面产流的EMC取值如图4-5所示。此外，降水量参考了全国多年平均月降水量分布，如图4-6所示。

表4-9 标准城市水量水质相关信息输入

类别	模型参数	单位	取值
生活污水	E_D (cityR, cityL)	L/d	160
	$E_{W,SS}$ (cityR, cityL)	g/d	42
	$E_{W,COD}$ (cityR, cityL)	g/d	54
	E_{W,NH_3-H} (cityR, cityL)	g/d	7.4
	$E_{W,TN}$ (cityR, cityL)	g/d	9.3
	$E_{W,TP}$ (cityR, cityL)	g/d	0.66

续表

类别	模型参数	单位	取值
雨水径流	E_1		0.90
	E_2		0.90
	E_3		0.73
	E_4		0.15
	E_R		0.33

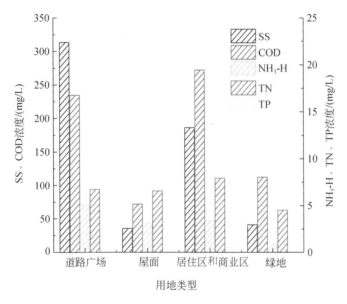

图 4-5 不同地面产流的 EMC

4. 典型原型城市循环模式性能分析

基于上述量化的模型输入信息，通过调用城市水污染控制技术数据库和 MOROM，分别采用两类型约束条件（$C=$I，$C=$II，对应《城镇污水处理厂污染物排放标准》的一级 A、一级 B 和《城市污水再生利用》一系列标准的 A 类、B 类），在三种不同程度扰动（$K=5$，$K=10$，$K=20$）下生成 6 组最优方案集，每个方案集包含 100 个帕累托最优方案，算法参数设置和采样规模见表 4-10。经检验，在不同扰动水平下，根据设置的采样规模，样本的总成本和负荷排放当量的均值与方差均能较快达到收敛，说明采样规模能够较好地描述不确定性下系统输出性能的变化。

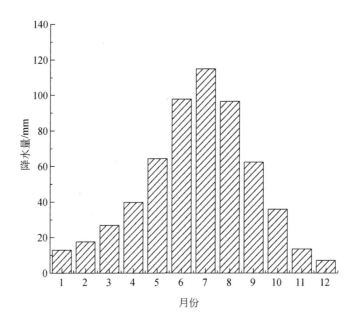

图 4-6　全国多年平均月降水量

表 4-10　算法参数设置

种群规模	进化代数	交叉方式	变异方式	采样规模	扰动范围/%
$N=100$	$G=400$	0.9	0.1	$H=2000$	±5
				$H=5000$	±5
				$H=7500$	±20

　　模型输出中包含了典型原型城市水循环的结构设计和相匹配的技术组合，确定系统采用的系统组成和结构、排水体制类型、设施规模及最优水污染控制技术组合，从而为城市水污染控制的初期规划提供决策支撑。

1）系统生命周期总成本

　　图 4-7 反映了随着系统生命周期总成本的增加，各方案中四类子系统的成本贡献变化趋势。对水质约束 $C=I$，当不确定性扰动较小时，成本配置转折点后期增加的成本主要集中在水污染收集和处理设施规模增大上，成本的增长来源于雨污收集率的增加、雨污收集输送管网规模的扩大、污水和再生水处理设施规模的增加。随着不确定性扰动 K 的增大，系统生命周期出现较大幅度的增加，也说明不同程度的不确定性下，要维持系统鲁棒性能需要调整城市水循环内资源配置，对投资提出更高需求。

　　此外，两种约束下的优化方案都逐步倾向于将成本预算分配在 BMP/LIDs 的建设上，通过大量建设雨水径流控制措施，减少系统不确定性增加时污水和再生水处理出水水质超

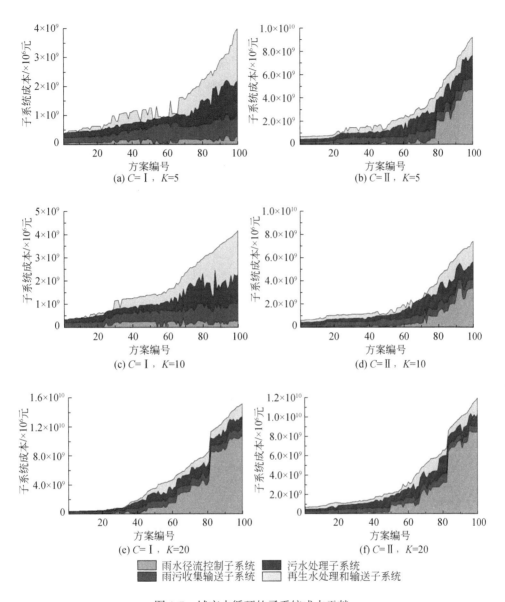

图 4-7   城市水循环的子系统成本贡献

标的不可靠程度，进而使系统鲁棒性增加。针对系统结构存在不确定性及技术运行效果不确定性较大的城市，对城市水污染控制成本投入超过转折点后还需要进一步削减负荷的情况下，BMP/LIDs 的应用可以增加系统鲁棒性。比较 $C=Ⅰ$ 和 $C=Ⅱ$ 两类约束下成本配置趋势，在提升水质约束的情况下，优化方案即便在较低扰动的情况下也倾向于扩大 BMP/LIDs 的应用。从约束 $C=Ⅰ$ 提升到 $C=Ⅱ$，各方案成本增长 20% ~ 90%，但系统污染负荷排放当量削减约 10%，约束 $C=Ⅱ$ 下的成本配置主要反映了水质约束超标风险提高时，为维持系统鲁棒性的经济性能损失。

2）系统污染负荷排放当量

各组最优方案集中，系统污染负荷排放当量在各个子系统中的分配如图 4-8 所示，在雨污收集输送子系统贡献较高主要是由管网漏损导致的。污水处理子系统的负荷排放有限且分布较为集中，而未收集生活污水、雨水径流污染、管网漏损带来的负荷贡献则相对分散。

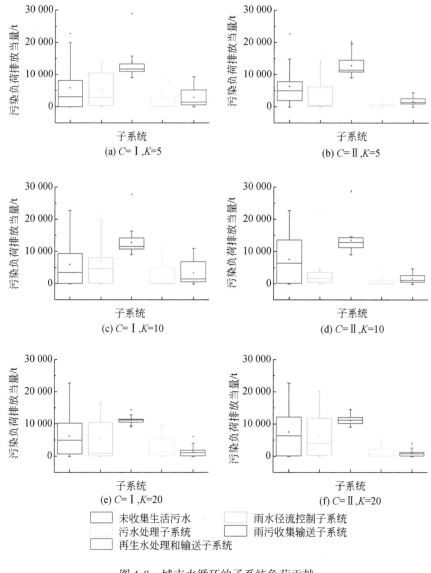

(a) $C=$Ⅰ,$K=5$
(b) $C=$Ⅱ,$K=5$
(c) $C=$Ⅰ,$K=10$
(d) $C=$Ⅱ,$K=10$
(e) $C=$Ⅰ,$K=20$
(f) $C=$Ⅱ,$K=20$

□ 未收集生活污水　　　□ 雨水径流控制子系统
□ 污水处理子系统　　　□ 雨污收集输送子系统
□ 再生水处理和输送子系统

图 4-8　城市水循环的子系统负荷贡献

在系统模拟概化过程中考虑了子系统之间的关联影响，提高污水收集率、合流制管网截流倍数等措施，会相应增加输送管网规模及污水处理设施规模，但从系统整体性能而言未必经济。从对最优方案集中分析增加成本在系统中的配置可知，在成本转折点之前，投资配置重点为对城市水污染控制系统结构的调整；在成本转折点之后，投资配置重点为通过水污染控制技术的升级改造实现污染治理效果的提升。

3）系统鲁棒性

在模型中用于表征系统鲁棒性的目标函数值越高，系统鲁棒性越小。对两类约束、三级扰动程度下的系统鲁棒性进行统计，分别是系统成本、负荷鲁棒性（方案鲁棒性），污水和再生水处理出水水质鲁棒性（模型鲁棒性），统计结果如图4-9所示。

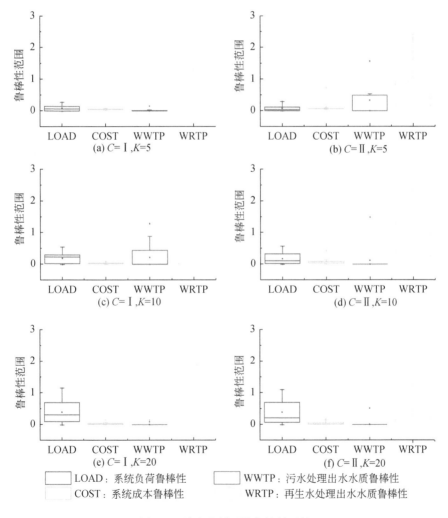

图4-9 城市水循环的鲁棒性贡献

对方案鲁棒性进行分析，在同一约束下，随着不确定性扰动程度的递增，最优方案的系统负荷鲁棒性整体下降，系统成本鲁棒性整体提高。系统负荷的扰动程度与不确定性扰动程度 k 高度相关，说明系统负荷受到结构参数扰动的显著影响。两类约束下负荷扰动程度差别不大，约束 $C = II$ 时系统成本鲁棒性整体低于约束 $C = I$。

对模型鲁棒性进行分析，在同一约束下，随着不确定性扰动程度的递增，最优方案对出水水质的鲁棒性整体先降低再升高，且再生水处理出水水质的可靠性和稳定性远低于污水处理出水水质。在 $K = 10$ 的扰动以内，技术链条增长对出水水质稳定性的提高尚未抵消系统不确定性扰动的影响，但 $K = 20$ 时，高成本投入带来的技术链条偏好，即便在较高的不确定性环境下出水水质可靠性得到显著提升，从而得到较好的模型鲁棒性。

4）系统成本–效益–鲁棒性的关系

对最优方案集的环境、经济和鲁棒性能的变化趋势进行综合分析，系统生命周期总成本可以反映在相应负荷排放水平和鲁棒性能下，对城市水循环总投资需求。以该投资需求对 GDP 占比为指标，总结随成本投入增加产生的系统环境和鲁棒性能的改进情况。

A. 我国城市水循环投资水平估算

2000 ~ 2011 年我国环保投资总额占 GDP 的比例为 1% ~ 1.4%，其中用于城市环境基础设施建设的投资占比为 40% ~ 66%。考虑到我国环保投资统计口径区别，修正后的环保投资占 GDP 的比例约为 0.64%。统计 2000 ~ 2011 年用于城市排水设施（城市水循环、渠道、泵站、污水处理厂及其附属设施）的投资，约占城市环境基础设施建设投资的 30%。按照 2011 年我国环保投资水平，假设 GDP 年增长率为 5%，取排水设施使用年限为 30 年，估算 60 万人口标准城市的排水设施总成本投入约为 27 亿元。

国内外发展经验一般认为，环保投资占 GDP 的 1.5% 才可以阻止环境继续恶化，2% ~ 3% 才能改善生态环境，按照我国现有投资水平估算的生命周期总成本投入显然不能满足维持城市水环境现状甚至改善的目的。考虑到环保投资曲线一般呈现"S"形分布，初期环保投资占 GDP 的比例下降，随后迅速上升。参考国外经验，曲线峰值一般出现在 3% 左右，此后随经济发展稳定在约 1.5% 的水平。因此，采用 1.5% ~ 3% 的环保投资占 GDP 的比例，以 2011 年当年价估算 60 万人口标准城市环保投资中用于排水设施的生命周期总成本，其为 64 亿 ~ 127 亿元。

B. 我国城市水循环的鲁棒性成本投入转折点

两类约束、三级扰动下的优化方案集生命周期总成本上限范围为 42 亿 ~ 152 亿元。与环保投资占 GDP 的 1.5% ~ 3% 的生命周期总成本估算比较，考虑到成本估算取值的不确定性和估算范围的不完备可能，可知优化方案基本涵盖了不同环保投资水平，并通过对系统结构和技术组合方案进行优化匹配，提高了资源配置效率，对城市水污染控制具有更高的成本效果。对约束 $C = I$，在相对小的扰动水平 $K = 5$、$K = 10$ 下，即便维持现有投资水平，通过优化系统结构和技术组合也能得到较低的负荷排放当量和较高的鲁棒性。但对约束 $C=Ⅱ$，在满足约束的同时获得较好的环境和鲁棒性能的投资水平是 $C=Ⅰ$ 的 $1.4\sim 2$ 倍，这说明要实现我国城市污水处理厂从一级 B 向一级 A 水质标准升级改造，还应在现有水平上增加 40% 以上的资本投入。而针对 $K=20$ 的扰动程度，投资占 GDP 比例在 1.7% 以上时，即可获得较好的环境和鲁棒性能，而进一步提高投资占比到 GDP 的 3%，并不能明显降低系统负荷排放当量，这也进一步说明通过合理配置资源能够实现更好的成本效益。

通过上述比较分析，可以得出以下结论：①我国城市水污染控制资本配置不当，这也囿于城市水循环结构和技术未能得到合理规划，未能识别高效率的投资需求，而应用该模型能够实现更优的资源配置，从而显著提高城市水污染控制投资绩效；②环保投资总量仍显不足，尤其是面对城市水循环的大量不确定性，在重视优化方案实施效果的稳定性，对处理出水水质可靠性时，生命周期成本投入总量需要提高到现状水平的 $1.6\sim 4.7$ 倍。

优化模型的经济性能目标定义为系统生命周期总成本减去资源回收效益后的净成本，为便于更直观地比较不同约束和扰动程度下系统生命周期总成本、污染负荷排放当量及系统鲁棒性的变化趋势，以鲁棒性目标值为面积作图。如图 4-10 所示，气泡面积越大表明该方案所定义的系统鲁棒性越差，即应对不确定性扰动时系统经济、环境性能稳定性越差，出水水质满足约束条件的可靠性越差。

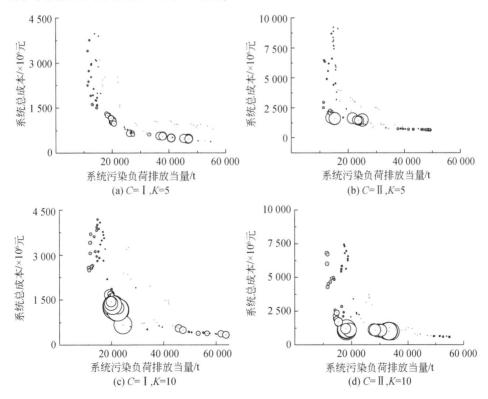

(a) $C=Ⅰ$，$K=5$
(b) $C=Ⅱ$，$K=5$
(c) $C=Ⅰ$，$K=10$
(d) $C=Ⅱ$，$K=10$

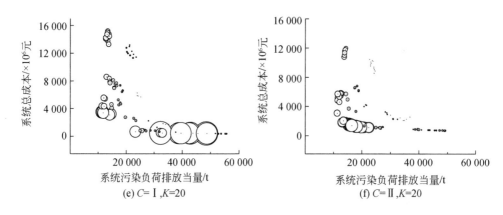

图 4-10 帕累托最优方案集的系统性能变化

由图 4-10 可以看到,对扰动程度 $K=5$、$K=10$,两类约束下鲁棒性表现较差的方案分别相对集中在 15 亿元、25 亿元以内的生命周期成本,但这一区间成本增加对负荷削减效果显著。对扰动程度 $K=20$ 而言,50 亿元以上的生命周期成本投入才能维持较好的鲁棒性,这一区间成本投入的增加主要用来调整系统结构和技术组合以便获取更好的鲁棒性,而对系统负荷排放的削减效果已表现不显著。由于对各组优化方案而言,在该成本值前后系统的成本配置方式和重点出现较大的差异,将这三个成本投入值分别列为 6 组优化方案的成本配置转折点,见表 4-11。综合来看,我们所考虑的三类系统性能之间存在复杂的耦合关联关系,因此基于不确定性分析识别各方案性能的内在响应关系和贡献要素,深入理解在不确定性环境下,复杂城市水污染控制系统的环境、经济和鲁棒性能之间进行权衡的优化机理和过程就尤为重要。

表 4-11 不同约束水平和扰动程度下的成本转折点

K	$C=$ Ⅰ		$C=$ Ⅱ	
	成本配置转折点/亿元	GDP 占比/%	成本配置转折点/亿元	GDP 占比/%
5	15	0.5	25	0.85
10	15	0.5	25	0.85
20	50	1.7	50	1.7

5. 循环结构演变规律

我们构建的城市水循环优化模拟耦合了雨污收集输送子系统、雨水径流控制子系统、污水处理子系统、再生水处理和输送子系统。

不同水质约束和不确定性扰动程度下，最优前沿面上的方案表现出不同的响应特征和匹配关系。面对更加复杂的系统结构和内在关联，深刻认识不确定性扰动在系统内的传递与积累，以及最终在系统优化方案上的反映，可以更好地避免决策风险；识别不同的水质约束对系统结构的影响，可以提高水质标准的可行性，判断风险特征污染物及关键技术环节。总结归纳模型输出在指导对可持续城市水循环模式认识方面的特点，可以得到以下结论：

（1）对复杂城市水循环的综合优化能够获得更好的优化效果。传统城市污水系统的优化没有包括雨水径流控制子系统，而雨水径流控制子系统在子系统层面上，通过雨污收集输送子系统对后续子系统的规模、污染控制技术选择、进水水量水质波动等都有较复杂的影响；在系统整体性能上，对维持不同程度不确定性扰动下系统鲁棒性有重要意义。

（2）对城市水污染负荷排放控制应当先优化调整结构后升级改进技术。从最优方案集随着环境性能目标函数的改进，系统成本先配置在系统结构调整上，通过提高污水接管率、雨水收集率、合流制管网截流倍数，增大整个排水和污水处理的设施规模，此后再通过污水处理技术升级进一步削减污染负荷排放。

（3）城市排水体制选择对雨水径流控制策略、污水和再生水处理技术的选择也产生影响。对排水体制以分流制为主的方案，应提高 EMC 较高的道路广场用地产流处理率，且更偏好污染物去除率高的 BMP/LIDs；对排水体制以合流制为主的方案，雨水径流处理措施的选择上更重视对径流的削减能力，从而减少合流制管网及后续处理设施的规模和成本。在污水和再生水处理技术选择上，合流制为主的方案偏好较高的技术处理效果，以应对不确定性扰动下进水水质波动导致的约束超标。

（4）对污水处理出水水质标准向一级 A 提标改造的政策导向，有助于提高再生水回用。在现有污水和再生水处理技术水平下，污水处理出水水质标准从一级 B 提高到一级 A，再生水水质标准从 B 类提高到 A 类，对特征污染物的去除压力主要集中在污水处理阶段，也就是污水处理阶段实现一级 A 稳定达标的技术难度更高。在水质标准提高后，再生水处理设施进水浓度降低，在不确定性扰动较小的方案中再生水处理成本增加，但随着不确定性扰动增加，污水处理阶段采用了更高处理能力的技术以加强出水水质稳定性和可靠性，进一步降低了再生水处理的技术压力，并使得再生回用具有更好的经济性能，为高水质标准的再生回用提供了技术基础。

4.1.5 京津冀区域城市适宜系统模式

1. 基础资料收集

对京津冀地区共 32 个城市进行基础资料收集，收集范围包括目标城市的人口、建成区面积、降水量、污水管网漏损率、各用地类型占建成区的比例、城市再生水需求和水量水质信息。其中，人口、建成区面积等数据来自《中国城市建设统计年鉴》；污水管网漏损率利用供水管网漏损率进行近似，并依据年鉴中的供水总量和漏损水量计算，用地类型根据雨水径流控制技术的特点调整为道路广场、屋顶、居住区和商业区及绿地四类，年鉴中缺乏对应的屋顶、居住区和商业区，需要按照如下规则进行转换：年鉴中居住用地的20%考虑为屋顶，其余部分与公共管理与公共服务用地、商业服务业设施用地合并作为居住区和商业区；降水量数据来自中国气象数据网；城市再生水需求信息由于缺乏统计信息，用基于文献调研和统计的均值代替。

2. 各城市可持续水循环方案集的结构特征

为对比不同城市所得前沿面的差异，分指标绘制了各城市非支配方案的箱式图，并按照中位数的大小进行排列。

1）生活污水收集率

虽然该指标取值范围为 0.5~1.0，但几乎所有非支配方案的取值都超过 0.7，各城市中位数均超过 0.95。该指标城市间的差异较小，并且结果表明充分收集处理生活污水是构建可持续水循环的必要条件。为提高搜索效率，可缩小该指标的取值范围（图 4-11）。

2）不同用地类型雨水产流处理率

不同用地类型的雨水产流处理率如图 4-12 和图 4-13 所示。

各城市普遍采用高雨水产流处理率的方案，除张家口外，其余城市处理率的中位数均超过 0.8，城市间的差异不大，这反映出处理好道路广场雨水径流是提升水循环的重要途径之一，其原因是根据文献调研，道路广场雨水径流 5 种特征污染浓度在各类用地中都是最高的，加强其处理能带来较为显著的环境效益。

屋顶产流处理率的城市差异较明显，各城市中位数的变化范围从不足 0.5 到接近 1.0。分析各城市的用地类型比例，可以发现：①屋顶比例低的城市通常会偏向低的产流处理率，如张家口、三河、武安等；②屋顶比例与道路广场比例接近的城市通常会偏向高产流处理率，如石家庄、黄骅、唐山。但是上述规律都存在反例，如道路广场产流处理率与道路广场比例不存在简单的对应关系。

类似的结论也适用于绿地产流的处理，并且各城市绿地产流处理率的差异更大，中位数取值范围在 0.08~0.85。

3）截流倍数

为探索可持续水循环是否需要建设更高的截流倍数，优化时截流倍数的取值上限扩大至 20，但是根据优化结果，几乎所有城市非支配方案截流倍数的中位数均小于 5，并且多数方案的取值也在 1~5，但仍需注意到，部分方案的截流倍数较大。这一结果表明较高的

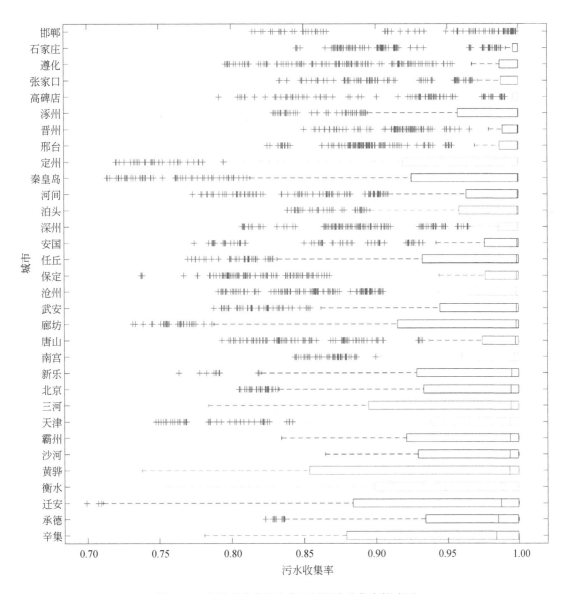

图 4-11　各城市非支配方案生活污水收集率箱式图

截流倍数不是可持续水循环的必要条件（图 4-14）。

4）合流制系统比例

考察不同城市对排水体制的偏好，可以发现，多数城市（邯郸例外）可持续水循环方案集在排水体制上都表现出较大的多样性，但是城市间也存在明显的差异，如石家庄、张家口等城市偏向完全合流制水循环，而北京、迁安等城市则更加偏向分流制水循环。雨水径流接管率的分布与合流制系统比例的分布近似，如合流制系统比例中位数最高和最低的 5 个城市中分别有 5 个与 4 个城市同雨水径流接管率最高、最低的前 5 个城市重合（图 4-

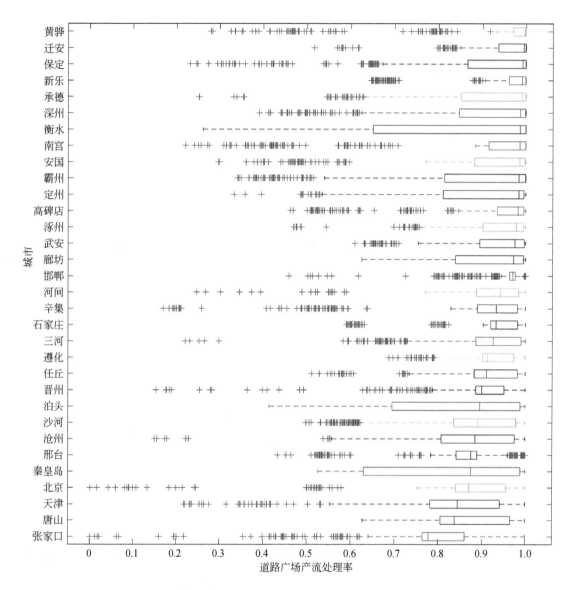

图 4-12　各城市非支配方案道路广场雨水产流处理率箱式图

15)，这体现出合流制水循环有通过提高雨水处理率提升可持续性的趋势。

5）再生水回用比例

该指标在城市间同样存在较大差异，中位数变化范围几乎与取值范围一致，并且多数城市该指标箱式图的箱体较狭窄，反映出可持续方案较强的偏好性（图4-16）。

3. 可持续水循环模式环境经济性能分析

以北京为例对可持续水循环的环境经济性能进行分析，前沿面上的 500 个方案中，径

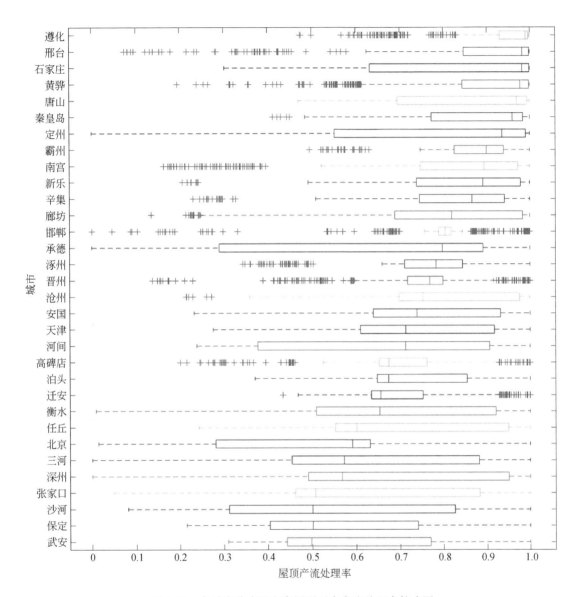

图 4-13　各城市非支配方案屋顶雨水产流处理率箱式图

流向受纳水体排放的加权负荷平均占总负荷的40%。有研究指出，城市雨污合流制集水区降水径流输出的 TSS、COD、TN 和 TP 分别占集水区总污染负荷的 59.4%、26.3%、11.2% 和 10.1%，优化结果与该研究基本一致。

道路广场、屋顶、绿地三类用地贡献的负荷中，道路在 SS、COD、氨氮中占比较高，屋顶在 TN、TP 中占比较高，绿地占比较小，对 TP 的贡献稍高。LID 处理成本平均占到总成本的 8.4%。

图 4-17 对比了各城市现状与前沿面方案的环境、经济性能和鲁棒性差异，图中蓝色

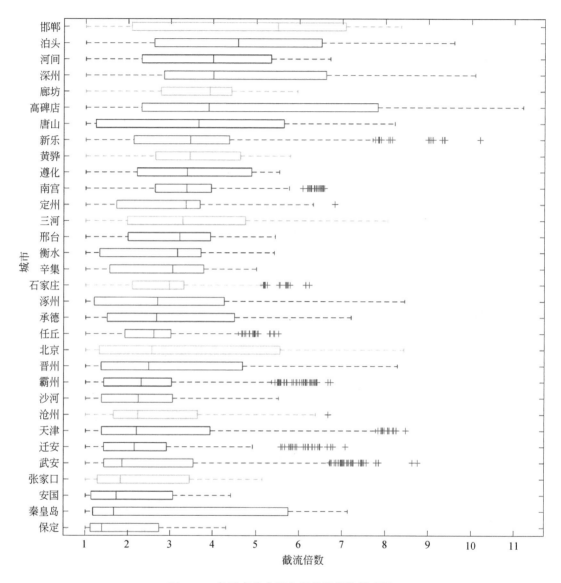

图 4-14　各城市非支配方案截流倍数箱式图

点代表前沿面方案，红色星号为现状情况。由于缺乏相关数据，现状假设溢流处理率和各类用地类型径流处理率均为 0，现状的主要问题在于负荷过高，并且由于对径流和雨水的处理水平较低，代表环境、经济性能抗扰动能力的鲁棒性参考价值有限。

4. 各城市前沿面权衡关系分析

可持续水循环方案集是优化算法输出的帕累托前沿面，体现出 3 个优化目标间较为复杂的权衡关系，为进一步分析各项优化目标的改进潜力，识别需要重点关注的决策变量，

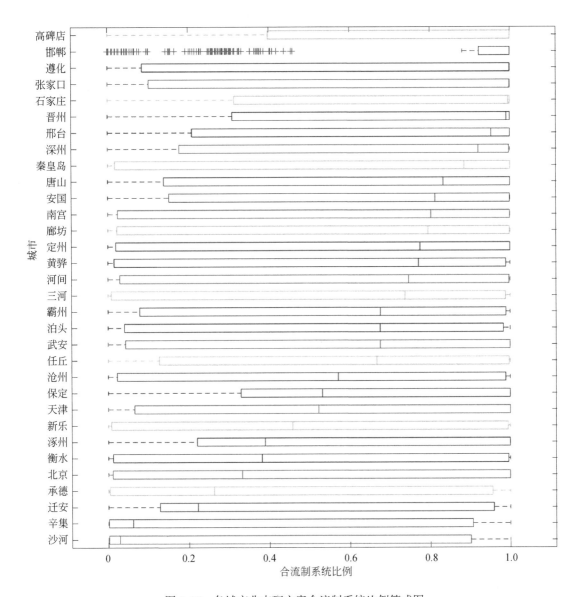

图 4-15　各城市非支配方案合流制系统比例箱式图

将从各前沿面中确定高性能解，并通过分析高性能解的结构特征识别各城市前沿面的差异性。

1）高性能解的生成方法

根据 Meng（2016）采用的方案，高性能可以按如下方法生成并进行分析。

（1）分类。将负荷、成本、鲁棒性三个优化目标两两组合，并分别进行非支配排序，可将前沿面上的方案分成如图 4-18 所示的 4 种类型。

（2）筛选。从鲁棒性–负荷前沿面中排除鲁棒性过低和负荷过高的解，保留剩下的

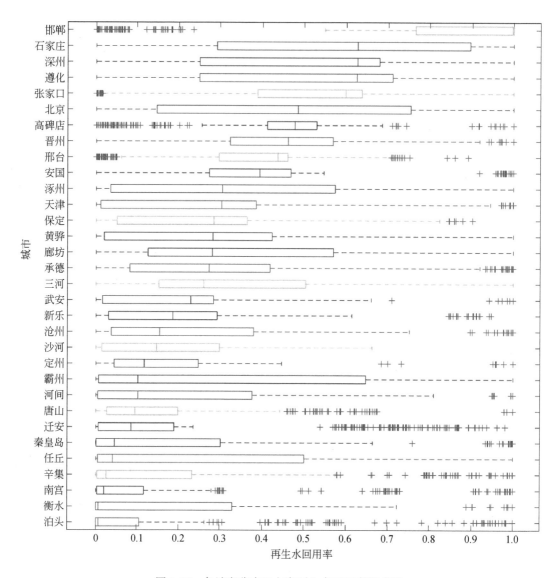

图 4-16 各城市非支配方案再生水回用率箱式图

解，并将其投影至成本−负荷坐标系内，根据非支配排序进行筛选，得到高性能解。暂定各城市高性能解的最低鲁棒性为鲁棒性降序排列的下五分位数，最大负荷为负荷降序排列的上五分位数。

（3）特征识别。将高性能解的决策变量取值表现为折线图的形式，根据折线的聚集规律识别关键的决策变量及结构特征。

需要指出的是，高性能解的生成受到 3 个优化目标排序的影响。考虑到降低负荷、提高鲁棒性具有更高的重要性，在分析时按照负荷−鲁棒性−成本的顺序进行筛选。

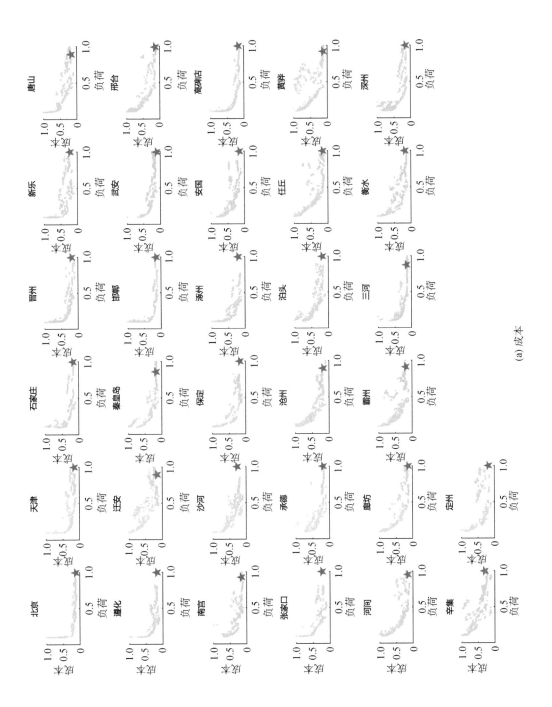

(a) 成本

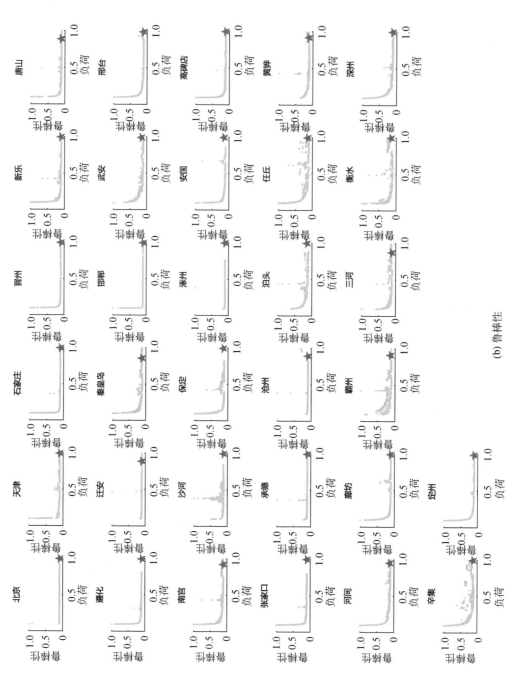

(b) 鲁棒性

图4-17 城市现状与前沿面方案性能对比

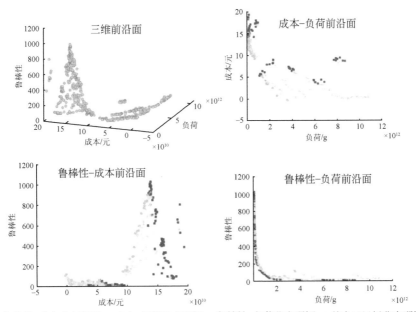

图4-18　前沿面上不同解的分类（以北京为例）

2）高性能解的结构特征

对京津冀 32 个城市进行高性能解的筛选。

A. 高性能解的整体特征

以北京为例先对前沿面整体特征进行分析，如图4-19和图4-20所示，可以发现：

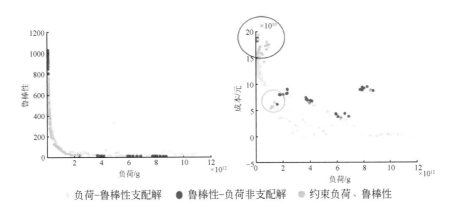

图4-19　低负荷、高鲁棒性解的分离（以北京为例）

（1）鲁棒性–成本非支配解在其余两前沿面中都位于右下侧，这意味着在保证鲁棒性和成本的前提下，几乎不具有控制负荷的潜力。

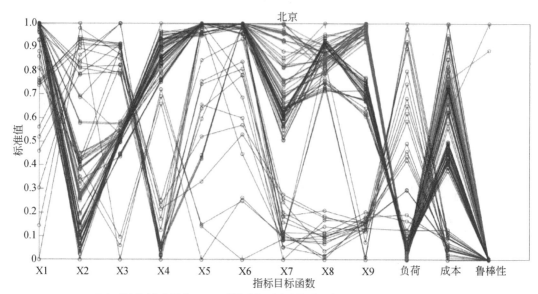

X1：生活污水收集率，X2：道路广场雨水产流处理率，X3：屋面雨水产流处理率，
X4：绿地雨水产流处理率，X5：雨水径流接管率，X6：合流制系统比例，X7：合
流制管网截流倍数，X8：合流制管网溢流处理率，X9：再生水回用率

图 4-20　高性能解折线图（以北京为例）

（2）对于另外两类非支配解，是有可能在控制两类目标的前提下，改进第三个优化
目标。

（3）在成本-负荷前沿面中，负荷-鲁棒性非支配解明显划分为两个区域，第一个区
域内的解离前沿面距离较远，但是成本适中；第二个区域内的解普遍具有较高的成本。因
此要保证系统的负荷和鲁棒性都处于可接受的范围内，必须付出较高的成本，但可以发现
某些方案可以更低的成本满足对负荷和鲁棒性的要求。

绘制北京所有高性能解 9 个决策变量（排序与前述顺序一致）与 3 个优化目标（排序
为负荷、成本、鲁棒性）组成的折线图，如图 4-20 所示。

图 4-20 中，红色折线代表高性能解中鲁棒性后 50% 的方案，蓝色折线代表鲁棒性目
标性能最好 50% 的方案，各决策变量和目标函数取值均用所有高性能解的最大、最小值归
一至 [0，1] 区间内。可以发现鲁棒性指标由于受到极端大值的影响，多数方案被压缩在
0 附近，但这并不影响对鲁棒性的排序。

考察两类方案在目标函数上的差异，红色方案具有低鲁棒性、低负荷、高成本的特
征，蓝色方案具有相反的特征。蓝色方案依照成本高低又可进一步细分为两类，一类具有
高鲁棒性-低成本-高负荷，另一类具有中等负荷-中等鲁棒性-中等成本的特点。

考察不同高性能解在决策变量上的异同，各方案均具有较高的生活污水收集率
（>97.7%）、较高的道路广场雨水径流处理率（>80%）和雨水径流接管率（>75%），这

三者保证了对污染程度较高的雨污水的处理程度，是高性能解的必要条件。高性能解在其余决策变量上表现出较大的差异性，是各目标权衡关系的直接体现。红色方案在这些决策变量上相对集中，表明以低负荷–低鲁棒性为特点的系统具有类似的结构，这种结构以高再生水回用率（均值超过 94%）、高溢流处理率（>87%）、高截流倍数（均值为 7，高于剩余方案的均值 4）并且偏向于合流制系统（均值大于 99%）。较高的截流倍数和溢流处理率保证了对雨水的处理效果，偏向合流制系统能减小初期雨水冲刷造成的污染，由此该类系统能够实现较低的总负荷，但是雨污水处理量的增加、截流管道尺寸大，导致建设、处理、运行成本激增，即使大量回用再生水，也无法完全弥补较高的成本。此外，由于溢流处理率较高，当降水出现波动时，系统的经济、环境性能均会出现较大的扰动，由此带来鲁棒性能的降低。同时，这类系统结构在道路、屋顶和绿地的处理率均处于中等以上水平，均值分别为 86%、61% 和 91%，保证了对径流污染的控制水平。

鲁棒性前 50% 的方案中又可分为两类，第一类特点为低成本–高负荷，结构特征为低回用率、低溢流处理率、低截流倍数、偏向合流制系统；第二类特点为高成本–低负荷，结构特征为高回用率、高溢流处理率、中等截流倍数、偏向合流制系统。可见，截流倍数和溢流处理率是影响高性能解环境与经济性能的关键指标。

B. 不同城市高性能解的差异

考察京津冀 32 个城市高性能解的特点（图 4-21），图 4-21 中仍以颜色区分了鲁棒性能前后各 50% 的方案。

分析各城市高性能解，可以发现具有一些共性规律。

（1）几乎所有城市高性能解都具有高污水收集率的特点，多数城市大部分方案和少数城市的低负荷方案都采用了高雨水径流接管率，这表明保证雨污水的处理率在多数情况下是可持续水循环的必要条件。

（2）对于多数城市，对绿地、屋顶和道路广场的产流处理比例依次增加，这表明高性能方案对径流的处理是有重点的，在关键地块上强化径流处理水平可以提升系统性能。

（3）在合流制系统比例上，偏向合流制系统的共计 12 个城市，其余城市出现了分化，合流制系统和分流制系统都有成为高性能的潜力，但通常而言，这些城市中，合流制系统鲁棒性较低，分流制系统鲁棒性较高。

（4）截流倍数和溢流处理率在多数城市中都具有如下规律：高鲁棒性–高负荷方案具有相对低的截流倍数和溢流处理率；而低鲁棒性–低负荷方案则具有相反的特征。

（5）多数城市回用水比例不高，这主要受到再生水需求量的制约。

5. 敏感决策变量的识别

敏感决策变量对系统环境、经济、鲁棒性能有较大影响，并且在非支配解中变量的取

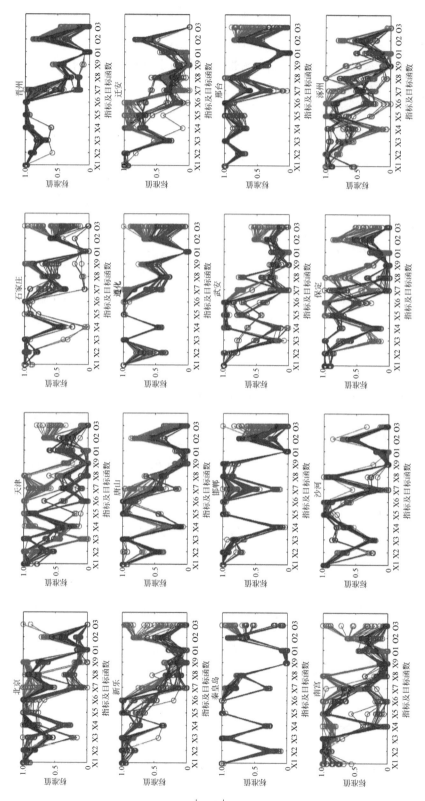

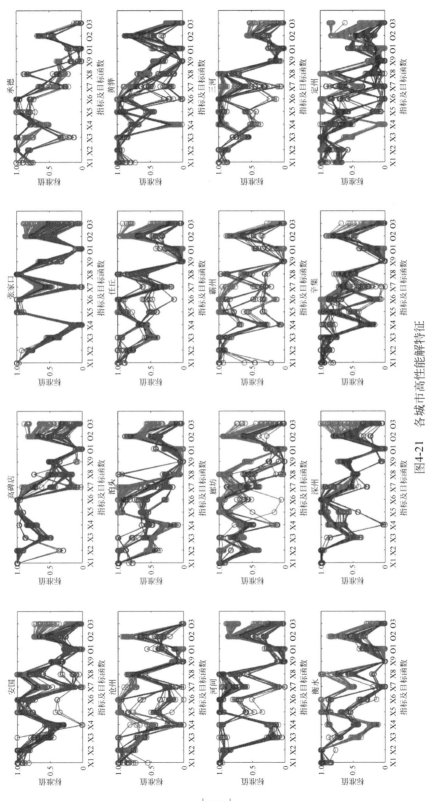

图4-21　各城市高性能解特征

值较为多样化，且在不同城市之间均有明显差异。敏感决策变量是构建城市可持续水循环需要重点关注的因素。

生活污水收集率、雨水径流接管率两个变量在城市内和城市间的差异均较小，较容易确定，不属于敏感决策变量。为从其余变量中定量识别敏感决策变量，采用变异系数衡量城市内各指标差异，利用 Kolmogorov-Smirnov（K-S）检验比较城市间差异。

1）各决策变量城市间差异

统计检验的目的是验证不同城市所有解（或高性能解）在 9 个决策变量上的分布是否有明显差异，方法是利用 K-S 检验判断两个序列是否服从相同的分布。原假设为两城市所有解（或高性能解）在同一指标上服从相同的分布，统计两两城市间拒绝原假设的概率（$P=0.01$），数值越低说明各城市的分布越相似。可以看到如果考虑前沿面所有解时，各结构指标间的规律较为相似，基本没有明显差异，X1 生活污水收集率、X5 雨水径流接管率和 X6 合流制系统比例的城市间相似程度较其他指标高。如果仅考虑各城市的高性能解，各结构指标间的排序与之前的情况相似，但是差异加大，X1 生活污水收集率、X5 雨水径流接管率和 X6 合流制系统比例的城市间相似程度明显强于其他指标（表 4-12）。

表 4-12　K-S 检验结果（$P=0.01$）

结果	X1	X2	X3	X4	X5	X6	X7	X8	X9
所有解	0.45	0.50	0.50	0.50	0.47	0.47	0.50	0.50	0.50
高性能解	0.21	0.38	0.43	0.43	0.30	0.30	0.38	0.43	0.39

2）各决策变量城市内差异

利用变异系数的箱式图来反映同一指标在同一城市所有解中的取值差异程度，图 4-22 为所有解和高性能解的结果。

与所有解相比，高性能解中合流制系统比例和雨水径流接管率的变异系数减少。其余指标中，生活污水收集率（X1）、屋顶雨水产流处理比例（X3）、道路广场雨水产流处理比例（X2）城市内高性能解的差异较小。而再生水回用率（X9）、绿地雨水产流处理率（X4）和截流倍数（X7）城市内的差异较小。

结合以上分析，决策变量可进行如下分类：生活污水收集率、雨水径流接管率、道路广场雨水产流处理率 3 个指标，在高性能解中，类内和类间差异都较小，决策这些指标时受城市特征和目标偏好的影响都较小，可根据设计经验决策。屋顶雨水产流处理率城市内差异小，城市间差异大，决策时主要考虑城市特征。合流制系统比例和截流倍数城市内差异大、城市间差异小，主要受目标偏好影响。绿地雨水产流处理率、合流制管网溢流处理率和再生水回用率 3 个指标城市内与城市间差异均较大，同时受目标偏好与

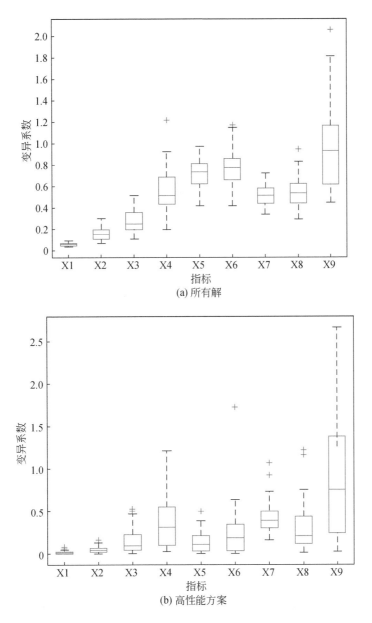

(a) 所有解

(b) 高性能方案

图 4-22　各决策变量变异系数箱式图

城市特征的影响。

4.2　小　　结

本章基于对城市水循环模式结构的认识和技术选择的工具需求及科学问题本质，搭建了可持续城市水循环模式选择方法框架，并对方法框架的各部分提供工具支撑。基于自下而上的技术模型和技术数据库构建了城市水环境模式多目标鲁棒优化模型，为城市水循环模式设计和技术选择提供鲁棒优化方案集。基于多属性综合评价和不确定性分析构建了鲁棒性分析框架，指导方案筛选并识别灵敏参数。

为进一步了解不确定性环境下，城市水循环模式结构和技术的内在关联关系及不确定性的响应方式，尤其是不同扰动程度、不同约束条件下，多目标鲁棒优化的结果在系统经济、环境及鲁棒性能之间如何进行权衡，本章选取多年统计数据等资料，综合考虑全国平均的城市社会经济发展阶段和水循环基础设施建设水平，以平均生活产排污水平和多年月均降水量为基准，构建典型原型城市（标准城市）作为模型工具应用和案例分析的典型对象。通过调用城市水污染控制技术数据库，应用多目标鲁棒优化模型对标准城市水循环进行结构设计和技术选择。

在不同水质约束和不确定性扰动程度下，最优前沿面上的方案表现出不同的响应特征和匹配关系。面对更加复杂的系统结构和内在关联，深刻认识不确定性扰动在系统内的传递与积累，以及最终在系统优化方案上的反映，可以更好地避免决策风险；识别不同的水质约束对系统结构的影响，可以提高水质标准的可行性，判断风险特征污染物及关键技术环节。总结归纳模型输出在指导对可持续城市水循环模式认识方面的特点，可以得到以下结论：①对复杂城市水循环的综合优化能够获得更好的优化效果。②对城市水污染负荷排放控制应当先优化调整结构后升级改进技术。③城市排水体制选择对雨水径流控制策略、污水和再生水处理技术的选择也产生影响。④对污水处理出水水质标准向一级 A 提标改造的政策导向，有助于提高再生水回用。

在此基础上，本章分析了京津冀区域城市适宜系统模式及各城市高性能解，发现保证雨污水的处理率在多数情况下是可持续水循环的必要条件；高性能方案对径流的处理是有重点的，在关键地块上强化径流处理水平可以提升系统性能；在合流制系统比例上，偏向合流制系统的共计 12 个城市，其余城市出现了分化，合流制系统和分流制系统都有成为高性能的潜力，但通常而言，这些城市中，合流制系统鲁棒性较低，分流制系统鲁棒性较高；截流倍数和溢流处理率在多数城市中都具有如下规律：高鲁棒性–高负荷方案具有相对低的截流倍数和溢流处理率；而低鲁棒性–低负荷方案则具有相反的特征；多数城市回用水比例不高，这主要受到再生水需求量的制约。

|第 5 章|　二元水循环关键过程数学表达

5.1　水场的定义

我们所研究的城市水资源需求场，可以与电场进行类比研究。因此，从物理上抽象来看，一定区域内的每一个城市由于自身的需水情况，会产生不同的需水场。需水场能够影响城市周边的水资源情况。本章类比电场的形成，建立城市水资源需求场——水场的概念。"水场"指的是需水城市周边空间存在的一种特殊物质，这种特殊物质与实际物体不同，它不是由分子、原子组成的，但是它是客观存在的。水场与电场一样，具有力和能量等客观属性。电荷在空间中会形成电场，与形成电场直接相关的就是电荷的电荷量，同样，每个城市的水资源需求量是指在确定的时空中，为了维持城市各个组成部分实现其功能所需的水资源总量（方韬，2007），用 Q 表示，称为城市的"水荷"。"水荷"是城市的基本属性，与城市的人口、经济发展及城市环境建设等因素息息相关。水荷越大，代表城市的需水量越大，进而对周边的需水强度就越大。如图 5-1 所示，将点电荷电场与城市水荷水场进行类比。城市水荷相当于负点电荷，对周围的水场产生吸引力。

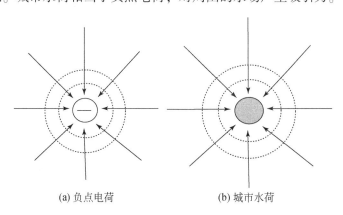

(a) 负点电荷　　　　　　　(b) 城市水荷

图 5-1　负点电荷与城市水荷

麦克斯韦（Maxwell）方程组的高斯（Gauss）定律描述了电荷如何产生电场：

$$\int_S \boldsymbol{E} \cdot \mathrm{d}S = \frac{q}{\varepsilon_0} \tag{5-1}$$

式中，E 为电场强度；S 为空间面积；q 为电荷的大小；ε_0 为真空中的介电常数。式（5-1）表示电场强度在任意闭合曲面上的面积分与闭合曲面所包围的电荷量成正比。

公式的左边就是通过闭合曲面 S 的电通量（电场线的数量）的数学描述，而公式的右边则是曲面包围的电荷总量除以真空电容率。因此，在一个真实的或者想象的任意大小和形状的闭合曲面空间内，若曲面内部没有电荷，那么通过该曲面的电通量为零。若在曲面中存在一个正电荷，那么通过该曲面的电通量为正，反之，若在曲面中再放入一个等电荷量的负电荷，那么通过该曲面的电通量为零（Fleisch，2013）。

在电场的定义中，单位电场是指单位电荷施加在单位带电物体上的电排斥力。电场可以由式（5-2）定义：

$$E=\frac{Fe}{q} \tag{5-2}$$

式中，E 为电场强度；Fe 为电场力大小；q 为电荷的大小。E 是矢量，大小正比于电场力，方向为正点电荷的受力方向。

由电场的库仑定律：

$$E=\frac{kq}{r^2}=\frac{q}{4\pi\varepsilon_0 r^2} \tag{5-3}$$

式中，E 为电场强度；q 为电荷的大小；r 为某一点与电荷的距离；ε_0 为真空中的介电常数。

电场描述的是一个三维的概念。城市的需水对水资源的作用力主要体现在平面上，故本章定义的"水场"是一个二维的场。类比麦克斯韦方程进行水场的推导。水场强度在任意闭合曲线上的线积分与闭合曲线所包围的水荷量成正比。由 $\int E \cdot \mathrm{d}l=\frac{Q}{\varepsilon_{\mathrm{w}}}$，得到 $E_{\mathrm{w}} \cdot 2\pi r=\frac{Q}{\varepsilon_{\mathrm{w}}}$，则

$$E_{\mathrm{w}}=\frac{Q}{2\pi r\varepsilon_{\mathrm{w}}}=\frac{k_{\mathrm{w}}Q}{r} \tag{5-4}$$

式中，E_{w} 为水场中某一点的场强；Q 为水荷的大小；r 为某一点与水荷的距离；ε_{w} 为介水常数；k_{w} 为水场常数，$k_{\mathrm{w}}=\frac{1}{2\pi\varepsilon_{\mathrm{w}}}$。

5.1.1 介水常数

类比电场描述中的介电常数，本章将描述水场的常数 ε_{w} 命名为介水常数。在电磁学中，真空中的介电常数 ε_0 表示单个电荷 q 在与其相距 r 上的点所产生的电场强度的强弱。在电介质中的介电常数为 ε，其与真空中介电常数的比值定义为一个无量纲的相对介电常

数ε_r。相对介电常数表征电介质束缚电荷能力的强弱。将介电常数大的材料放在电场中，电场强度在电介质内会明显减小。介电常数可以表示为温度、湿度、工作频率的函数（武岳山和于利亚，2007）。

在水场中，城市对周边一定范围内的水资源具有吸引力，当城市外部水资源禀赋较好，且该点与城市间有河流或者输水管道时，则周边的水资源便能够被城市吸引过来。在这种情况下，相当于介水常数较大，城市水资源需求产生的水场在周边区域的场强较小。反过来，当城市周边水资源条件不好，而且缺乏输水设施将周边的水资源输送到城市中时，那么城市用水需求很难得到满足。在这种情况下，相当于介水常数非常小，导致城市产生的水场在周边区域的场强很大，对更远的水资源也能产生很大的吸引力。此时，该城市对水资源的吸引力影响范围会扩大，进而吸引更远距离的水资源。例如，在沙漠中的一个城市，其周围没有可用的水资源，此时城市形成的水场强度非常大，使其能够吸引远距离的水资源；相反，在南方富水地区的城市周边，介水常数较大，形成的水场强度较小。另外，当城市外部某一点的水资源其运送成本很大，水价很高时，若城市需要这部分水资源，城市的水场强度需要大大增强才能够吸引到这部分的水资源，此时，介水常数较小。而同样在这个城市的另一个方向上，有一点的水资源有现成的输水渠道，且水价较低，则该城市对于该点的水资源只需要较小的吸引力就能吸引到这部分的水资源。此时，该城市在该方向上的介水常数较大。因此，介水常数随着水资源条件和社会经济条件不同是存在各向异性的。由于水源条件、输水方式、输水难易程度、输水成本等影响因素的存在，介水常数在不同方向上是有所不同的，即呈现各向异性。

为了方便计算，需要确定介水常数的量纲。"水场场强"对水循环的驱动作用在本质上和重力场场强是一致的，因此二者的量纲应是相同的，即均为$M^3L^{-2}T^{-2}$。而常数k_w的量纲未知，通过与重力场场强的量纲对比，有

$$ML^{-2}T^{-2} = L^3L^{-1}k_w \tag{5-5}$$

$$k_w = ML^{-4}T^{-2} \tag{5-6}$$

由于$k_w = \dfrac{1}{2\pi\,\varepsilon_w}$，介水常数$\varepsilon_w$的量纲应为$M^{-1}L^4T^2$。

为了计算重力场场强的数量级，将重力场场强的大小$E_G = \rho g \sin\theta$代入具体数值，ρ为10^3 kg/m^3；g为9.8 m/s^2；$\sin\theta$取当量值0.1，则重力场场强E_G的大致量级为10^3。

为确定介水常数的大小，假设在距离水荷100 km处的水场场强与重力场场强为相同数量级（城市水资源需求场的有效作用距离假定为100 km），即$E_w = \dfrac{Q}{2\pi r \varepsilon_w} = \dfrac{k_w Q}{r}$在$r$为$10^5$ m处的数量级为10^3。因此，表示水资源在此处不再是只受重力主导，人工需水场的场强与重力场场强达到相同的数量级，人工需水场对该处的水资源产生了显著的吸引力。

参照海河流域城市的年用水量数据，年用水量的量级为$10^7 \sim 10^9$m^3，将城市的年用水

量作为城市的水荷大小，则 Q 的量级为 $10^7 \sim 10^9$。于是可得 k_w 的数量级为 $10^{-1} \sim 10^1$，进而可得 ε_w 的数量级为 $10^{-2} \sim 10^0$。

5.1.2 水场中的场强计算

1. 单点水荷水场中的场强计算

建立水场的坐标系（图5-2），对于水场中的点 $A(x, y)$，只受到点水荷 $Q_1(x_1, y_1)$ 形成的水场影响。

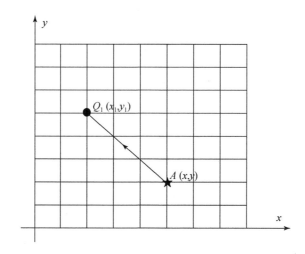

图5-2 单一点水荷水场

根据水场的场强计算式（5-7），A 点在单一水荷产生的水场中受到的场强为

$$|E_A| = \frac{k_w Q_1}{\sqrt{(x-x_1)^2 + (y-y_1)^2}} \tag{5-7}$$

如图5-2所示，x 轴及 y 轴正方向，受到的场强的矢量表达式为

$$E_A = \frac{k_w Q_1}{(x-x_1)^2 + (y-y_1)^2} \left[(x-x_1) \right] \boldsymbol{i} + (y-y_1) \boldsymbol{j} \right] \tag{5-8}$$

2. 两个点水荷水场中的场强计算

如图5-3所示，水场中的点 $A(x, y)$，A 点在点水荷 $Q_1(x_1, y_1)$ 和点水荷 $Q_2(x_2, y_2)$ 形成的水场中既受到 Q_1 的场强影响，也受到 Q_2 的场强影响，场强是两个场强的矢量叠加。

根据水场的场强计算公式，A 点在两个点水荷产生的水场中受到的场强为

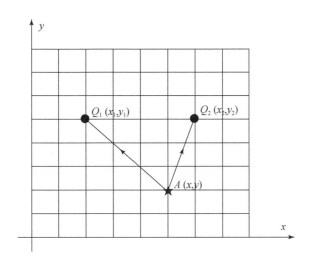

图 5-3　两个点水荷的水场

$$E_A = \frac{k_w Q_1}{(x-x_1)^2+(y-y_1)^2}\big[\,(x-x_1)\,\big]\boldsymbol{i}+(y-y_1)\boldsymbol{j} + \frac{k_w Q_2}{(x-x_2)^2+(y-y_2)^2}\big[\,(x-x_2)\,\big]\boldsymbol{i}+(y-y_2)\boldsymbol{j}$$

$$(5\text{-}9)$$

根据向量方向整理得到

$$E_A = \left[\frac{k_w Q_1(x-x_1)}{(x-x_1)^2+(y-y_1)^2}+\frac{k_w Q_2(x-x_2)}{(x-x_2)^2+(y-y_1)^2}\right]\boldsymbol{i}+\left[\frac{k_w Q_1(y-y_1)}{(x-x_1)^2+(y-y_1)^2}+\frac{k_w Q_2(y-y_2)}{(x-x_2)^2+(y-y_2)^2}\right]\boldsymbol{j}$$

$$(5\text{-}10)$$

3. n 个点水荷水场中的场强计算

当点 A 处在 n 个点水荷的水场中时，其受到的场强为 n 个点水荷在 A 点场强的叠加。计算公式为

$$E_A = k_w \sum_{h=1}^{n}\left[\frac{Q_h(x-x_h)}{(x-x_h)^2+(y-y_h)^2}\boldsymbol{i}+\frac{Q_h(y-y_h)}{(x-x_h)^2+(y-y_h)^2}\boldsymbol{j}\right]$$

$$(5\text{-}11)$$

5.2　海河流域城市需水场应用

　　海河是中国华北地区最大的河流，海河流域的总面积为 31.8 万 km^2，主要包括北京、天津的全部区域和河北省的绝大部分区域，此外也包括了山西、山东、河南、内蒙古、辽宁等省（自治区）的小部分区域。海河干流位于天津市中部，长度为 73km。海河流域属于温带东亚季风气候，冬季干燥降水少，夏季湿润降水多。海河流域降水主要集中于每年的 7～8 月，雨量分布不均衡，尤其是太行山麓地区常发生暴雨。海河流域人口密集，城

市众多，经济发展水平较高，对水资源的需求量很大。由于海河流域的这些特点能够较好地体现本章的研究理论内容，故将其作为实例，进行应用分析。

5.2.1 海河流域主要城市水资源需求场计算

为了具体研究城市水资源需求场强度，选取海河流域的 22 个地级及以上城市（包括北京、天津、石家庄、张家口、承德、唐山、廊坊、大同、保定、沧州、忻州、衡水、阳泉、德州、邢台、邯郸、聊城、长治、安阳、鹤壁、焦作、新乡）进行水场强度计算，进而模拟水资源的流向趋势。选取的城市在海河流域中的分布如图 5-4 所示。

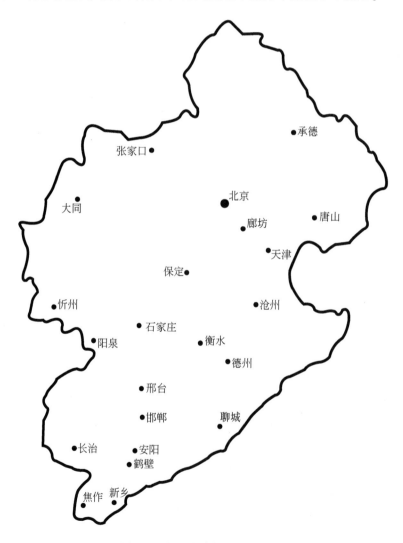

图 5-4 海河流域主要城市分布

1. 海河流域主要城市水荷

对于海河流域主要城市水荷 Q 大小的取值，采用各城市的实际年均需水量来表示。因为城市用水的保障率最高，其用水量和需求量基本相等，所以可以用城市的用水量来作为城市的需水量。根据水资源公报的统计数据，计算得到海河流域 22 个典型城市的2000～2013 年平均用水量数据，见表5-1，城市水荷用城市需水量的体积表示，则各城市水荷 Q 的大小如图5-5 所示。

表 5-1　22 个典型城市的城市需水量

城市	北京市	天津市	石家庄	邢台市	张家口市	沧州市	衡水市
城市需水总量/万 t	146 689.8	69 356.35	29 440.73	8 141.273	9 545.796	5 168.049	3 509.926
水荷 $Q/10^6$ m³	1 466.898	693.563 5	294.407 3	81.412 73	95.457 96	51.680 49	35.099 26
城市	唐山市	邯郸市	保定市	承德市	廊坊市	大同市	忻州市
城市需水总量/万 t	26 945.57	20 191.92	11 773.18	6 357.152	4 474.603	11 274.797	2 123.107
水荷 $Q/10^6$ m³	269.455 7	201.919 2	117.731 8	63.571 52	44.746 03	112.748	21.231
城市	长治市	阳泉市	新乡市	鹤壁市	焦作市	安阳市	德州市
城市需水总量/万 t	8 936.231	5 232.995	11 468.59	4 629.047	9 877.256	14 326.1	7 132.490
水荷 $Q/10^6$ m³	89.362	52.330	114.685 9	46.290 47	98.772 56	143.261	71.325
城市	聊城市						
城市需水总量/万 t	6 446						
水荷 $Q/10^6$ m³	64.460						

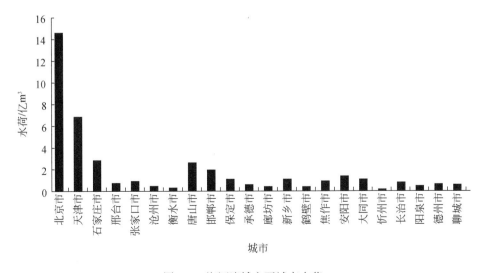

图 5-5　海河流域主要城市水荷

由图 5-5 可以看出，北京的水荷最大，约为 14.67 亿 m³。天津的水荷约为 6.94 亿 m³。北京的水荷约是天津的两倍。而忻州的水荷最小，仅为 0.21 亿 m³，不到北京的 2%。将各个城市的需水情况抽象成需水场的概念作图表示，如图 5-6 所示，用阴影表示水资源需求场。可以看出，邻近城市的水场在一定程度上存在叠加，说明当流域中一定区域范围内的一部分城市群同时处于需水状态时，那么对外界水资源的需水场场强就会叠加后增大。

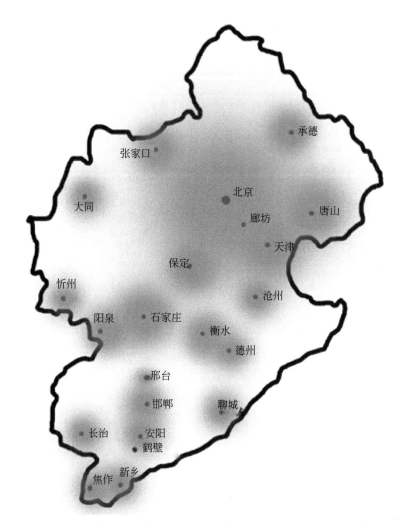

图 5-6　海河流域城市水资源需求场

2. 海河流域水场强度计算

在海河流域上建立平面坐标系，如图 5-7 所示。图 5-7 中每个单元格表示 60km×60km

的流域面积。y 轴指向北边，x 轴指向东边。同时确定 22 个主要城市的坐标，在坐标系中描出，表示为 22 个点水荷。

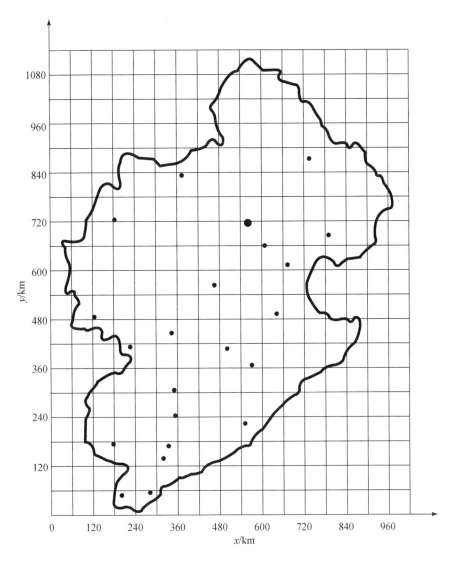

图 5-7　海河流域坐标系

根据式（5-10），用计算机 Java 语言编写了流域网格点的水场强度计算程序。因为已经将流域网格化，所以采用以每个网格点的中心点受到的水场强度来代表整个网格所受到的叠加水场强度。计算程序的输入为各个城市水荷点在流域中的坐标，以及各个城市的水荷大小 Q 及所计算的各个网格中心点坐标。程序的输出为每个网格点受到的叠加水场强度的大小和方向。本次计算暂不考虑介水常数的各向异性，水场常数 k_w 统一取值为 1。将程序计算得到的场强大小数据导入 ArcGIS 进行插值处理，得到流域的水场强度等势图，如

图 5-8 所示。将计算结果运用 Origin 作图软件画出水场分布图，如图 5-9 所示。

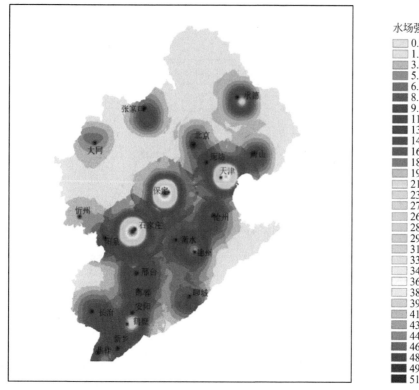

图 5-8 海河流域水场强度等势图

从图 5-8 海河流域水场强度等势图中可以看出，城市水荷大的城市，水场强度也较大。在天津所在地以及周边区域，水场强度较大。另外，石家庄、保定这两个城市的水场强度也较大。从等势图中可以看出，计算所得的水场强度分布在北京并没有出现较大值，而在天津、石家庄、保定出现了较大值。出现这样结果的原因可能是：虽然北京需水量是最大的，但是在处理计算时，选取的是网格计算方法。网格划分中，我们选取网格中心点受到的场强来代表整个网格受到的场强。这里会出现一些"奇点"，即当计算网格中心点与某个城市距离很近时，通过场强计算公式得到的场强将会非常大。同时，场的概念是连续的，而本章采取的方法是用城市点来展布计算，这样会在连续性上出现一定偏差。城市水资源需求场相互叠加，形成区域的水场。例如，北京、廊坊、天津形成了城市群，在这三个城市周边场强较大。这就是场强叠加的效果，一定区域内的水场强度相互叠加，形成更大的对水资源的吸引力。另外，石家庄和保定两个城市由于距离较远，场强叠加程度较小。而海河流域南部城市邢台、邯郸等周边城市形成了叠加的水资源需求场。同理，从整个海河流域的角度来看，海河流域的各个城市的水场强度相互叠加，对于海河流域以外的

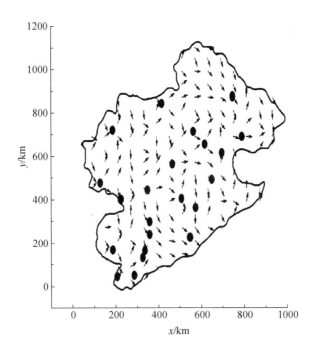

图 5-9　海河流域水场分布图（60km×60km）

水资源便形成了吸引力。如果海河流域自身无法满足流域内城市的需水要求，则需要从流域外调用水资源。

　　海河流域水场分布图中（图 5-9），黑色的点表示海河流域城市所在的位置，箭头表示的是水资源的流动方向。从图 5-9 中可以看出，水资源大体呈现向城市流动的趋势，即可以抽象地理解为城市由于需水，将水资源从周边地区吸引过来，水资源流向了需水城市。但是我们可以看到，有些箭头的方向并没有较合理地流向城市。可能的原因是计算单元过大，不够精细划分。另外可能的原因是城市选取过少，不能充分体现整个流域实际场的情况。

　　为提高计算结果的精度，将海河流域的坐标划分细化成 10km×10km 的坐标系，用计算程序计算出流域场强之后用 Origin 作图软件画出海河流域水场分布图，如图 5-10 所示。

　　由图 5-10 可知，细化流域网格后流域的水资源流向标识也得到细化。水资源流动的方向集中向城市。在城市水资源需求场的影响下，水资源受到城市水资源需求场的作用力，存在向城市流动的趋势。在城市所在位置，箭头集中指向城市点。流域边缘的水流也指向流域内部。但是仍然有一些箭头方向较不合理，主要原因可能与网格点的空间分辨精度有关，还与介水常数的空间变异性相关，因此本次计算将介水常数取为定值。另外一些城市的水荷过大，对远距离的水资源存在一定影响。从总体上来看，在水场作

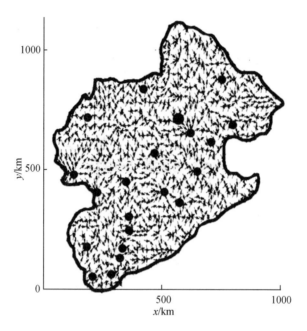

图 5-10　海河流域水场分布图（10km×10km）

用下，水资源的流动趋势具有一定的规律性，且基本符合现实中的水循环流动方向。

5.2.2　海河流域所选水库及湖泊供水情况

1. 所选水库及湖泊的主要供水城市

为了验证由城市水资源需求场理论得到的计算结果的合理程度，将海河流域实际水资源城市供给分布与水场水资源分布进行对比分析。对于海河流域实际水资源城市供给分布，采用海河流域主要水库来确定海河流域水资源在各个城市的供给分布和供给方向。

本节选取海河流域六个子流域的 33 座具有代表性的大中型水库以及一个湖泊进行海河流域的实际水资源城市供水分布研究分析，如图 5-11 所示。

海河流域的大中型水库基本上都是集防洪、灌溉、供水于一体的水利工程。水库的供水具有一定范围，多是供给周边城市的工业、生活以及少部分农业灌溉用水。海河流域水库和湖泊的主要供给城市见表 5-2。

根据海河流域各个水库及湖泊的主要供给城市，画出海河流域水库及湖泊水资源城市供给分布图，如图 5-12 所示。

图 5-11 海河流域水库及湖泊分布图

表 5-2　海河流域水库及湖泊主要供水城市

水库或湖泊	潘家口水库	庙宫水库	大黑汀水库	陡河水库	洋河水库	桃林口水库	怀柔水库	云州水库	邱庄水库
供水城市	天津、唐山	承德	天津、唐山	唐山	唐山	唐山	北京	张家口	唐山
水库或湖泊	于桥水库	白河堡水库	十三陵水库	官厅水库	册田水库	东榆林水库	镇子梁水库	壶流河水库	王快水库
供水城市	天津	北京	北京	北京	大同、北京	大同、北京	大同	北京	保定、北京
水库或湖泊	西大洋水库	安各庄水库	岳城水库	关河水库	漳泽水库	小南海水库	大浪淀水库	丁东水库	东武仕水库
供水城市	保定、北京	保定、北京	邯郸、安阳	长治	长治	安阳	沧州	德州	邯郸
水库或湖泊	临城水库	朱庄水库	岗南水库	黄壁庄水库	郭庄水库	北大港水库	衡水湖		
供水城市	邢台	邢台	石家庄	石家庄	阳泉	天津	衡水		

2. 计算结果与实际供水分布对比分析

将海河流域由需水场理论计算得到的水资源流动方向与实际海河流域水库供水方向进行对比分析。图 5-13 中，黑色的点表示海河流域典型城市所在的位置，红色的点表示海河流域主要大中型水库和湖泊的位置。黑色箭头表示水资源需水场计算得到的水资源流动趋势，蓝色箭头表示海河流域实际水库供水方向。

由图 5-13 可以看出，由水资源需水场计算得到的水资源流动趋势与海河流域实际水库供水方向基本一致。黑色箭头表示的需水场计算结果的指示方向与蓝色箭头表示的实际水库供水方向大致相符合。蓝色箭头表示的实际供水方向体现了在现有供水水源和供水通道的情况下，水资源的流动分布。黑色箭头表示的是理想情况下，即假定水源充足且具备输送水资源的通道，水资源的流动分布。由此说明，水资源需水场的计算结果具有一定的准确性，能够较好地体现水资源的流动趋势。但是，由于水资源需水场的计算仅考虑的是通过城市需求大小，并未考虑实际水资源输送的合理性。例如，城市对某一方向的水资源有吸引力，但是在这一方向并没有可以输送的水资源或者可以输送水资源的通道，则该方向的水资源无法输送给该城市。另外，这个场强计算结果仅仅考虑平面的城市需水场的作用，是单方面的影响，并未考虑重力场的作用影响。

5.2.3　海河流域需水场与重力场耦合

为了对水资源的流动方向进行耦合分析，拟将需水场和重力场结合起来进行研究分析。需水场的作用方向是在水平面上，而重力场的作用方向是垂直于水平面。这使得二者的结合有较大的难度。受水资源在重力场中的运动的启发，水资源在需水场的作用下会沿

图 5-12　海河流域水库及湖泊供水分布图

着一定方向流动，相当于从需水势高的地方流向需水势低的地方。而需水势在平面上各个点是不同的，相当于平面上的各个点的"需水高程"是不一样的。水资源从"需水高程"高的地方流向"需水高程"低的地方。如果能够建立需水场的需水高程，那么就能够等效地与重力场的高程结合，从而进行耦合分析。

　　重力场对水资源的重力作用沿着坡度方向是有分量的，坡度方向的分量又能够分解到

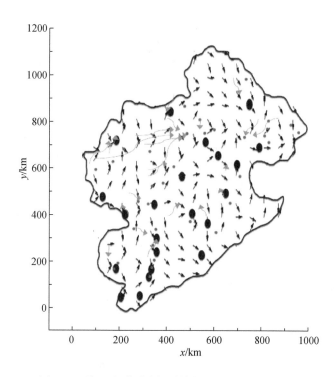

图 5-13　海河流域需水场计算与实际供水方向对比

平面上，因此，重力能够分解到水平方向，与城市需水场产生的吸引力进行叠加。同理，城市需水场的场强能够通过等效转换，转换成垂直于水平方向指向地心，作为与重力场方向相同的势能场。

首先考虑通过各点场强方向以及大小算出各点对周边网格点的坡度，再根据网格点之间的距离算出两点之间的高差。各个网格点可以通过周边拓扑进行计算，从而得到需水场强的高程图。然而这种方法类似于水动力学中的反问题，没有现成的方法，计算结果较难得到，因此考虑另辟蹊径。5.2.1 节已经得到海河流域的需水场场强等势图。该等势图描述了在海河流域上各个点的需水强度的大小。在需水强度大的地方，其需水程度大，会将周边需水强度小的地方的水资源吸引过来，那么对于一个区域来说，区域的需水强度大则对周边区域需水强度小的地区的水资源有一定的吸引力。需水强度大的地区相当于处于某种程度上的"低洼地区"。而需水强度小的地区相当于处于地势较高的地方。这个需水场场强的等势图可以通过一定转换被看作是需水场的"需水高程"。该"需水高程"与实际的地理高程有一定的相似性。需水场场强转化成"需水高程"的概念需要通过当量来转化。通过选择合适的当量转换系数，能够将需水场场强的概念用地理高程的原理来解释，即水资源是从高程较高的地方流向高程较低的地方。

由 5.2.1 节计算得到的海河流域需水场场强的单位是 $kg/(m^2 \cdot s^2)$，地理高程的单位是 m。为了分析需水场场强和地理高程对水资源流动的影响，需要将需水场场强进行等效转换成"需水高程"。通过当量转换系数 α 将需水场场强转换成"需水高程"。当量转换系数 α 的单位为 $m^3 \cdot s^2/kg$，转换公式为

$$H_E = E \times \alpha \tag{5-12}$$

式中，H_E 为"需水高程"；E 为需水场场强；α 为当量转换系数。

需水场场强在越需水的地区越大，那么其"需水高程"在越需水的地区越小，因此当量转换系数 α 为负值。为了得到较合理的当量转换系数 α，需要通过数值试验的方式，取不同大小的当量转换系数转换后进行分析，最后得到当量转换系数 α 的合理范围。由 5.2.1 节的需水场场强计算结果得到需水场场强的数量级为 10^{-2}。而海河流域的最大高程数量级为 10^3，故当量转换系数最高可以达到 10^5。当量转换系数取值见表 5-3。

表 5-3 当量转换系数取值

当量转换系数 α	−100	−1 000	−10 000	−20 000	−30 000	−50 000	−100 000

1. 分析处理方法

采用 ArcGIS 对需水场场强与地理高程进行叠加分析。首先将场强计算得到的网格值输入 ArcGIS，每个值代表该网格的场强大小。对需水场场强进行当量转换，得到各个网格的"需水高程"。之后通过克里金（Kriging）插值，利用网格点的"需水高程"得到整个海河流域的需水高程图。最后通过栅格计算器将海河流域 DEM 的地理高程与计算得到的"需水高程"进行叠加。最终得到需水场场强与地理高程相结合之后的新的海河流域 DEM。在得到海河流域的叠加高程之后，通过 ArcGIS 中的填注，提取水流方向，进行水流汇集及流域汇水分析提取，得到不同当量转换系数操作后的海河流域河网分布。

2. 海河流域高程及叠加计算结果

对海河流域原本 DEM 进行高程划分，如图 5-14 所示，海河流域 DEM 范围为−212 ~ 3091m。海河流域西北地区为山区，高程较高且高程分布较细。而海河流域的中部及东南部则为平原地区，高程相差不大，保持在海拔 100m 及以下。将海河流域的实际 DEM 作为参考量，与之后叠加上"需水高程"后的 DEM 进行对分析。

通过不同的当量转换系数，将海河流域的需水场场强进行转换，得到不同的海河流域高程叠加结果。为了选取合理的当量转换系数 α，本节进行小型的数值实验，根据高程叠加结果，选取当量转换系数的合理数量级。

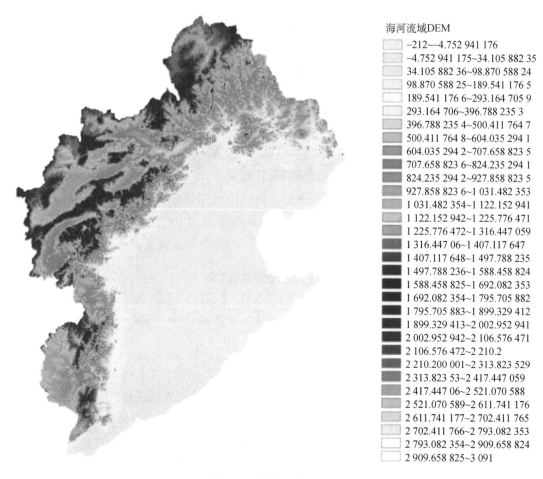

海河流域DEM
- ☐ -212~4.752 941 176
- ☐ -4.752 941 175~34.105 882 35
- ☐ 34.105 882 36~98.870 588 24
- ☐ 98.870 588 25~189.541 176 5
- ☐ 189.541 176 6~293.164 705 9
- ☐ 293.164 706~396.788 235 3
- ☐ 396.788 235 4~500.411 764 7
- ☐ 500.411 764 8~604.035 294 1
- ☐ 604.035 294 2~707.658 823 5
- ☐ 707.658 823 6~824.235 294 1
- ☐ 824.235 294 2~927.858 823 5
- ☐ 927.858 823 6~1 031.482 353
- ☐ 1 031.482 354~1 122.152 941
- ☐ 1 122.152 942~1 225.776 471
- ☐ 1 225.776 472~1 316.447 059
- ☐ 1 316.447 06~1 407.117 647
- ☐ 1 407.117 648~1 497.788 235
- ☐ 1 497.788 236~1 588.458 824
- ☐ 1 588.458 825~1 692.082 353
- ☐ 1 692.082 354~1 795.705 882
- ☐ 1 795.705 883~1 899.329 412
- ☐ 1 899.329 413~2 002.952 941
- ☐ 2 002.952 942~2 106.576 471
- ☐ 2 106.576 472~2 210.2
- ☐ 2 210.200 001~2 313.823 529
- ☐ 2 313.823 53~2 417.447 059
- ☐ 2 417.447 06~2 521.070 588
- ☐ 2 521.070 589~2 611.741 176
- ☐ 2 611.741 177~2 702.411 765
- ☐ 2 702.411 766~2 793.082 353
- ☐ 2 793.082 354~2 909.658 824
- ☐ 2 909.658 825~3 091

图 5-14　海河流域 DEM

考虑到北京市是我国首都，且人口众多，需求强大，北京市的需水量应该是全国最大的，因此，北京市产生的水场强度应当较大，且北京和天津两个大都市形成了城市需水场场强叠加效应。为了进行海河流域需水强度和地理高程的叠加处理，根据 5.2.1 节的计算结果将北京市及其周边的水场强度进行调整。

1）当量转换系数为-100 和-1000

当当量转换系数为-100 和-1000 时，海河流域的"需水高程"的数量级分别为 1m 和 10m，叠加上海河流域的地理高程后，对原本的地理高程分布没有多大的影响，海河流域的高程分布与原本的高程分布并没有较大区别，如图 5-15 和图 5-16 所示。

2）当量转换系数为-10 000、-20 000、-30 000 和-50 000

当当量转换系数为-10 000 时，如图 5-17 所示。海河流域在中部、东部和南部平原区域出现了明显的高程分布，图 5-17 中平原区出现几片较为低谷的地区，这就是叠加了

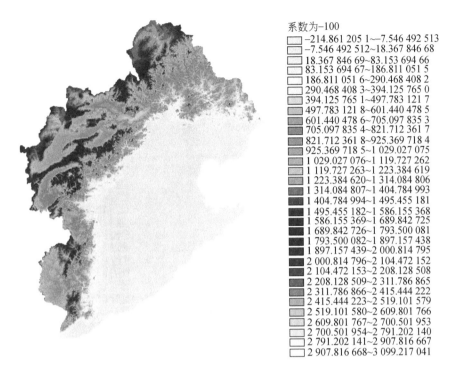

系数为-100
-214.861 205 1~-7.546 492 513
-7.546 492 512~18.367 846 68
18.367 846 69~83.153 694 66
83.153 694 67~186.811 051 5
186.811 051 6~290.468 408 2
290.468 408 3~394.125 765 0
394.125 765 1~497.783 121 7
497.783 121 8~601.440 478 5
601.440 478 6~705.097 835 3
705.097 835 4~821.712 361 7
821.712 361 8~925.369 718 4
925.369 718 5~1 029.027 075
1 029.027 076~1 119.727 262
1 119.727 263~1 223.384 619
1 223.384 620~1 314.084 806
1 314.084 807~1 404.784 993
1 404.784 994~1 495.455 181
1 495.455 182~1 586.155 368
1 586.155 369~1 689.842 725
1 689.842 726~1 793.500 081
1 793.500 082~1 897.157 438
1 897.157 439~2 000.814 795
2 000.814 796~2 104.472 152
2 104.472 153~2 208.128 508
2 208.128 509~2 311.786 865
2 311.786 866~2 415.444 222
2 415.444 223~2 519.101 579
2 519.101 580~2 609.801 766
2 609.801 767~2 700.501 953
2 700.501 954~2 791.202 140
2 791.202 141~2 907.816 667
2 907.816 668~3 099.217 041

图 5-15　当量转换系数为-100 时的海河流域 DEM

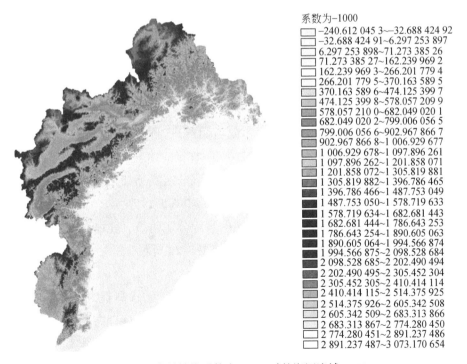

系数为-1000
-240.612 045 3~-32.688 424 92
-32.688 424 91~6.297 253 897
6.297 253 898~71.273 385 26
71.273 385 27~162.239 969 2
162.239 969 3~266.201 779 4
266.201 779 5~370.163 589 5
370.163 589 6~474.125 399 7
474.125 399 8~578.057 209 9
578.057 210 0~682.049 020 1
682.049 020 2~799.006 056 5
799.006 056 6~902.967 866 7
902.967 866 8~1 006.929 677
1 006.929 678~1 097.896 261
1 097.896 262~1 201.858 071
1 201.858 072~1 305.819 881
1 305.819 882~1 396.786 465
1 396.786 466~1 487.753 049
1 487.753 050~1 578.719 633
1 578.719 634~1 682.681 443
1 682.681 444~1 786.643 253
1 786.643 254~1 890.605 063
1 890.605 064~1 994.566 874
1 994.566 875~2 098.528 684
2 098.528 685~2 202.490 494
2 202.490 495~2 305.452 304
2 305.452 305~2 410.414 114
2 410.414 115~2 514.375 925
2 514.375 926~2 605.342 508
2 605.342 509~2 683.313 866
2 683.313 867~2 774.280 450
2 774.280 451~2 891.237 486
2 891.237 487~3 073.170 654

图 5-16　当量转换系数为-1000 时的海河流域 DEM

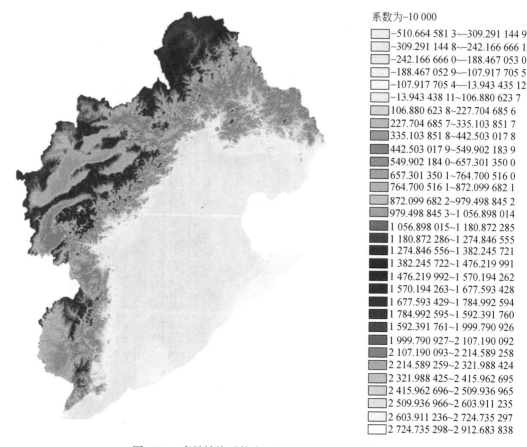

系数为-10 000
- -510.664 581 3~-309.291 144 9
- -309.291 144 8~-242.166 666 1
- -242.166 666 0~-188.467 053 0
- -188.467 052 9~-107.917 705 5
- -107.917 705 4~-13.943 435 12
- -13.943 438 11~106.880 623 7
- 106.880 623 8~227.704 685 6
- 227.704 685 7~335.103 851 7
- 335.103 851 8~442.503 017 8
- 442.503 017 9~549.902 183 9
- 549.902 184 0~657.301 350 0
- 657.301 350 1~764.700 516 0
- 764.700 516 1~872.099 682 1
- 872.099 682 2~979.498 845 2
- 979.498 845 3~1 056.898 014
- 1 056.898 015~1 180.872 285
- 1 180.872 286~1 274.846 555
- 1 274.846 556~1 382.245 721
- 1 382.245 722~1 476.219 991
- 1 476.219 992~1 570.194 262
- 1 570.194 263~1 677.593 428
- 1 677.593 429~1 784.992 594
- 1 784.992 595~1 592.391 760
- 1 592.391 761~1 999.790 926
- 1 999.790 927~2 107.190 092
- 2 107.190 093~2 214.589 258
- 2 214.589 259~2 321.988 424
- 2 321.988 425~2 415.962 695
- 2 415.962 696~2 509.936 965
- 2 509.936 966~2 603.911 235
- 2 603.911 236~2 724.735 297
- 2 724.735 298~2 912.683 838

图 5-17 当量转换系数为-10 000 时的海河流域 DEM

"需水高程"后出现的需水城市区。叠加高程后海河流域的最低点高程约为-510m，最高点高程约为 2912m。

当当量转换系数为-20 000 时，海河流域的高程分区逐渐清晰。叠加高程后海河流域最低点高程约为-893m，最高点高程约为 2720m，如图 5-18 所示。

当当量转换系数为-30 000 时，海河流域的高程分区逐渐细化。叠加高程后海河流域最低点高程约为-1274m，最高点高程约为 2559m，如图 5-19 所示。

当当量转换系数为-50 000 时，海河流域的高程分区明显。叠加高程后海河流域最低点高程约为-2050m，最高点高程约为 2371m，如图 5-20 所示。

3）当量转换系数为-100 000

当当量转换系数的取值为-100 000 时，海河流域的"需水高程"的数量级为 1000m，海河流域的高程最高数量级也是 1000m，故叠加上海河流域的地理高程后，海河流域的高程分布与原本的高程分布有巨大的差别。但是，这样的高程分布不符合实际，叠加后海河流域最低点高程约为-3997m，最高点高程约为 1990m，如图 5-21 所示。

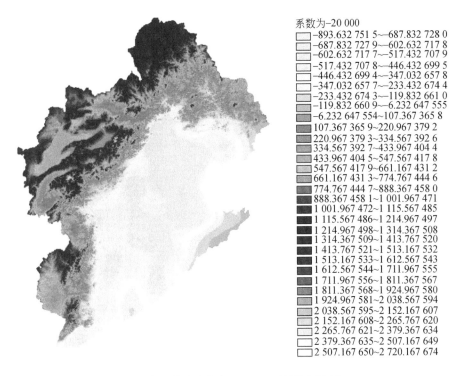

系数为-20 000
□ -893.632 751 5~-687.832 728 0
□ -687.832 727 9~-602.632 717 8
□ -602.632 717 7~-517.432 707 9
□ -517.432 707 8~-446.432 699 5
□ -446.432 699 4~-347.032 657 8
□ -347.032 657 7~-233.432 674 4
□ -233.432 674 3~-119.832 661 0
□ -119.832 660 9~-6.232 647 555
■ -6.232 647 554~107.367 365 8
■ 107.367 365 9~220.967 379 2
■ 220.967 379 3~334.567 392 6
□ 334.567 392 7~433.967 404 4
□ 433.967 404 5~547.567 417 8
□ 547.567 417 9~661.167 431 2
■ 661.167 431 3~774.767 444 6
■ 774.767 444 7~888.367 458 0
■ 888.367 458 1~1 001.967 471
■ 1 001.967 472~1 115.567 485
■ 1 115.567 486~1 214.967 497
■ 1 214.967 498~1 314.367 508
■ 1 314.367 509~1 413.767 520
■ 1 413.767 521~1 513.167 532
■ 1 513.167 533~1 612.567 543
■ 1 612.567 544~1 711.967 555
■ 1 711.967 556~1 811.367 567
■ 1 811.367 568~1 924.967 580
■ 1 924.967 581~2 038.567 594
□ 2 038.567 595~2 152.167 607
□ 2 152.167 608~2 265.767 620
□ 2 265.767 621~2 379.367 634
□ 2 379.367 635~2 507.167 649
□ 2 507.167 650~2 720.167 674

图 5-18　当量转换系数为-20 000 时的海河流域 DEM

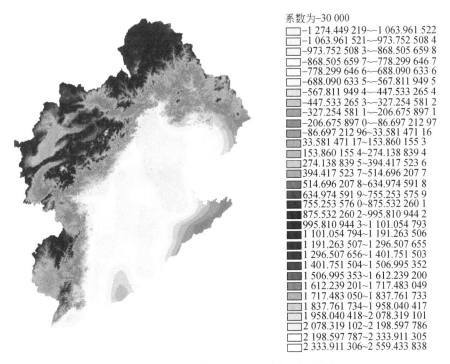

系数为-30 000
□ -1 274.449 219~-1 063.961 522
□ -1 063.961 521~-973.752 508 4
□ -973.752 508 3~-868.505 659 8
□ -868.505 659 7~-778.299 646 7
□ -778.299 646 6~-688.090 633 6
□ -688.090 633 5~-567.811 949 5
□ -567.811 949 4~-447.533 265 4
■ -447.533 265 3~-327.254 581 2
■ -327.254 581 1~-206.675 897 1
■ -206.675 897 0~-86.697 212 97
■ -86.697 212 96~33.581 471 16
□ 33.581 471 17~153.860 155 3
□ 153.860 155 4~274.138 839 4
□ 274.138 839 5~394.417 523 6
■ 394.417 523 7~514.696 207 7
■ 514.696 207 8~634.974 591 8
■ 634.974 591 9~755.253 575 9
■ 755.253 576 0~875.532 260 1
■ 875.532 260 2~995.810 944 2
■ 995.810 944 3~1 101.054 793
■ 1 101.054 794~1 191.263 506
■ 1 191.263 507~1 296.507 655
■ 1 296.507 656~1 401.751 503
■ 1 401.751 504~1 506.995 352
■ 1 506.995 353~1 612.239 200
■ 1 612.239 201~1 717.483 049
■ 1 717.483 050~1 837.761 733
□ 1 837.761 734~1 958.040 417
□ 1 958.040 418~2 078.319 101
□ 2 078.319 102~2 198.597 786
□ 2 198.597 787~2 333.911 305
□ 2 333.911 306~2 559.433 838

图 5-19　当量转换系数为-30 000 时的海河流域 DEM

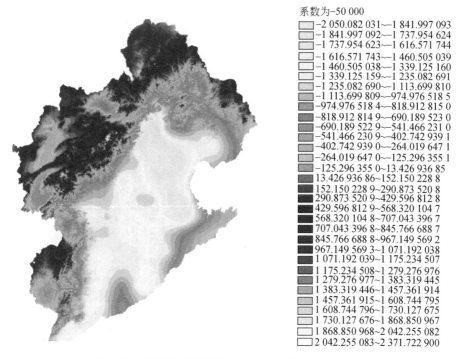

系数为-50 000
- -2 050.082 031~-1 841.997 093
- -1 841.997 092~-1 737.954 624
- -1 737.954 623~-1 616.571 744
- -1 616.571 743~-1 460.505 039
- -1 460.505 038~-1 339.125 160
- -1 339.125 159~-1 235.082 691
- -1 235.082 690~-1 113.699 810
- -1 113.699 809~-974.976 518 5
- -974.976 518 4~-818.912 815 0
- -818.912 814 9~-690.189 523 0
- -690.189 522 9~-541.466 231 0
- -541.466 230 9~-402.742 939 1
- -402.742 939 0~-264.019 647 1
- -264.019 647 0~-125.296 355 1
- -125.296 355 0~13.426 936 85
- 13.426 936 86~152.150 228 8
- 152.150 228 9~290.873 520 8
- 290.873 520 9~429.596 812 8
- 429.596 812 9~568.320 104 7
- 568.320 104 8~707.043 396 7
- 707.043 396 8~845.766 688 7
- 845.766 688 8~967.149 569 2
- 967.149 569 3~1 071.192 038
- 1 071.192 039~1 175.234 507
- 1 175.234 508~1 279.276 976
- 1 279.276 977~1 383.319 445
- 1 383.319 446~1 457.361 914
- 1 457.361 915~1 608.744 795
- 1 608.744 796~1 730.127 675
- 1 730.127 676~1 868.850 967
- 1 868.850 968~2 042.255 082
- 2 042.255 083~2 371.722 900

图 5-20　当量转换系数为-50 000 时的海河流域 DEM

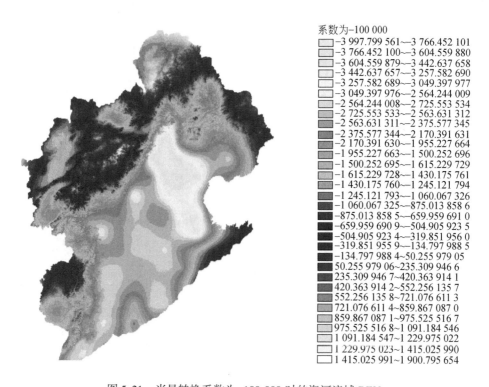

系数为-100 000
- -3 997.799 561~-3 766.452 101
- -3 766.452 100~-3 604.559 880
- -3 604.559 879~-3 442.637 658
- -3 442.637 657~-3 257.582 690
- -3 257.582 689~-3 049.397 977
- -3 049.397 976~-2 564.244 009
- -2 564.244 008~-2 725.553 534
- -2 725.553 533~-2 563.631 312
- -2 563.631 311~-2 375.577 345
- -2 375.577 344~-2 170.391 631
- -2 170.391 630~-1 955.227 664
- -1 955.227 663~-1 500.252 696
- -1 500.252 695~-1 615.229 729
- -1 615.229 728~-1 430.175 761
- -1 430.175 760~-1 245.121 794
- -1 245.121 793~-1 060.067 326
- -1 060.067 325~-875.013 858 6
- -875.013 858 5~-659.959 691 0
- -659.959 690 9~-504.905 923 5
- -504.905 923 4~-319.851 956 0
- -319.851 955 9~-134.797 988 5
- -134.797 988 4~-50.255 979 05
- 50.255 979 06~235.309 946 6
- 235.309 946 7~420.363 914 1
- 420.363 914 2~552.256 135 7
- 552.256 135 8~721.076 611 3
- 721.076 611 4~859.867 087 0
- 859.867 087 1~975.525 516 7
- 975.525 516 8~1 091.184 546
- 1 091.184 547~1 229.975 022
- 1 229.975 023~1 415.025 990
- 1 415.025 991~1 900.795 654

图 5-21　当量转换系数为-100 000 时的海河流域 DEM

从图 5-21 中可以看出，经过高程叠加之后，海河流域的高程相当于在平原地区进行重布。原本海河中部及东南部平原地区在叠加了"需水高程"之后，出现了几个明显的高程低谷。叠加操作相当于在原有的高程基础上，在需水强度大的地方，高程相对降低得多，而在需水强度小的地方，高程相对降低得少。

从以上研究中应用不同当量转换系数后得到的海河流域叠加高程结果来看，当量转换系数的数量级在 10 000 较为合理。其中，当当量转换系数为 –10 000 和 –20 000 时的高程叠加结果相对合理。当量转换系数的具体取值还需要进行更加严密和细致的数值实验，并结合实际情况得出。

3. 海河流域汇水对比分析

本节通过提取不同叠加程度的海河流域 DEM 进行水系汇水分析，与海河流域实际的汇水情况进行对比，探究将地理高程与需水高程叠加之后的汇水变化情况。

海河流域实际的汇水情况如图 5-22 所示。由图 5-22 可以看出，海河流域实际汇水情

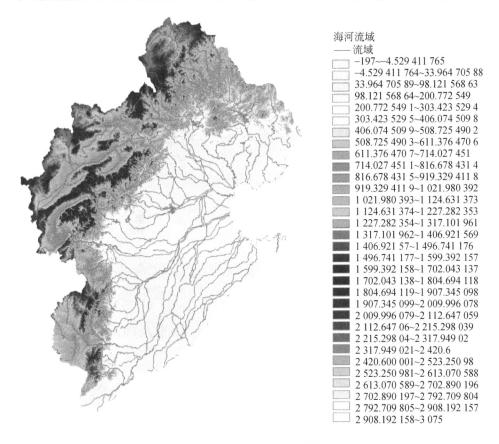

图 5-22　海河流域汇水情况

况主要受到重力场的作用。水资源由地理高程高的地区流向地理高程较低的地区。在海河流域西北部山区，水资源向山谷汇集，到海河流域中部及东南部，形成主要的水系。

将 5.2.3 节中得到的不同叠加程度的海河流域 DEM 进行流域汇水分析，得到不同当量转换系数处理后的海河流域河网分布，如图 5-23～图 5-27 所示。

叠加了需水高程后海河流域的汇水情况发生变化，在叠加高程后，低洼地区产生了水流汇集。山区的水流汇集并未发生较大变化，而平原区的水流汇集与实际海河流域的水流汇集情况不同。

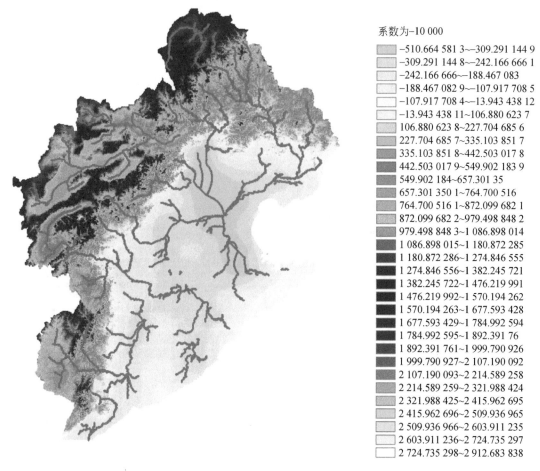

系数为-10 000
- −510.664 581 3～−309.291 144 9
- −309.291 144 8～−242.166 666 1
- −242.166 666～−188.467 083
- −188.467 082 9～−107.917 708 5
- −107.917 708 4～−13.943 438 12
- −13.943 438 11～106.880 623 7
- 106.880 623 8~227.704 685 6
- 227.704 685 7~335.103 851 7
- 335.103 851 8~442.503 017 8
- 442.503 017 9~549.902 183 9
- 549.902 184~657.301 35
- 657.301 350 1~764.700 516
- 764.700 516 1~872.099 682 1
- 872.099 682 2~979.498 848 2
- 979.498 848 3~1 086.898 014
- 1 086.898 015~1 180.872 285
- 1 180.872 286~1 274.846 555
- 1 274.846 556~1 382.245 721
- 1 382.245 722~1 476.219 991
- 1 476.219 992~1 570.194 262
- 1 570.194 263~1 677.593 428
- 1 677.593 429~1 784.992 594
- 1 784.992 595~1 892.391 76
- 1 892.391 761~1 999.790 926
- 1 999.790 927~2 107.190 092
- 2 107.190 093~2 214.589 258
- 2 214.589 259~2 321.988 424
- 2 321.988 425~2 415.962 695
- 2 415.962 696~2 509.936 965
- 2 509.936 966~2 603.911 235
- 2 603.911 236~2 724.735 297
- 2 724.735 298~2 912.683 838

图 5-23　海河流域汇水情况（系数为-10 000）

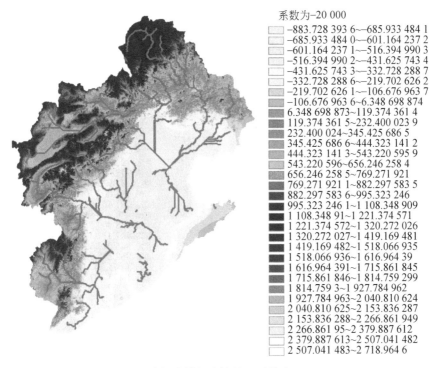

系数为−20 000
- −883.728 393 6~−685.933 484 1
- −685.933 484 0~−601.164 237 2
- −601.164 237 1~−516.394 990 3
- −516.394 990 2~−431.625 743 4
- −431.625 743 3~−332.728 288 7
- −332.728 288 6~−219.702 626 2
- −219.702 626 1~−106.676 963 7
- −106.676 963 6~6.348 698 874
- 6.348 698 873~119.374 361 4
- 119.374 361 5~232.400 023 9
- 232.400 024~345.425 686 5
- 345.425 686 6~444.323 141 2
- 444.323 141 3~543.220 595 9
- 543.220 596~656.246 258 4
- 656.246 258 5~769.271 921
- 769.271 921 1~882.297 583 5
- 882.297 583 6~995.323 246
- 995.323 246 1~1 108.348 909
- 1 108.348 91~1 221.374 571
- 1 221.374 572~1 320.272 026
- 1 320.272 027~1 419.169 481
- 1 419.169 482~1 518.066 935
- 1 518.066 936~1 616.964 39
- 1 616.964 391~1 715.861 845
- 1 715.861 846~1 814.759 299
- 1 814.759 3~1 927.784 962
- 1 927.784 963~2 040.810 624
- 2 040.810 625~2 153.836 287
- 2 153.836 288~2 266.861 949
- 2 266.861 95~2 379.887 612
- 2 379.887 613~2 507.041 482
- 2 507.041 483~2 718.964 6

图 5-24　海河流域汇水情况（系数为−20 000）

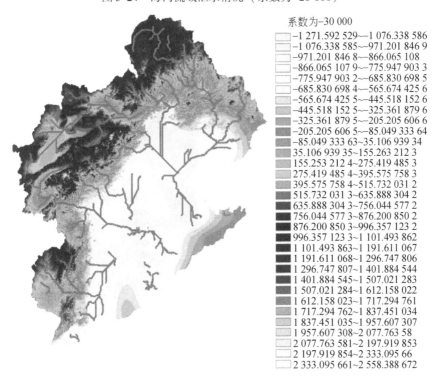

系数为−30 000
- −1 271.592 529~−1 076.338 586
- −1 076.338 585~−971.201 846 9
- −971.201 846 8~−866.065 108
- −866.065 107 9~−775.947 903 3
- −775.947 903 2~−685.830 698 5
- −685.830 698 4~−565.674 425 6
- −565.674 425 5~−445.518 152 6
- −445.518 152 5~−325.361 879 6
- −325.361 879 5~−205.205 606 6
- −205.205 606 5~−85.049 333 64
- −85.049 333 63~−35.106 939 34
- 35.106 939 35~155.263 212 3
- 155.253 212 4~275.419 485 3
- 275.419 485 4~395.575 758 3
- 395.575 758 4~515.732 031 2
- 515.732 031 3~635.888 304 2
- 635.888 304 3~756.044 577 2
- 756.044 577 3~876.200 850 2
- 876.200 850 3~996.357 123 2
- 996.357 123 3~1 101.493 862
- 1 101.493 863~1 191.611 067
- 1 191.611 068~1 296.747 806
- 1 296.747 807~1 401.884 544
- 1 401.884 545~1 507.021 283
- 1 507.021 284~1 612.158 022
- 1 612.158 023~1 717.294 761
- 1 717.294 762~1 837.451 034
- 1 837.451 035~1 957.607 307
- 1 957.607 308~2 077.763 58
- 2 077.763 581~2 197.919 853
- 2 197.919 854~2 333.095 66
- 2 333.095 661~2 558.388 672

图 5-25　海河流域汇水情况（系数为−30 000）

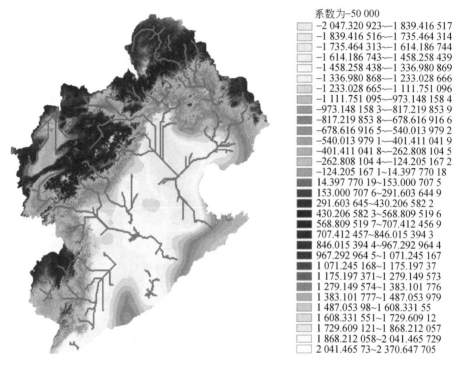

系数为-50 000
- ☐ -2 047.320 923~-1 839.416 517
- ☐ -1 839.416 516~-1 735.464 314
- ☐ -1 735.464 313~-1 614.186 744
- ☐ -1 614.186 743~-1 458.258 439
- ☐ -1 458.258 438~-1 336.980 869
- ☐ -1 336.980 868~-1 233.028 666
- ☐ -1 233.028 665~-1 111.751 096
- ☐ -1 111.751 095~-973.148 158 4
- ☐ -973.148 158 3~-817.219 853 9
- ☐ -817.219 853 8~-678.616 916 6
- ☐ -678.616 916 5~-540.013 979 2
- ☐ -540.013 979 1~-401.411 041 9
- ☐ -401.411 041 8~-262.808 104 5
- ☐ -262.808 104 4~-124.205 167 2
- ☐ -124.205 167 1~-14.397 770 18
- ☐ 14.397 770 19~153.000 707 5
- ☐ 153.000 707 6~291.603 644 9
- ☐ 291.603 645~430.206 582 2
- ☐ 430.206 582 3~568.809 519 6
- ☐ 568.809 519 7~707.412 456 9
- ☐ 707.412 457~846.015 394 3
- ☐ 846.015 394 4~967.292 964 4
- ☐ 967.292 964 5~1 071.245 167
- ☐ 1 071.245 168~1 175.197 37
- ☐ 1 175.197 371~1 279.149 573
- ☐ 1 279.149 574~1 383.101 776
- ☐ 1 383.101 777~1 487.053 979
- ☐ 1 487.053 98~1 608.331 55
- ☐ 1 608.331 551~1 729.609 12
- ☐ 1 729.609 121~1 868.212 057
- ☐ 1 868.212 058~2 041.465 729
- ☐ 2 041.465 73~2 370.647 705

图 5-26　海河流域汇水情况（系数为-50 000）

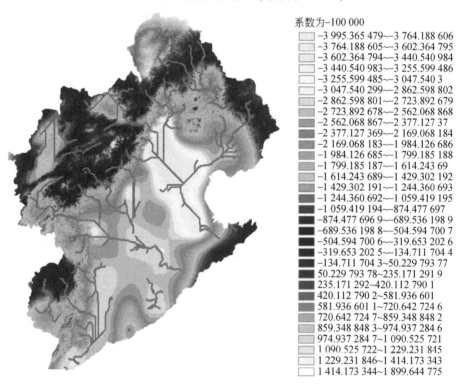

系数为-100 000
- ☐ -3 995.365 479~-3 764.188 606
- ☐ -3 764.188 605~-3 602.364 795
- ☐ -3 602.364 794~-3 440.540 984
- ☐ -3 440.540 983~-3 255.599 486
- ☐ -3 255.599 485~-3 047.540 3
- ☐ -3 047.540 299~-2 862.598 802
- ☐ -2 862.598 801~-2 723.892 679
- ☐ -2 723.892 678~-2 562.068 868
- ☐ -2 562.068 867~-2 377.127 37
- ☐ -2 377.127 369~-2 169.068 184
- ☐ -2 169.068 183~-1 984.126 686
- ☐ -1 984.126 685~-1 799.185 188
- ☐ -1 799.185 187~-1 614.243 69
- ☐ -1 614.243 689~-1 429.302 192
- ☐ -1 429.302 191~-1 244.360 693
- ☐ -1 244.360 692~-1 059.419 195
- ☐ -1 059.419 194~-874.477 697
- ☐ -874.477 696 9~-689.536 198 9
- ☐ -689.536 198 8~-504.594 700 7
- ☐ -504.594 700 6~-319.653 202 6
- ☐ -319.653 202 5~-134.711 704 4
- ☐ -134.711 704 3~50.229 793 77
- ☐ 50.229 793 78~235.171 291 9
- ☐ 235.171 292~420.112 790 1
- ☐ 420.112 790 2~581.936 601
- ☐ 581.936 601 1~720.642 724 6
- ☐ 720.642 724 7~859.348 848 2
- ☐ 859.348 848 3~974.937 284 6
- ☐ 974.937 284 7~1 090.525 721
- ☐ 1 090.525 722~1 229.231 845
- ☐ 1 229.231 846~1 414.173 343
- ☐ 1 414.173 344~1 899.644 775

图 5-27　海河流域汇水情况（系数为-100 000）

将需水高程与自然地理高程相互叠加之后，海河流域的汇水情况发生变化，选取当量转换系数为−10 000 和−20 000 时的汇水情况与海河流域实际的汇水情况进行对比分析，如图 5-28 和图 5-29 所示。

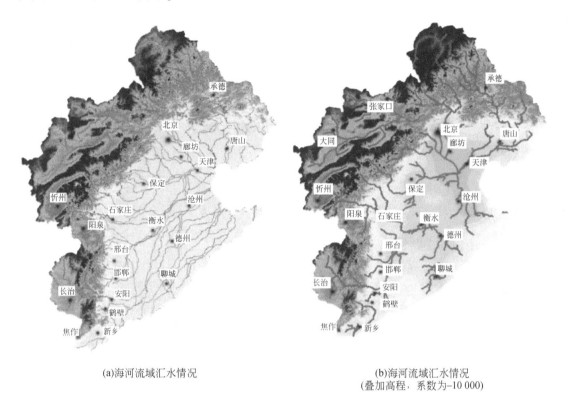

(a)海河流域汇水情况

(b)海河流域汇水情况
(叠加高程，系数为−10 000)

图 5-28　海河流域汇水情况对比（系数为−10 000）

如图 5-28 和图 5-29 所示，海河流域实际汇水情况是根据地理高程而形成的，主要受重力场的作用，即水往低处流。水是从高程高的地方向高程低的地方汇集。而叠加高程后的海河流域汇水情况则同时受到自然端的重力场作用与社会端的城市需水场作用。叠加高程后的海河流域在西北山区地带的水流汇集情况与实际的海河流域山区水流汇集并没有太大区别，均是由明显地势高的地区流向上山谷等地势低的地区。而在中部和东南部的平原地区，需水高程与实际地理高程叠加后的海河流域高程发生明显变化，汇水情况也与海河流域平原区汇水有较大不同。在城市聚集的地区，如北京、廊坊、天津、沧州所在地区以及海河流域南部邢台、邯郸、安阳、鹤壁等城市所在地区，由原本并没有特别水流汇集演变到有明显的水流汇集。由此说明，在城市需水场的作用下，海河流域在这些城市所在地区形成了需水高程低洼处，使得水资源向这些地区汇集，即水资源被这些需水城市吸引过来。正是由于城市水资源需求场的存在，水资源的流动分布发生重新分配。由此体现，城市代表的社会端需水会对流域的水资源分布产生一定影响。单个城市处于需水状态，对需

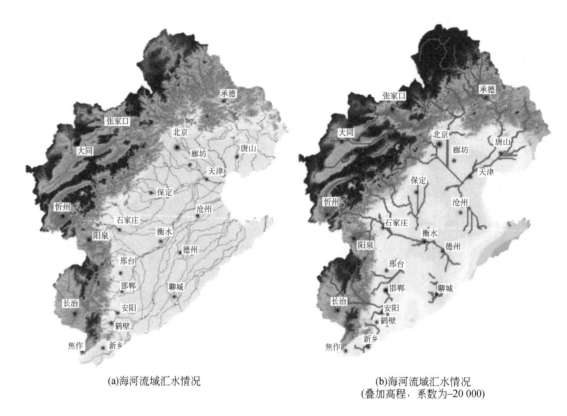

(a)海河流域汇水情况　　　　　　　　　(b)海河流域汇水情况
　　　　　　　　　　　　　　　　　　　(叠加高程，系数为−20 000)

图 5-29　海河流域汇水情况对比（系数为−20 000）

水高程的影响范围较小。当一定区域内的一些城市群同时处于需水状态时，它们对于周边需水高程的影响范围将会扩大，相互连通成需水高程低洼地区。原本由自然地理高程决定的水流流向逐渐演变成受到自然−社会二元驱动影响。水资源的汇集、分配也进一步演变更新。

　　叠加水场造成的海河流域汇水情况的改变，从一定角度上来讲是人类活动的结果。城市作为社会的单元，由于需水的要求，将水资源吸引过来。而在海河流域，人类通过一系列的调水工程，将远距离的水调至需水地区供其使用。为了对比需水场影响下的水资源汇水分配情况与实际调水工程的线路，本节将用当量转换系数−10 000 转换后所得到的海河流域汇水情况与实际调水工程的线路作图，如图 5-30 所示。

　　在海河流域存在三处主要的调水工程，分别是南水北调东线工程、南水北调中线工程及引滦入津工程。在南水北调中线工程沿线城市，叠加场之后的海河流域也沿着这些城市产生汇水。南水北调东线工程主要是沿着海河流域东部城市流向天津。引滦入津工程将滦河水引入天津市，在叠加场中，水资源也由于需水高程叠加，流入北京、廊坊、天津所形成的需水低洼地区。

图 5-30　叠加重力场与需水场汇水情况与调水工程对比

4. 当量转化系数确定的能源思路

为了确定合理的当量转换系数将水资源需水场场强转换成需水高程,本节从能源的角度进行探究。通过转换得到的需水高程与实际地理高程相互叠加后在一些城市地区出现了地势低洼地区。从能源的角度考虑,在水资源需求场中,当城市对水资源有吸引力时,通过能源的输入将水资源吸引到城市中。而由于城市需水情况产生的需水低洼处,相当于城市处于需水状态,将低于海平面的水吸引上来。本节希望通过能量的角度来初步判断当量转换系数的取值。通过克服重力提升水资源做功的方式来计算城市由于处于需水状态从外部获取水资源所消耗的能量。对于北京市来说,北京市的需水量就是北京市需要吸引的水量。北京市在叠加的流域高程中所处的高程与海平面的差值就代表了北京市这些水资源需要克服重力提升的距离。北京市年平均需水量为 146 689.8 亿 t。当当量转换系数为 -10 000 时，通过高程叠加后，北京市的高程大约是 300m。通过做功公式，力与作用距离的乘积为所做的功，即所消耗的能量来计算，得到将北京市所需水量提升 300m 所需要的能量是 11.98 亿 kW·h。通过北京的统计数据得到，北京市年平均电力消耗约为 635.98 亿 kW·h。从而得到，提升水资源所消耗的能源约占北京市电力能源消耗总量的 2%。根据 Griffiths-Sattensiel 和 Wilson（2009）的研究表明，美国有关水资源的电力能源消耗量占全美电力总消耗的 13%。有关水资源的电力能源消耗包括水资源加热、水资源运输、水资源抽取等。因此，从能量的角度来探究当量转换系数是一个可行的研究方向。

5.3　京津冀地区水资源供需结构分析

以二元水循环理论为基础，从水资源的供需平衡方面来探究京津冀地区的自然-社会水循环模式，分析京津冀乃至我国各个地区水资源供需平衡以及需求缺口。首先考虑区域真实生存发展需求的区域供需平衡理念，对水资源需求的实部和虚部及水资源供给的蓝水和绿水资源进行数学解析，以 2015 年的数据为例，通过水资源供需关系核算首先分析全国各省份进口与出口虚拟水的情况，为研究京津冀地区长时间序列的水资源供需结构打下基础；其次探讨近十年来京津冀地区水资源供需结构，以区域水资源总供给减区域水资源真实需求计算出需求缺口。

5.3.1　区域水资源需求量研究方法

本节将区域水资源需求量（总水足迹）分为区域水资源需求的实部与虚部，实部代表区域的生活和生态用水，是区域生存发展的最基本的刚性需求；虚部为支撑生活和生态的生产及服务用水，包括支撑区域的衣食住行各方面的生产服务用水。该方法相对简单，所需的消费量资料可以从统计年鉴上获得，但存在数据不全的缺陷。考虑到研究区域的特点及数据的可获得性，拟采用式（5-13）对京津冀地区水足迹进行计算，计算公式为

$$D = A + B_i \tag{5-13}$$

式中，A 为区域水资源需求的实部（亿 m^3），包括水资源公报中的城镇居民和农村居民生活用水、自然和人工生态环境用水，可由 2007 ~ 2016 年《中国水资源公报》获得；B_i 为区域水资源需求的虚部（亿 m^3），即虚拟水量，根据虚拟水量的计算方法以及前人的研究成果，计算公式为

$$B_i = \sum_{1}^{n} P_i \times \text{VWP}_i \tag{5-14}$$

式中，VWP_i 为第 i 种产品的完全耗水系数，即第 i 种产品或服务的单位虚拟水量；P_i 为产品的消费额。区域水资源虚部包括城镇和农村的食品水足迹、衣着水足迹、居住水足迹和交通通信水足迹，并且计算式只考虑耗水产品费用，去除人员服务费用及大生活（即生活和生态）公共用水已统计部分。

关于完全耗水系数 VWP_i 的计算，首先将直接耗水系数 d_i 定义为 $d_i = W_i/X_i$（许健等，2002），其中 X_i 为第 i 个商品部门的总产出额，W_i 为第 i 个商品部门的新鲜水资源消耗量，其含义为第 i 个商品部门单位产出消耗的新鲜水量。将直接耗水系数的行向量定义为 $D = \{d_i\}_{1 \times n}$。定义用水投入产出的完全需求矩阵为 $B = (E-A)^{-1}$，完全耗水系数矩阵为 $V = D \times B$，间接耗水系数矩阵为 $I = V-D$（廖明球，2009）。其中，E 为单位矩阵，A 为直接消耗矩阵，D 为直接耗水系数的行向量。在计算中按照产品生产的环节进行统计计算，如有并行环节，根据合理比例采用加权分析，各行业完全耗水系数见表5-4。

表 5-4　京津冀地区各行业耗水系数　　　　　　（单位：m^3/万元）

行业部门	完全耗水系数
金属矿采选业	45.3
非金属矿采选业	15.3
纺织业	83.2
服装皮革羽绒及其制品业	51.5
木材加工及家具制造业	40.8
造纸、印刷及文教用品制造业	163.6
非金属矿物制品业	276.9
金属冶炼及压延加工业	1224.0
金属制品业	264.5
通用、专业设备制造业	470.6
交通运输设备制造业	407.5
电气、机械及器材制造业	196.4
通信设备、计算机及其他电子设备制造业	700.4
仪器仪表及文化办公用机械制造业	63.4
其他制造业	22.0
建筑业及其他工业	1979.0
交通运输及仓储业	261.8
邮电业及信息服务软件业	284.2
批发和零售贸易业	143.2
住宿和餐饮业	252.8
房地产业	247.0

行业部门	完全耗水系数
科学研究事业	129.4
教育事业	155.8
卫生体育和社会福利业	199.2
公共管理和社会组织	155.1

关于食品水足迹，单位质量农产品虚拟水含量计算主要根据农作物生长期间的蒸发蒸腾量来估算，一般采用联合国粮食及农业组织（Food and Agriculture Organization of the United Nations，FAO）的 CROPWAT 软件并运用 Penman-Monteith 公式，根据气象条件和作物系数资料，计算不同作物生育期需水量 ET_c。每单位质量动物产品的虚拟水含量皆参考 Chapagain 和 Hoekstra（2004）*Water Footprints of Nations* 中中国动物产品的计算结果。本节对学者们研究的各省份的不同农产品和动物产品虚拟水含量进行了统计，为了简化计算，暂选取全国各地区统一的合理值进行计算（宋智渊等，2015）（表5-5）。

表 5-5 单位农产品和动物产品虚拟水含量　　　　　（单位：m³/kg）

粮食	油	蔬菜	猪肉	牛肉	羊肉	禽类	水产品	蛋类	奶类	瓜果	糖
1.33	3.10	0.32	2.21	12.56	5.20	3.65	5.00	3.55	1.00	0.80	0.93

5.3.2　京津冀水资源需求分析

1. 京津冀大生活用水量

为给京津冀地区长时间序列的水资源供需结构打下基础，首先以 2015 年为典型年份，对全国各省份的水资源供需关系进行核算，分析全国各省份[①]进口与出口虚拟水的情况。

总体来说，2015 年全国大生活用水量（是区域生存发展的最基本的刚性需求，包含城镇和农村居民生活用水、自然和人工生态环境用水）与经济发达水平呈正相关关系，即大生活用水量随着经济水平和人口密集程度的提高而变大。如图 5-31 所示，全国区域需水量实部总体范围在 1.4 亿～103.6 亿 m³，其中广东 2015 年区域需水量实部最多，西藏最少；城镇大生活用水量与农村大生活用水量最大值皆为广东，分别为 86.8 亿 m³ 和 16.8 亿 m³，最小值皆出现在西藏，分别为 0.9 亿 m³ 和 0.5 亿 m³；2015 年，北京天津和河北需

---

① 暂不含港澳台数据，全书同。

水量实部分别为 27.9 亿 m³、7.8 亿 m³ 和 29.4 亿 m³，天津最少，这是因为天津与北京和河北相比人口较少，并且陆域面积小，因此用水量相对两个地区来说较少。

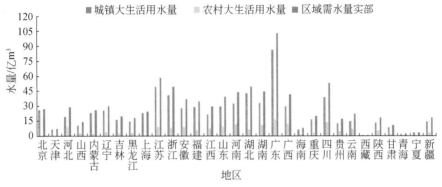

图 5-31　2015 年全国大生活用水量和区域需水量实部

由图 5-32 可知，2007~2016 年京津冀大生活需水量实部整体呈逐年递增趋势，并且不同地区上升特征不同，其中，河北在整个研究区域中需水量实部最多，2011 年以前呈现不稳定上升趋势，并在 2011 年达到一个小高峰，需水量实部为 29.7 亿 m³，2012~2016 年呈现稳步增长态势；北京总体需水量实部介于河北和天津之间，随年际增加大体呈现逐年增长趋势，近 10 年年均需水量实部为 21.95 亿 m³；天津需水量实部在三个地区之中最小，年均需水量实部为 6.74 亿 m³，由 2007 年的 5.3 亿 m³ 增加到 2016 年的 7.9 亿 m³，其中，2011~2013 年为逐年稳步降低的态势，2014 年以后稳步增长。河北一直为用水量最多的地区，其中，涉及农业部分用水量最大，其次是生态环境部门，并且河北是我国农业大省，全国粮油重要产区之一，地理因素决定了河北对北京、天津区域农业支撑功能产生重要影响，在"十一五"规划期间，因为河北农业产量处于历史最高点，该地区用水量在三地用水量中的占比居高不下（刘宁，2016）。

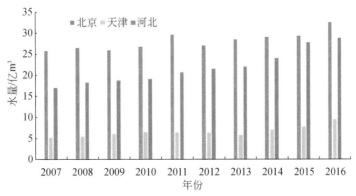

图 5-32　2007~2016 年京津冀地区大生活需水量实部

从以上分析可知,区域水资源需求实部表征的是刚性水资源需求,从图5-31和图5-32可以看出,经济发达度与人口数同该量呈正相关。其中,从城镇大生活需水量来看,由于需水量实部主要表征的是城镇生活和生态需水量,主要与人口有关,一定程度上也与经济发展程度相关,但总体上还是人口占主导因素,该量随着城镇人口和经济的增加而提高;农村大生活用水量规律与城镇大生活用水量类似,与人口和经济发展程度相关,农村人口多和经济发达的地区农村生活用水量普遍较高。

2. 京津冀虚拟水用水量

1)衣着虚拟水含量

虚拟水用水量即支撑大生活的生产及服务用水,包括支撑区域的衣食住行各方面的生产服务用水,下文简称用水量虚部。从图5-33和图5-34可以看出,衣着虚拟水含量中城镇人均衣着消费量明显高于农村人均衣着消费量,虚拟水消费量同衣着消费量对比趋势相同。各地区之间由于受气候和经济条件的影响,人均衣着虚拟水含量略有差异。

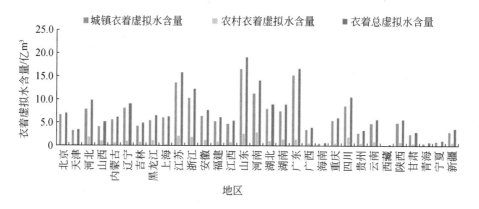

图5-33　2015年全国衣着虚拟水含量

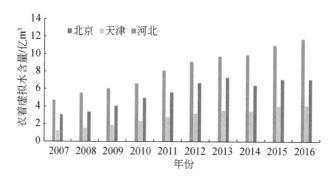

图5-34　2007~2016年京津冀地区衣着虚拟水含量

从图 5-33 可以得出，各地区衣着虚拟水含量存在城乡差异和气候因素，以 2015 年为例，北京市 2015 年城镇居民衣着虚拟水含量为 6.7 亿 m³，农村居民衣着虚拟水含量为 0.4 亿 m³；而海南、广东、广西等地区因气候温暖，衣着消费支出少，人均衣着虚拟水含量较低。

2007～2016 年京津冀衣着虚拟水含量呈现逐年递增的态势，由于人均衣着虚拟水含量差异有限，衣着总水足迹量也与人口相关，人口越多的地区衣着虚拟水含量越高。其中河北衣着虚拟水含量最多，年平均值为 8.27 亿 m³，其次为北京，天津最少，年平均值分别为 5.59 亿 m³ 和 2.83 亿 m³。近年来，衣着消费的变化影响着地区衣着虚拟水含量的增长，21 世纪初期，人们改变了以往以加工布料为主的衣着消费，由单一型向多样型转变的衣着消费开始兴起，如追求款式新潮、品牌高级、样式美观的各式各样的服饰，这样直接导致衣着消费量的增长，因此京津冀地区衣着虚拟水含量逐年增长。

2）食品虚拟水含量

从全国各地区食品虚拟水含量来看，如图 5-35 所示，由于生活水平提高和城乡统筹发展，对于食品的需求，城镇和农村在需求量上的差别并不大，各个区域之间差异也不大，从而相应的人均食品虚拟水含量也基本相近。其中也存在着地区差异，如西藏食品总虚拟水含量较低，但农村人均食品虚拟水含量较高，为 919.31m³，全国农村人均食品虚拟水含量仅为 456.06m³，这是由于居住在西藏地区农村的居民一般以青稞、大米和面粉为主要粮食消费，粮食消费主要依赖本地生产供应，肉类消费也较高，但消费结构单一，以牛肉为主、羊肉为辅。

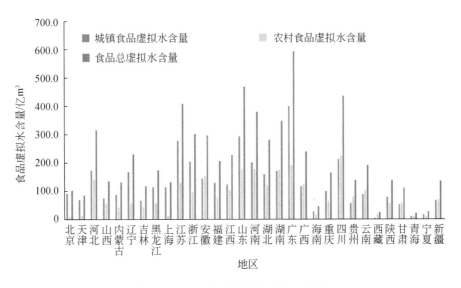

图 5-35　2015 年全国食品虚拟水含量

2007~2016年京津冀食品虚拟水含量整体呈逐年递增的趋势的变化，整个区域年均食品水足迹为148.09亿m³，由于人均食品的虚拟水含量各区域基本相近，区域膳食总水足迹基本与人口呈正相关，从图5-36可以看出，人口越多的省份膳食总水足迹的量越高。河北在三个地区之中食品水足迹最高，年均食品水足迹含量为319.1亿m³，其次是北京，天津最少，两个地区的年平均食品虚拟水含量分别为103.7亿m³和87亿m³。

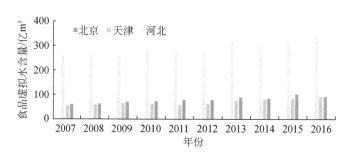

图5-36　2007~2016年京津冀地区食品虚拟水含量

据2007~2016年《中国统计年鉴》关于京津冀地区城乡居民人均主要购买商品数量的统计结果可知，该地区居民以粮食（豆类、薯类、玉米、水稻）、瓜果、油料、蔬菜及食用菌、牛肉、羊肉、猪肉、禽类、蛋类、奶类和水产品等的消费品为主，由此计算出京津冀地区年均食品虚拟水含量构成，三个地区在食品虚拟水含量构成上均属粮食最高，这说明粮食为城乡居民总食品的基础，三个地区粮食虚拟水含量分别为13.32亿m³、12.51亿m³和76.17亿m³，其中河北地区粮食虚拟水含量所占食品的虚拟水含量在三个地区之中最高，并且粮食虚拟水含量占本地区总量的52.48%，禽类、牛肉、羊肉在三个地区所占食品虚拟水含量较低。

越是经济发达的地区膳食水足迹占总的需水量虚部的比例就越小，这与区域恩格尔系数（指居民家庭中食物支出占消费总支出的比例）具有一定的相似性，总体来说，近年来各类食品消费量绝对数随着城乡居民生活水平的不断提高而逐年增大，但粮食等作物型消费量却有所缩减；同时，不断提速的城镇化使城市人口数量显著增加，在其影响下，不仅城市食品虚拟水量有所增加，而且虚拟水消费增长速度也有所加快，居民消费结构也逐渐由单一化趋向多样化，这是京津冀地区食品虚拟水消费量的总体特点。

3）居住虚拟水含量

从全国各地区居住虚拟水含量来看，如图5-37所示，居住虚拟水消费量随着经济发展程度的提高而增加，从而使居民物质越来越丰富；该区域人均居住虚拟水含量则与人口数量呈正相关。对于城镇和农村而言，城乡居住虚拟水含量差距较大，如广东地区城乡差距为100.76亿m³，为全国城乡差距最大的地区，这是因为广东城乡居住无论是居住环境、居住面积大小还是居住装修耗材都存在一定差距，同时城乡居住虚拟水含量的差距也反映出该地区的城乡社会经济发展情况。

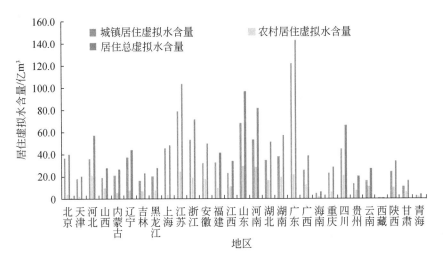

图 5-37 2015 年全国居住虚拟水含量
宁夏和新疆数据暂缺

根据 2007～2016 年《中国统计年鉴》统计整理出来的京津冀地区城乡居民人均居住产品消费，主要包括居住、保健医疗、家庭设备和用品、文教娱乐和其他消费 5 个种类，计算出京津冀地区年均居住虚拟水含量构成，如图 5-38 所示，2007～2016 年京津冀居住虚拟水含量整体呈逐年递增的趋势变化，整个区域年均居住水足迹为 146.29 亿 m³，其中天津年均居住虚拟水含量最少，为 24.78 亿 m³，其次为北京，为 49.71 亿 m³，河北最多，为 71.80 亿 m³。总体来说，京津冀居住虚拟水含量主要与经济发展程度趋同，经济越发达、居住物质产品越丰富、人口数量越多，该区域居住虚拟水含量就越高，科技和社会的不断进步也将"建筑文化"推向人们的视野中。在愈加倡导个性寓于理性的社会背景下，居住空间与环境设计也日益成为集理性与个性为一体的矛盾体，京津冀居住的空间与环境也逐渐从单一向多样化改变，因此潜在的居住虚拟水含量也随着时代的发展而逐步增多。

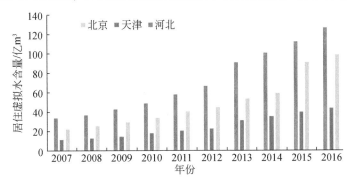

图 5-38 2007～2016 年京津冀地区居住虚拟水含量

4）交通通信虚拟水含量

从全国各地区交通通信虚拟水含量来看（图5-39），交通通信虚拟水含量基本上与经济社会发展程度的空间分布相一致。其中，上海、北京、广东、浙江等地交通通信虚拟水含量较高，分别为58.9亿 m³、43.5亿 m³、195.2亿 m³和103.7亿 m³，与这些地区每年交通产品（如轿车等）的消费数量较高相一致；另外，从城乡交通通信虚拟水含量来看，我国城乡交通通信差距较大，特别是广东，城乡交通通信虚拟水含量差距为165.3亿 m³，其次是浙江，差距为70.8亿 m³，西藏最小，为0.2亿 m³。因此从城乡差距上来看，城乡交通通信虚拟水含量的差值大小与经济发展水平呈正相关；从地域上来讲，区域交通通信总水足迹主要与人口和经济发展程度呈正相关，东部沿海地区交通通信虚拟水含量较高，西部内陆地区虚拟水含量较低。

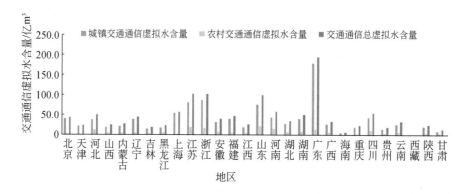

图 5-39　2015 年全国交通通信虚拟水含量

青海、宁夏和新疆数据暂缺

根据 2007～2016 年《中国统计年鉴》统计整理出来的京津冀地区城乡居民人均交通通信消费支出，计算得出京津冀交通通信虚拟水含量，如图5-40所示，2007～2016年京津冀交通通信消费虚拟水含量整体呈逐年递增的趋势变化，整个区域年均交通通信虚拟水含量为110.28亿 m³，其中河北年均交通通信虚拟水含量最多，为51.26亿 m³，其次为北京，为39.48亿 m³，天津最少，为19.54亿 m³。随着京津冀交通一体化协同发展，该地区路网密度位居全国前列，交通运输也同步成为最繁忙的地区之一，但也是最不平衡的地区之一（王中和，2015），如2016年京津冀交通通信虚拟水含量分别为59.2亿 m³、34.0亿 m³、91.9亿 m³，河北的高速公路密度最低，北京是其2倍，天津是其3倍，区域间互联互通参差不齐。但随着京津冀一体化程度的逐年加深，国家努力实现京津冀协同发展，该区域人均交通通信的消费量逐年增长，因此交通通信虚拟水含量的整体变化趋势也呈逐年上涨的态势。

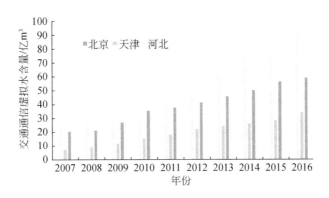

图 5-40　2007~2016 年京津冀地区交通通信虚拟水含量

5.3.3　京津冀水资源供给分析

本节探讨的水资源供水量包括蓝水供水量和绿水供水量,其中蓝水为降水过程中形成的地表水和地下水,是名义上的液态水流,包括江河湖泊及地下含水层中的水;绿水为降水过程中渗透到非饱和土壤层中作用于植物生长的水,是垂向融入大气的不可见水。在传统研究供水问题中,部分学者只把蓝水作为水资源,使人类对水资源的全面利用受到限制,本节研究的水资源供给分析将蓝水和绿水一起纳入计算之中,拓宽了水资源的范畴,更新了水资源思维,为研究京津冀需水缺口提供了更准确的数据分析。

1. 蓝水供水量

全国水资源供给量蓝水资源(径流性水资源供给)的空间分布与区域水资源条件、产业结构布局等相关。2015 年全国蓝水供水量基本呈现南多北少、东多西少的格局,而新疆因农业用水量大而供水量较大,蓝水供水量为 577.2 亿 m^3。

从京津冀地区蓝水供水量来看,如图 5-41 所示,2007~2016 年北京和天津蓝水供水量呈现逐年递增的态势变化,河北与前二者相反,呈现逐年递减的态势变化,这说明河北供水量基本可以满足本地区的需求,并且其蓝水供水量逐年向周围省份输出(Wang and Zimmerman,2016;Liu,2017;La and Hoekstra,2017)。从空间来看,近 10 年蓝水供水量河北居多,年均蓝水供水量为 193.0 亿 m^3,其次为北京和天津,分别为 36.3 亿 m^3 和 23.9 亿 m^3。目前,京津冀地区水资源量已由 2007 年的 260.7 亿 m^3 减少到 2016 年的 248.6 亿 m^3,远低于 20 世纪 50 年代末期的 280 亿~290 亿 m^3,由于区域水资源总量持续减少,京津冀地区的水资源供需矛盾愈发剧烈,特别是北京和天津,两地水资源承载能力下降,随着人口增长和经济规模的扩大,生活用水量持续增长,我国开始实施南水北调工程。南水北调工程实施之后京津冀的蓝水供水量逐步增加，使整个研究区的水资源短缺普遍降低了一个级别，京津冀水资源短缺有所缓和（刘登伟，2010）。

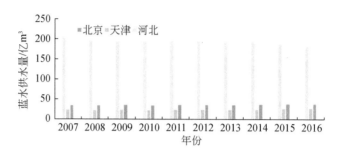

图 5-41 京津冀地区蓝水供水量

2. 绿水供水量

2015 年降水利用量、绿水资源利用量基本由区域降水条件和农业生产条件所决定，如西藏绿水供水量全国最少，为 1.6 亿 m^3，河南全国最多，为 430.4 亿 m^3，安徽、山东和江苏等地也较多，分别为 351.8 亿 m^3、346.3 亿 m^3 和 325.5 亿 m^3，其中河南为农业大省，对降水的利用量多，而西藏降水量少，对降水的利用程度因此也较少。

2007 ~ 2016 年京津冀地区年均绿水供水量如图 5-42 所示，其中河北年均绿水供水量最多，为 267.9 亿 m^3，其次为天津和北京，分别为 20.3 亿 m^3 和 14.9 亿 m^3，并且根据李鹏飞等（2015）对京津冀地区近 50 年降水分析，21 世纪前十年与 20 世纪 90 年代相比，河北东部以及东北部地区降水减少，南部降水最多，而西部和北部的张家口和承德等地以及北京、天津、廊坊等地降水增加，近 10 年来，北京和天津的降水资源量与当地水资源量相比远远不够，降水资源量说明了一个地区对雨水资源的利用潜力，当一个地区的降水资源量小于水资源总量时，说明这个地区依赖外水，降水资源量与水资源差值越大，其依赖性越强（Brauman et al.，2007；Zhuo et al.，2016）；当一个地区的降水资源量大于水资源总量时，说明这个地区水资源利用程度还没有达到最高值，还有一定的降水资源有待开发利用，因此，北京和天津的经济发展还有赖于附近地区的供水。

5.3.4 京津冀水资源需求缺口分析

就全国而言，我国水资源实际供给与实际需求相比，盈余 977.8 亿 m^3，这部分水资源主要存在于我国对国外出口产品所含虚拟水、国家农产品所含虚拟水和国家农产品结余存储中；就区域而言，北京、天津、上海、浙江、广西等地需要其他区域的水资源需求大于供给，目前区域的可持续发展主要依赖于进口其他区域的虚拟水（Niu et al.，2011）。

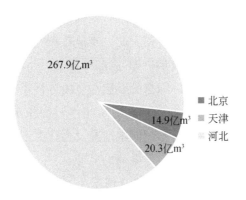

图 5-42 2007~2016 年京津冀地区年均绿水供水量

京津冀地区 2007~2016 年水资源需求缺口，如图 5-43 所示。图中负值（-）表示本地实际供给小于本地需求，说明要维持本地生存发展需要外地虚拟水的输入；正值（+）表示本地实际供给大于本地需求，说明本地水资源以虚拟水形式附着于产品流出本地输入外地。

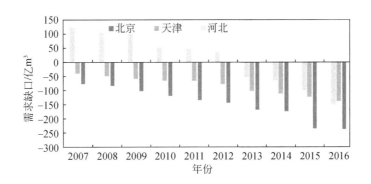

图 5-43 2007~2016 年京津冀地区水资源需求缺口

就京津冀而言（图 5-43），在 2015 年，三个地区均存在水资源需求缺口，水资源需求缺口分别为-169.7 亿 m³、-97.1 亿 m³ 和-11.3 亿 m³，2007~2016 年京津冀水资源需求缺口呈逐年增多的趋势变化，其中北京需求缺口最大，其次为天津和河北，年均水资源缺口分别为-146.61 亿 m³、-80.62 亿 m³ 和 9.01 亿 m³。其中，河北缺口较小，基本平衡，北京和天津的发展在很大程度上依赖于其他区域产品的输入（Wu and Zhang, 2015; Orlowsky et al., 2017）。

5.4 小 结

虽然自然-社会二元水循环理论已经应用在水文水资源的诸多领域，然而，迄今为止仍然没有统一的数理公式对二元水循环过程进行精确的描述。缺乏数学物理的基础使得二元水循环理论的发展受到一定的约束。鉴于此，本章旨在基于二元水循环理论，研究探索其数学物理基础，尝试建立初步的数学物理方程。

本章通过电场的概念，将水资源需求的形势与电场进行类比。以城市为切入点，将每个需水状态的城市定义为"水荷"，从而提出了"水资源需求场"的概念。从物理上抽象，一定区域内的每一个城市由于自身的需水情况，会产生不同的需水场。电荷在空间中会形成电场，与形成电场直接相关的就是电荷的电荷量，同样，每个城市的水资源需求量用 Q 表示，称为城市的"水荷"。城市的需水情况用"水荷"来描述，"水荷"是城市的基本属性，与城市的人口、经济发展等因素有关。物理学中，描述电磁场的公式是经典的麦克斯韦方程组。本章将麦克斯韦方程组中描述电场的高斯公式借鉴到城市水资源需水场的计算中，提出了水场的场强计算公式，包括单点场强计算公式、两点场强计算公式及 n 点场强计算公式。城市水资源需求场的提出可以较好地描述社会水循环下水资源的运动趋势和规律。在城市逐渐发展，城市需水量逐渐增加的背景下，将城市类比为电场中的点电荷。点电荷形成电场，而城市用水需求则形成水场。点电荷的电场能相互叠加，产生的电场强度也相互叠加。同理，一定区域范围内，邻近的几个城市的水场相互叠加，那么，其产生的水场强度亦相互叠加。进而，叠加的水场对周边的作用力就会有所增强。一些位于邻近区域的城市，在处于需水的情况下，它们对周边水资源的需求强度将会相互叠加，从而影响更远地区的水资源，将远距离的水资源吸引过来。在水场强度公式的类比构建过程中，目前假设水场强度在一个平面上作用，故水场可以看作是一个二维的向量场。同样地，在电场场强的计算中，有一个非常重要的参数——介电常数，那么在水场中，本研究定义了水场的"介水常数"，同时还粗略估计了介水常数的量纲。介水常数在空间中呈现各向异性。

在提出了城市需水场的概念，以及城市需水场的场强计算公式之后，本章选取海河流域进行模拟应用。将海河流域网格化，建立平面坐标系。在海河流域中，挑选出 22 个典型代表城市，将各个城市的年均需水量作为各个城市的"水荷"的大小。通过提出的 n 点场强计算公式，计算出受到 22 个城市需水的影响，海河流域平面网格各个点的场强大小及方向，从而得到海河流域城市需水场场强的等势图，以及海河流域水流趋势图。通过在海河流域的初步应用，可以看出通过城市需水场场强的分布规律，能够较准确、有效地描述社会水循环中的水资源流动趋势和方向。

为了将海河流域在城市需水场影响下的水资源流动趋势与海河流域实际水资源流动情况进行对比，选取了海河流域 33 座具有代表性的大中型水库以及一个湖泊进行海河流域的实际水资源城市供水分布对比研究分析。根据水库的供给城市来确定水资源的主要流动方向。结果表明，水资源需水场的计算结果具有一定的准确性，能够较好地体现水资源的流动趋势。但是，水资源需水场的计算仅考虑的是城市需求大小，并未考虑实际水资源输送的合理性，因此结果存在一定偏差。

以上在海河流域的应用主要是关注于城市水资源需求场理论及公式的合理性。在验证了其合理性之后，为了统筹考虑自然-社会二元水循环，将城市需水场与自然重力场相结合。城市需水场的场强通过一定的当量转换系数转换成"需水高程"，需水高程高的地区表示需水强度小，而需水高程低的地区表示需水强度大。因此，水资源能够从需水高程高的地区流向需水高程低的地区，即需水地区将水资源吸引过来。得到海河流域的需水高程后，运用 ArcGIS 软件将海河流域的需水高程与实际地理高程相互叠加，得到新的海河流域高程。叠加结果表明，在海河流域西北部山区，海河流域新的高程分布与实际高程分布并没有太大区别，而在海河流域中部和东南部的平原地区，叠加高程后出现了明显的高程分区。在城市聚集区如北京、廊坊、天津所在地区，出现了低洼地带。为了确定合理的当量转换系数，将需水场场强转换成需水高程，选取不同数量级的当量转换系数进行研究。当当量转换系数在 −20 000 ~ −10 000 时，结果相对较符合实际。在进行需水高程与自然地理高程叠加操作之后，对叠加后的海河流域进行汇水分析。通过汇水分析，得到不同当量转换系数叠加之后的海河流域河网分布情况。与实际海河流域河网分布对比分析表明，在叠加了需水高程之后，海河流域在西北山区的水流汇集情况基本没有改变，而在海河流域中部及东南部平原地区，海河流域的水流汇集情况发生明显改变，原本水资源主要是受重力场作用，由地理高程高的地方流向地理高程低的地方，叠加了需水高程之后，在需水城市聚集区如北京、廊坊、天津所在地区和邢台、邯郸、安阳、鹤壁等城市所在地区，有明显的水流汇集，即水流流向这些需水城市聚集区。因此，对于自然-社会二元水循环，自然端和社会端均对水资源的流动趋势和流动方向有影响。之前对于自然水循环，根据地理高程信息能够计算出水流汇集的方向和形式。而社会端对水循环的影响之前没有计算方法，仅仅是从理论角度考虑。在提出了城市需水场的概念以及城市需水场场强的计算公式之后，对于社会端对水资源的影响能够定量表示。

此外，本章还提出了基于区域真实生存发展需求的区域供需平衡理念。由于各个区域之间存在虚拟水流通，水资源公报上的区域供水，有一部分不是真实消耗在本区域内，部分水资源在当地被生产成产品运输到其他区域，因此水资源公报上的人均用水量也不能真实地反映一个区域的用水或节水水平，部分大城市的发展在很大程度上依赖于其他区域农产品和工业产品及服务的供给。与此同时，区域水资源综合规划中，需水预测一般根据现状的人均用水定额，再考虑社会经济及区域人口的发展进行预测，这存在一定的误差，影响区域未来水资源供需平衡的判断。因此需要研究基于区域真实生存发展需求的区域供需平衡。本研究构建了区域水资源需求公式和区域水资源供给公式，提出了区域需水量实部和虚部的概念，核算了区域生存发展真实需水。通过水资源供需核算分析了区域进口与出口虚拟水的情况。其中区域水资源需求的实部是指本区域的生活和生态用水，是区域生存发展的最基本的刚性需求。区域水资源需求的虚部是指支撑大生活的生产及服务用水，包括支撑区域的衣食住行各方面的生产服务用水。区域水资源供给的公式包括蓝水供给和绿水供给。其中蓝水供给是指水资源公报上区域实际的供水量，即径流性水资源供给。绿水供给是指区域的降水直接供给量，即包含在产品中的部分。在计算时，区域水资源需求的实部根据城乡的大生活用水来计算，包括城镇生活用水、农村生活用水和人工生态环境用水。区域水资源需求的虚部根据区域居民的衣、食、住、行水足迹进行计算。区域水资源的供给中，蓝水根据区域总供水量进行计算，绿水则采用区域降水总使用量，由降水直接利用量根据有效降水深与区域耕地面积计算获得。

通过对京津冀以及全国各省份的水资源需求与供需分析得出，区域水资源需求的实部表征的是刚性水资源需求，经济越发达、人口越多，则该量越大；区域衣、食、住、行水足迹结构，越是经济发达的地区膳食水足迹占总的需水量虚部的比例就越小；区域总需水量虚部主要受人口和经济发展程度的影响，人口越多、经济越发达，则相应的需水量虚部就越高；水资源供给量中蓝水资源（径流性水资源供给）的空间分布与区域水资源条件、产业结构布局等相关，基本呈现南多北少、东多西少的格局；绿水资源利用量基本由区域降水条件和农业生产条件所决定，也基本呈现东南多西北少的格局；采用区域实际供给与区域本地真实需求相减核算区域水资源的需求缺口，其中正值表示本地实际供给>本地需求，说明本地水资源以虚拟水形式附着于产品流出本地输入外地；负值表示本地实际供给<本地需求，说明要维持本地生存发展，还需要外地虚拟水的输入。就全国而言，我国水资源实际供给与实际需求相比，盈余977.8亿 m^3，这部分水资源主要存在于我国对国外出口产品所含虚拟水、国家农产品所含虚拟水和国家农产品结余存储中（Jia et al.，2011）。就区域而言，北京、天津、上海、浙江、广西等地需要其他区域的水资源需求大于供给，目前区域的可持续发展主要依赖于进口其他区域的虚拟水。就京津冀地区而言，北京、天津、河北均存在水资源需求缺口（−76%、−68%和−2%），但河北缺口较小，基本平衡，北京和天津的发展在很大程度上依赖于其他区域产品的输入。

第6章 | 二元水循环驱动机理及演变规律

6.1 二元水循环驱动机理

自然水循环的驱动力是太阳辐射和重力等自然驱动力，而二元水循环除了受自然驱动力作用外，还受机械力、电能和热能等人工驱动力的影响。更重要的是，人口流动、城镇化、经济活动及其变化梯度对二元水循环造成更大、更广泛的直接影响。因此，研究二元水循环必然要与社会学和经济学交叉，水与社会系统的相互作用及协同演化是研究的焦点（王浩和贾仰文，2016）。

6.1.1 水资源在自然重力场中的受力

在自然流域中，水资源的流动受到太阳辐射、地球自转和公转等影响，其中主要受重力场的驱使，由地势高的地方流向地势低的地方，即"水往低处流"。在天然状态、无人工驱动力附加的情况下，流域中的水循环为一元水循环，即仅仅受自然力的作用。

因此，在一元自然重力场中，假设坡面上体积为 Q 的水资源将受到重力的作用，在重力作用下的驱动力方向指向地球球心，水资源在坡面方向的受力大小为

$$F_G = \rho g Q \sin\theta \tag{6-1}$$

式中，F_G 为水资源所受到的重力在坡面方向上的分力；ρ 为水的密度；g 为重力加速度；Q 为水的体积；θ 为坡度，如图 6-1 所示。

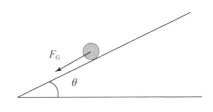

图 6-1　水资源坡面受力

重力场类似于电场，单位物体在重力场中受到的作用力即为重力场场强。那么，单位体积的水资源在重力场中受到的重力作用的大小即可表示为重力场的场强大小，公式

如下：

$$E_G = \rho g \sin\theta \tag{6-2}$$

重力场场强的量纲可以表示为

$$\frac{M}{L^3} \cdot \frac{L}{T^2} = ML^{-2}T^{-2} \tag{6-3}$$

以上所描述的是理想情况下的水资源受力，即只受到重力场的作用。实际上，水资源不可能只受到重力作用的影响。尤其在当今社会，各种附加的外力对水资源的作用持续增大，所以在考虑水资源受力时，不能忽略重力之外的其他驱动力，这时便需要考虑来自社会端的驱动力。

6.1.2　水资源在社会经济需求场中的受力

城市对水资源的需求，可以类比成一个向外界吸引水资源的场。该城市的需水量越大，为满足城市自身的生产生活运转，则其会从各种可能的途径获取水资源，这就相当于该城市对外部水资源的吸引力就越大。为了满足自身的用水需求，城市会通过人工的一些途径、方式将水资源吸引进入城市。因此，城市在社会经济用水需求的驱使下就形成了需水场，对城市外部的水资源具有吸引作用。

当一个城市存在需水场时，类似于一个空间中单一的负点电荷。单一城市产生的水资源需求场对周边水资源的吸引力是一定的，只能影响、获取一定范围内的水资源。而当一个地区的一些城市都处于需水状态，它们所形成的需水场相互叠加之后，会对更远距离的水资源产生吸引力，驱动水资源向该城市群运送。最典型的例子就是南水北调工程。由于京津冀城市群面临水资源短缺的问题，对水资源的需求量大，它们产生的需水场对南方的水资源产生吸引力。通过修建南水北调输水工程，水资源被运送到京津冀地区的缺水城市。

对于早期人类社会来说，人类多临水而居，并且当时人口稀少，居住分散，从而没有出现用水紧缺的问题。随着人类社会的发展，城邦、国家的建立，供水系统也逐渐建立起来。由于供水能力有限，当时的供水系统只能保证一部分人的用水需要，也无法顾及所有人的用水情况，人类社会生产生活的需水情况没有受到太大的重视。由于技术的局限，有些地区的需水要求往往无法得到满足，当供水设施逐渐发展，供水系统逐步完善，有能力满足一定区域内的用水需求时，需水量的估算和预测变得重要起来。准确且符合实际要求的需水估算能够有效保障用水需求，同时降低水资源的浪费。

当今世界，随着城镇化进程的加快，人口逐渐向城市迁移，同时，由于城市的科学技术水平较高，工业、经济高速发展，另外，城市景观建设，尤其是城市绿地逐渐增加，导致城市需水量越来越大，水资源短缺的问题日益凸显。水资源不仅仅只受到自然条件下重力的作用，同时，人类生活的城市也会对水资源施加作用力。例如，当城市用水不足时，会通过引水、调水工程将外部的水调用到城市内，供城市的生产生活使用。或者，有些城市通过开采地下水来保证城市用水。很多城市的地下水是主要的用水来源，地下水位也急速下降。这些人类活动的干预，严重影响了自然水循环的过程，使得水资源的流通、分配规律发生变化，水资源已经不再像当初仅仅在自然重力场里那样运动。当这些来自社会端的需求驱动力对水资源的影响足够大，比重力作用的影响还大时，水资源则有可能会沿着重力场作用的反方向运动。例如，处于地势高处的城市由于用水需要，将处于地势低处的水资源通过泵站等形式提升，克服了重力作用。由此，水资源已经从原本的自然—元水循环演变为自然-社会二元水循环。

城市需水量预测也已随之成为水资源研究的热点。对于短期需水预测的研究，Bai 等（2014）应用多尺度关联向量回归方法进行城市每日用水需求预测。其研究结果表明，该方法所用的归一化的均方根误差、相关系数和平均绝对误差百分比标准能够更精确地预测每日城市用水的需求。对于居民生活用水需求，Cominola 等（2005）探讨了用智能电表来推进家庭需水量模型和管理的优点及挑战。Candelieri 和 Archettia（2014）引进了一个可靠的城市需水量短期预测方法——冰水项目方法。基于向量机回归方法，通过时间序列的聚类和可靠的小时用水量预测来表征全天用水模式。Makki 等（2015）提出了新的自下而上的城市需水预测模型，其揭示了住宅室内最终用途用水消费的决定因素、驱动程序和预测。Gurung 等（2015）揭示了智能电表和水的最终使用数据能够为当代先进供水基础设施规划提供有效支持。对于长期需水预测的研究，Bijl 等（2016）对电力、工业以及居民生活的需水量进行了长期预测。Herrera 等（2014）提出了一种连续信息源，通过多内核回归方法来预测需水量信息。Kofinas 等（2014）通过分析希腊斯基亚索斯（Skíathos）城的历史需水数据，提出了合理的预测方法。他们对三年需水量数据应用线性和非线性的方法，通过集中预测方法的研究比较，得出协同运用多种分析预测方法的结果最为准确。孙增峰等（2011）对比了几种城市需水量预测的方法，同时讨论分析了各种预测方法的应用。景亚平等（2011）建立了基于马尔科夫链修正的组合灰色神经网络预测模型来进行城市需水量的预测。刘俊良等（2005）将系统动力学方法运用于城市需水量预测，其结果表明模型预测有较强的统一性，预测结果准确度高。对于城市需水预测，经济模型（Martínez- Espiñeira，2003；Garcia and Reynaud，2004；Babel et al.，2007；Rauf and Siddiqi，2008）和人工神经网络（artificial neural network，ANN）（Lui et al.，2003；Bowden et al.，2005；Firat et al.，2010）成为较受欢迎的预测方法。

城市需水量受多方面因素的影响，不仅与地域有关，也与人口、经济、城市环境建设等因素息息相关，以下归纳总结了城市需水量的主要影响因素。

1）城市总人口

城市的需水量是与城市人口直接相关的。城市越大，人口越多，则该城市的需水量就越大。但是，对于不同发展程度的城市，以及不同水资源充沛程度的城市，人均需水量有较大区别，如高度发达城市北京、上海等，人均需水量要远远超过三四线中小型城市的人均需水量，如南方地区城市厦门、广州等，人均需水量要远远超过西北干旱缺水城市的人均需水量。虽然各个城市的人均需水量有所不同，但是当一个城市人口数量远远大于另一个城市时，其城市的总需水量必将更大。当城市人口较多时，相对应的一些公共建设设施，如学校、办公楼、宾馆等也会较多，这些公共建设设施对水资源的需求量随之增加，从而分摊到每个人的需水量也会较多。

2）人均GDP

城市的人均GDP是GDP与常住人口的比值，它比较客观地反映了城市的发展水平和发展程度。当一个城市的人均GDP较高时，表明该城市的经济发展较好，居民的生活条件较高，此时，对于用水的需求将会增加。例如，当一个城市的人均GDP较高时，居民对于生活质量会更有追求，相伴随的一些活动或者购置的家用电器对于用水的需求会增加。洗衣机没有进入居民生活时，居民洗衣采用手洗的方式，而采用洗衣机洗衣服之后，用水量明显增加。同时，城市GDP发展与其第二、第三产业发展有一定联系，GDP越高的城市，其产业的发展越蓬勃，需水量也随之增加。

3）城市发展水平

发达城市中的各项城市建设比较不发达城市的城市建设多。城市公共设施的需水量是组成城市总需水量的重要部分。学校、公园等公共场所的数量与城市发展水平呈正比例关系，这些公共场所都有水资源的供给要求。另外，城市第三产业的发展也直接影响了水资源的需求量，如餐馆、商场、娱乐场所等都是用水大户。对于人口数量相当的两个城市来说，发展水平越高的城市其城市需水量越大。

4）工业发展水平

城市工业用水在城市总用水量中的比例较大，是其中一个重要部分。在城市中发展不同的工业对城市需水量的影响显著，如发展纺织业、燃气生产工业、石油加工和炼焦加工业等高耗水工业则其对水资源的需求量是巨大的。相比之下，如果城市发展的是电力生产工业、烟草制品业、仪器仪表制造业等低耗水工业则其需水量相对较小。

5）城市景观建设

随着城市景观建设的开展，城市绿地的建设，城市的生态建设需水量逐年增加。城市景观如人工湖泊、湿地、喷泉等需要大量的景观用水。同样，对于城市树木、植被、绿地的维护也需要大量的水资源。景观建设增加了城市的需水量。

6.1.3　水循环机理

水循环是指地球上各种形态的水，在太阳辐射、地心引力等作用下，通过蒸发、水汽输送、凝结降水、下渗及径流等环节，不断地发生相态转化和周而复始运动的过程（黄锡荃，1985）。

水循环遵守质量守恒定律，水循环的每一个过程都是物质与能量的传输、储存和转化的过程。在蒸发环节中，伴随液态水转化为气态水的是热量的消耗，伴随凝结降水的是潜热的释放，因此蒸发和降水就是地面向大气输送热量的过程。由降水转化为地面与地下径流的过程，则是势能转化为动能的过程，这些动能成为水流的动力，消耗于沿途的冲刷、搬运和堆积作用，直到注入海洋才消失殆尽。太阳辐射与重力作用是水循环的基本动力，此动力不消失，水循环将永恒存在，水的物理性质，在常温常压条件下液态、气态、固态的三相变化的特性是水循环的前提条件。外部条件包括地理维度、海陆分布、地貌形态等，制约了水循环的路径、规模和强度。水循环广及整个水圈，并深入大气圈、岩石圈和生物圈，其循环路径并非单一的，而是通过无数条路线实现循环和相变的，所以水循环系统是由无数不同尺度、不同规模的局部水循环所组成的复杂巨系统。全球水循环是闭合系统，但局部水循环却是开放系统，因为地球与宇宙空间之间虽亦存在水分交换，但每年交换的水量还不到地球总储水量的十五亿分之一，因此可将全球水循环系统近似视为既无输入又无输出的一个封闭系统，但对地球内部各大圈层，对海洋、陆地或陆地上某一特定地区，某个水体而言，既有水分输入又有水分输出，因而是开放系统。地球上的水分在交替循环的过程中，总是溶解并挟带着某些物质一起运动，诸如溶于水中的各种化学元素、气体以及泥沙等固体杂质等（黄锡荃，1985）。

在人类社会经济系统的参与下，流域水循环的内在驱动力呈现出明显的二元结构。人工驱动力的技术手段主要包括通过水利工程的修建抬高水体水位，改变水体自然状况下的能态沿程分布，从而驱使水体按人类的意愿循环流动，如修建水库或枢纽等；或通过能量之间的转化直接将处于低势能的水体传输到高势能地点，如机电井抽排等；或通过加工将水分通过产品的形式进行转移等。在以上技术手段作用下，水分进入社会水循环环节，在人类社会经济系统中分配并服务。驱动水分分配和服务的内在驱动机制与人类社会经济的运行息息相关，可总结为四大驱动机制：一是公平机制，水是人日常生活必不可少的部分，首先在兼顾用水的重要性等级、社会公平与和谐的需求下进行分配；二是效益机制，在利益驱动下，水一般由经济效益低的区域和部门流向经济效益高的区域和部门；三是效率机制，在区域水资源缺乏或环境容量有限的情况下，出于提高承载力的需求，用水效率低的部门将受到制约，被迫提高用水效率或进行用水转让等；四是国家机制，即出于区域

| 171 |

主体功能或宏观战略等原因决定水的分配或流向。现代环境下人类活动的影响越来越深远，受人工驱动力作用，强人类活动干扰地区的社会水循环通量甚至成为主要的循环通量，因此在研究流域水循环的驱动机制时，必须把人工驱动力作为与自然力并列的内在驱动力。流域水分的循环流动主要基于驱动力的作用，因此水循环二元化的基础是驱动力的二元化（秦大庸等，2014）。

自然驱动力是流域水循环产生和得以持续的自然基础，人工驱动力是水的资源价值和服务功能得以在社会经济系统中实现的社会基础。自然驱动力使流域水分形成特定的水资源条件和分布格局，成为人工驱动力发挥作用的外部环境，不仅影响人类生产、生活的布局，还影响水资源开发利用方式和所采用技术手段。人工驱动力使流域水分循环的循环结构、路径、参数变化，进而影响自然驱动力作用的介质环境和循环条件，使自然驱动力下的水分运移转化规律发生演变，从而对人工驱动力的行为产生影响。流域水循环过程中两种驱动力并存、相互影响和制约，存在某种动态平衡关系。需要指出的是，相对而言自然驱动力的稳定性和周期性规律较强，但人工驱动力则存在较大的变数，动态平衡阈值的破坏往往源自人工驱动力不合理的扩张和过度的强势（秦大庸等，2014）。

二元水循环模式是对自然-人工二元力驱动的水循环系统的抽象概括，典型的循环模式如图 6-2 所示。参与水循环的水汽主要源于两个途径，即随季风而来的海洋水汽（W_{SC}）

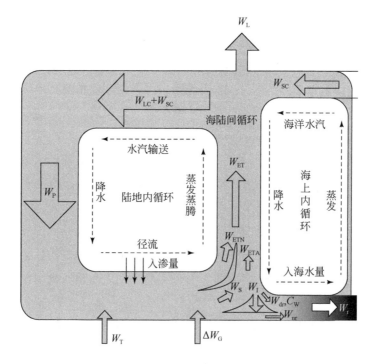

图 6-2 二元水循环模式

和流域内的蒸腾蒸发（W_{ET}）。水汽通过凝结降水（W_P）到达地面，分三条路径回归大气或海洋：①降水→土壤水（地下水）→植被水→大气水，这条路径的通量为 W_{ETN}；②降水→径流（地下水）→人工取水→排水（或蒸发）→入海（或进入大气），这条路径的通量为 W_S，其中以蒸发的形式回归大气的水量为 W_{ETA}，通过下渗回补地下水的水量为 W_I，以排水的形式入海的水量为 W_{dr}；③降水→径流→入海，这条路径的通量为 W_{nr}。在半干旱半湿润流域，降水量 W_P 相对较少，由于工农业生产和生活所需要的社会水循环通量 W_S 较大，仅由降水性水资源无法支撑流域的可持续发展，于是随着人类干扰程度的加深，出现了地下水超采（ΔW_G）和跨流域调水（W_T）两个新的水源项。同时流域内的水汽在季风的作用下会向外耗散，形成一个水汽耗散项 W_L。在水循环的水质演变方面，由于工农业生产和生活用水的劣变特性，社会水循环的排水含有大量污染物（C_W），入海径流（W_r）的水质变差（秦大庸等，2014）。

水循环按发生的空间领域分成三种类型，即大循环（又称"海陆间循环"）、海洋小循环（又称"海上内循环"）、陆地小循环（又称"陆地内循环"），其中海上内循环对流域水循环的影响不大，不予考虑。陆地小循环是指水分由陆地输送到陆地，又回到陆地的循环（芮孝芳，2004）。由于流域空间并不完全封闭，从流域内陆地出发的水分子并不一定回到流域内，有可能耗散到流域外；同理，流域外的水分子也可能落到流域内，陆地内小循环实际上是一个相对的概念，即考虑这种动态交换下的流域内部水循环，其循环中的损失项列入水汽耗散项 W_L。海陆间循环是指水分由海洋输送到大陆，又回到海洋的循环。由于大气水汽运动的全球联系性，降落在流域内的海洋水分子，不一定直接以本流域径流的方式回归大海，还可能通过其他流域回归大海，这部分量也记入水汽耗散项 W_L。为方便论述，定义一个水文周期内（一般为一年）参与陆地内循环的水通量称为陆地内循环通量（W_{LC}）；参与海陆间循环的水通量称为海陆间循环通量（W_{SC}），二元水循环的各个参量之间存在如下的数量平衡关系：

$$W_P = W_{LC} + W_{SC} \tag{6-4}$$

$$W_P + W_T + \Delta W_G = W_{ET} + W_r \tag{6-5}$$

$$W_L = W_{ET} - W_{LC} \tag{6-6}$$

$$W_{ET} = W_{ETN} + W_{ETA} \tag{6-7}$$

$$W_S = W_{ETA} + W_I + W_{dr} \tag{6-8}$$

$$W_r = W_{nr} + W_{dr} \tag{6-9}$$

随着人类改造自然能力的加强，先后通过傍河取水、修建水库取水、开采地下水、跨流域调水等措施，极大地改变了原有的天然水循环模式，产生了由取水、输水、用水、排水、回归五个基本环节构成的人工侧支循环（也称作"社会水循环"）圈。现代流域水循环除了太阳辐射和地球引力两种天然驱动力外，增加了人工动力系统这种新的驱动力，水流通道也由原来的天然河网演变为天然河网与人工管道、沟渠交错密布，整个水循环呈现出越来越强的自然–人工二元特征，图6-3是以海河流域为例绘制的流域二元水循环示意图（刘家宏等，2010）。

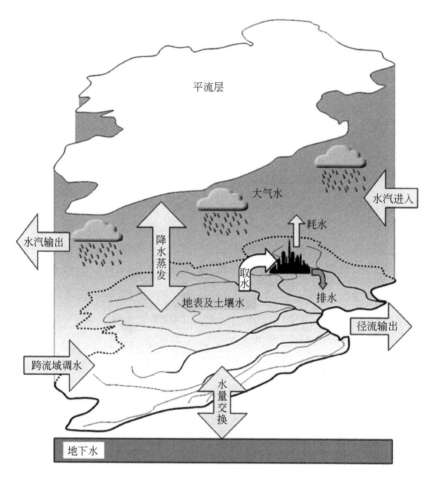

图6-3 海河流域二元水循环示意图

6.2 二元水循环演变规律

有了人类活动以后，发挥单一生态功能的流域自然水循环格局就被打破，形成了自然–社会二元水循环。这主要体现在三大方面：①人类的各种生活、生产活动排放大量温室气体，导致地表温度升高，大气与水循环的动力加强，循环速率加快，循环变得更加不稳定，从而改变了流域水循环降水与蒸发的动力条件；②为人类社会经济发展服务的社会水循环结构日趋明显，水不单纯在河道、湖泊中流动，而且在人类社会的城市和灌区里通过城市管网和渠系流动，水不再是仅依靠重力往低处流，而可以通过人为提供的动力往高处流、往人需要的地方流，这样就在原有自然水循环的大格局内，形成水循环的侧枝结构——社会水循环，使得流域尺度的水循环从结构上看，也显现出自然–社会二元水循环结构；③随着人类社会经济活动发展，社会水循环日益强大，使得水循环的功能属性也发生了深刻变化，即在自然水循环中，水仅有生态属性，但流域二元水循环中，又增加了环境、经济、社会与资源属性，强调了用水的效率（经济属性）、用水的公平（社会属性）、水的有限性（资源属性）和水质与水生陆生生态系统的健康（环境属性），因此从水循环功能属性上看，流域水循环也演变成了自然–社会二元水循环（王浩和贾仰文，2016）。

6.2.1　二元水循环要素的演化规律探究

海河流域是我国乃至世界上受人类活动干扰最强烈的区域，其水循环的二元演化特点十分突出，水循环要素的演变过程也极为典型。本节将应用最新的统计数据和已经发表的科学研究数据分析二元水循环通量的演化规律（刘家宏等，2010）。

1. 海洋水汽进入量

海河流域上空的大气环流以辐合环流为主，其海洋水汽主要来自两个方向：一是东南方的太平洋水汽；二是西南方的印度洋水汽。海河流域的海洋水汽输入主要是自流域西南部进入的孟加拉湾水汽。张利平等（2008）利用 1949～2002 年 NCEP/NCAR 的再分析气候资料，分 8 层计算了海河流域夏季东南西北 4 个边界面（112°E～120°E，35°N～43°N）围成的区域，约 61 万 km² 的水汽通量，发现南边界和西边界为水汽输入面，北边界和东边界为水汽输出面。本节在此成果基础上，进一步推算了海河流域夏季海洋水汽的输入量和输出量（表6-1）。在海河流域降水偏丰的 20 世纪 60 年代，海洋水汽的进入量较大，其中南边界多于西边界，二者之比约为 3∶2，流域夏季净水汽通量约为 13960 亿 m³，占 60 年代流域平均年降水量 17810 亿 m³ 的 78.4%。20 世纪 90 年代后，全球气候变化异常，海河流域夏季海洋水汽净输入大为减少，仅为 2720 亿 m³，衰减了 81%，尤其是南边界水汽进入量从原来的 35910 亿 m³ 衰减到 8240 亿 m³，相比西边界 9020 亿 m³ 的水汽进入量，南边界已经丧失了海河流域水汽主通道的位置。综上所述，近 50 年来，海河流域海洋水汽进入量呈大幅减少的趋势，且以南通道减少为主，即来自西南方向的海洋水汽在 90 年代以后，越过黄河到达海河流域的概率减小。这主要是因为从 20 世纪 70 年代中后期迄今，热带中、东太平洋海温上升，并出现类似于厄尔尼诺（El Niño）型分布的年代际海温距平，使得从 1976 年之后迄今东亚夏季风变弱、西太平洋副热带高压偏南、偏西，不利于华北地区夏季降水（臧增亮等，2005；黄荣辉等，2006）。

表6-1 海河流域夏季平均水汽通量 （单位：10^9 m^3）

时段	输入边界		输出边界		净输入量	海河流域净输入
	南	西	东	北		
1960~1969 年	3591	2269	1677	1391	2792	1396
1990~2002 年	824	902	734	447	545	272.5
1949~2002 年	1992	1396	1302	858	1228	614

注：海河流域面积约为计算区域面积的一半，因此估算海河流域水汽输送为边界净输入的1/2。

2. 流域水汽输出量

从表6-1可见，流域水汽的输出量随着海洋水汽输入量的减少也呈下降的趋势，相比20世纪60年代，水汽输出减少了约60%。同期的海洋水汽进入减少了70%，水汽输出的减少比例小于海洋水汽输入的减少比例，说明同样来水条件下，流域水汽的耗散系数增加了，这与海河流域大量的人类活动用水相关。人类活动增加了流域蒸腾蒸发（evapotrans-piration），使得流域内的原有存水加速耗散，造成流域地表水量和地下水量这两个瞬时状态量出现亏缺。

3. 降水

海河流域多年（1956~2007年）平均降水量为527mm，属于半湿润半干旱季风气候。降水在年内分布很不均匀，汛期（6~9月）雨量占全年的75%~85%，其中56%又集中在最大30天内（占全年45%），降水量年际变差较大，且枯水年连续出现的情况，也较易发生，1470~2007年，连续12年以上枯水发生3次，平均180年1次；连续7年以上枯水发生15次，平均36年1次；连续3年以上枯水发生44次，平均12年1次。总体上海河流域的降水在近50年来处于一个缓慢下降的趋势，自1978年开始，出现了一个长达30年的枯水时段，而且仍在继续。1978~2007年的流域平均降水量仅为499 mm，比1956~1977年的平均值565 mm少66 mm。

4. 蒸发

在人类活动的强烈干扰下，海河流域实际蒸发量总体呈上升趋势。1956~1979年，海河流域平均年蒸发量为470 mm（第一次全国水资源评价成果）（刘春蓁等，2004），同期的流域平均年降水量为560 mm，蒸发量小于降水量90 mm。随着人类活动的加剧，大量的跨流域调水和超采水量流入社会经济系统，工农业生产、生活和城市生态用水造成人工蒸发量剧增，现在海河流域的蒸发量已经大于或接近同期的降水量。据"海河流域水循环演变机理与水资源高效利用"项目基线调查的成果，海河流域的蒸发量平均增加了 20 mm（相对于 20 世纪 50～70 年代），对应的水量约为 640 亿 m³，其中因人类活动增加的蒸发量约为 1300 亿 m³（海河流域目前的总用水量约为 4000 亿 m³，比 50 年代末的 2000 亿 m³ 增加了一倍，按综合耗水率 65% 计算，人工耗水蒸发量约增加 1300 亿 m³），同期人类活动导致天然湿地和植被蒸发量减少约 660 亿 m³。

5. 径流

由于人类活动的干扰，海河流域的天然径流大大减少，现在海河入海水量，除滦河、徒骇马颊河还有少量天然径流外，大部分为工业生活污水，即式（6-9）中 $W_{nr} \to 0$，$W_r \approx W_{dr}$，因此当前河道断面实测的径流已经不能代表流域的实际径流量。本节用地表水资源量（指河流、湖泊等地表水体中由当地降水形成、可以逐年更新的动态水量）来表征海河流域的径流通量。据海河流域第一、第二次水资源评价的结果（任宪韶等，2007），海河流域 1956～1979 年多年平均地表水资源量为 2565 亿 m³，1980～2000 年多年平均地表水资源量衰减为 1705 亿 m³，减少 33.5%，2001～2007 年多年平均地表水资源量进一步衰减到 1059 亿 m³，相比 1956～1979 年减少了 58.7%。海河流域入海水量的减少幅度则更大，由 1956～1979 年的 1554 亿 m³，减少为 1980～2007 年的 336 亿 m³，减少了 78%，1998～2007 年平均入海水量仅 183 亿 m³，（依据公布的 2001～2006 年《海河流域水资源公报》及 2007 年《中国水资源公报》数据）。径流的减少一方面是全球气候变化带来的降水减少造成的，另一方面是人类活动取用水，侵占河道天然径流的结果。

6. 取用水

根据《中国可持续发展水资源战略研究报告集》综合报告关于 1949 年全国总用水量的数据分析，海河流域中华人民共和国成立初的取用水量约为 1000 亿 m³，之后随着灌溉面积的扩大和工业生活用水的增长，取用水量逐年增加，20 世纪 50 年代末海河流域用水总量翻番，达到 2000 亿 m³，1965 年流域取用水总量为 2680 亿 m³，在按上限值扣除引黄和侧渗水量 500 亿 m³ 后（实际上当时的引黄水量要低于 500 亿 m³），依然超过流域多年平均地表水资源总量 2162 亿 m³（于伟东，2008），从此开始了地下水的超采历程，并且愈演愈烈。1980 年海河流域的总用水量达到 3965 亿 m³（芮孝芳，2004）；之后受到水资源总量的约束，一直徘徊在 3440～4400 亿 m³，平均为 3990 亿 m³。

1）工业取用水

海河流域的工业取用水量经历了一个快速上升和缓慢下降的过程，20 世纪 90 年代上半期是工业用水的快速增长期，之后受到水资源总量的约束，徘徊在 700 亿 m³。2001 年随着工业节水力度的加大，循环用水技术的推广，工业取用水量开始下降，2003 年以后，工业取用水量下降到 60 亿 m³ 以下，相比高峰时下降了 100 亿 m³。

2）生活取用水

海河流域的生活取用水总体呈加速上升的趋势，1980 年生活取用水量仅为 204.1 亿 m³，到 2006 年，生活用水量已达 565.5 亿 m³，增长了约 300 亿 m³，2007 年，生活用水量达 563 亿 m³，与 2006 年持平，其快速增长的趋势得到遏制。

3）生态取用水

2003 年以前，海河流域生态用水量随着水资源的丰枯周期呈周期性变化。2003 年以后，随着社会对生态问题的重视，生态用水量呈快速上升的趋势。2003～2007 年，海河流域的生态用水量翻了近两番，用水量增加了 56 亿 m³。

7. 排水

海河流域的排水主要包括农业灌溉退水和城镇工业生活排水两部分。根据《海河流域水资源公报》（1998～2006 年）提供的数据，本节推算了海河流域的农业退水和工业生活排水情况。

1）农业退水

海河流域 1998～2006 年的农业退水量见表 6-2。海河流域以旱地为主，农业灌溉的退水主要通过土壤下渗回补地下水，直接回归河道形成径流的水量较少。

表 6-2　海河流域农业退水量　　　　　　　　（单位：10^9 m^3）

指标	1998 年	1999 年	2000 年	2001 年	2002 年	2003 年	2004 年	2005 年	2006 年	平均
农业取水	307.1	286.3	278.8	278.3	286.3	262	256.1	264	274.9	277.1
农业耗水	226.7	223.6	218.9	221.7	223.4	222	217.2	216.1	217.2	220.8
农业退水	80.4	62.6	59.9	56.6	62.9	40.1	38.9	47.9	57.7	56.3

2）工业生活排水

海河流域 1998～2006 年的工业生活排水量见表 6-3。表 6-3 同时给出了海河流域工业生活的用水量减排水量的数据序列，可以看出用水量与耗水量的差值要大于公报中的排水量，说明排水的一部分被重复取用。1998 年的重复取用量比较大，而当时中水回用的规模并不大，这说明当时的回用模式主要是上游的排水被下游直接取用，这种回用模式受水资源的丰枯影响明显，丰水年回用多，枯水年回用少。2005 年、2006 年的回用量比较高，这时的回用除滦河和徒骇马颊河等长年有水的河流外，基本都是污水处理回用，即中水回用模式。

表 6-3　海河流域工业生活排水量 （单位：$10^9\ m^3$）

指标	1998 年	1999 年	2000 年	2001 年	2002 年	2003 年	2004 年	2005 年	2006 年	平均
用水量–耗水量	62.9	56.6	57.8	54.8	56.3	55.9	48.1	50.9	54	55.3
工业生活排水	56.1	56.2	54	54	53.6	51.1	48	44.9	48.3	51.8
污水重复利用量	6.8	0.4	3.8	0.8	2.7	4.8	0.1	6.0	5.7	3.5

工业生活排水一般直接进入河道，其去向包括三部分：①通过河道下渗回补地下水；②供河道生态消耗（包括河道水面蒸发）；③流入大海。据《海河流域水资源公报》，1998～2006 年海河流域平均入海水量为 184 亿 m^3，考虑到滦河、徒骇马颊河每年平均还有 20 亿 m^3 左右的天然径流，由此推算，工业生活排水中供河道生态消耗以及补给地下水的量约为 360 亿 m^3，其中河道生态消耗量约为 160 亿 m^3，补给地下水量约为 200 亿 m^3。加上农业灌溉对地下水的补给量 563 亿 m^3，工农业生活排水每年对地下水的补给量约为 760 亿 m^3。

8. 入河排污量

海河流域水污染源分为点源和非点源两类，点源污染包括工业城镇生活等水污染源，非点源污染包括城镇地表径流、化肥农业、农村生活污水、水土流失和分散式饲养禽畜废水等水污染源。根据《海河流域水资源评价》的数据，2000 年海河流域的入河排污量见表 6-4。

表 6-4　海河流域主要入河污染物排放量 （单位：万 t/a）

分类	COD	氨氮	总磷
点源	133.06	11.04	0.60
非点源	35.37	3.74	3.95
合计	168.43	14.78	4.55

9. 地下水超采量

海河流域地下水的大量超采始于 20 世纪 80 年代，平原区（不包括徒骇马颊河地区）1958～1998 年地下水累计消耗储量为 8958 亿 m^3，其中浅层地下水超采 4712 亿 m^3，深层地下水超采 4246 亿 m^3（费宇红等，2001）。不同时期浅层地下水消耗量：1958～1975 年平均消耗 85.6 亿 m^3/a；1975～1985 年平均消耗 138.4 亿 m^3/a；1985～1998 年平均消耗 144.1 亿 m^3/a。

不同时期深层地下水消耗量：1958～1975 年平均消耗 45.9 亿 m^3/a；1975～1985 年平均消耗 163.1 亿 m^3/a；1985～1998 年平均消耗 141.1 亿 m^3/a。1999～2006 年地下水超采越发严重，8 年累计消耗地下水 3320 亿 m^3（费宇红等，2001；于伟东，2008），年均 415 亿 m^3。逐年

消耗数据见表6-5。截至2006年,海河流域地下水储量累计消耗约为12280亿 m³。

表6-5　海河流域1999~2006地下水超采量　　（单位：10⁹ m³）

指标	1999 年	2000 年	2001 年	2002 年	2003 年	2004 年	2005 年	2006 年	合计
地下水消耗	69.9 (75)	32.2 (28)	55.5 (54)	61.92	15.26	18.01	36.36	42.6	331.75 (331.13)

注：括号中的数据为张士锋和贾绍凤（2003）的研究数据,其余为于伟东（2008）的数据。

6.2.2　水资源利用效率演变探究

我国是世界主要经济体中受水资源胁迫程度最高的国家。党的十九大报告明确提出实施国家节水行动,标志着节水从行业管理上升为国家意志和全民行动,通过走集约高效的内涵式发展道路,破解水资源瓶颈,实现由富变强的历史性转变（王浩和刘家宏,2018）。2016年10月国家发展和改革委员会、水利部、住建部等8部委联合印发了《全民节水行动计划》,计划在农业、工业、服务业等各领域,城镇、乡村、社区、家庭等各层面,生产、生活、消费等各环节,动员全社会开展节水行动,以高效的水资源利用支撑经济社会可持续发展。中国人均水资源量约2100 m³,不足世界人均水平的1/3,在192个有水资源统计的国家和地区中,位居第127位（王浩和刘家宏,2015）。按照"两个一百年"奋斗目标要求,到21世纪中叶,我国要建成富强、民主、文明、和谐、美丽的社会主义现代化强国。届时人均GDP达到中等发达国家水平,以现有的人均水资源排位来看,必然要求我国走集约高效的内涵式发展道路,破解水资源瓶颈。

解决城市水资源供需矛盾的核心在于逐步提高水资源利用效率（郑连生,2004；Chen et al.,2015）。本节在京津冀地区需水缺口的基础之上,从万元GDP用水量利用效率和万元工业增加值用水量利用效率两个方面进一步探究京津冀自然-社会二元水循环模式,以期为提高京津冀水资源利用效率、解决水资源供需矛盾,并统筹协调区域水资源配置提供理论指导与技术支持。

1. Gamma 曲线拟合

采用Gamma函数分析水资源利用效率频谱,Gamma函数是阶乘函数在实数与复数的基础上扩展而来的,通常也称作欧拉第二积分。Gamma函数逐渐在概率论、分析学、组合数学与偏微分方程中所应用普及,Gamma函数作为阶乘的延拓,是定义在复数范围内的亚纯函数,通常写成 $\Gamma(x)$。

实数域上Gamma函数表达式为

$$\Gamma(x) = \int_0^{+\infty} t^{x-1} e^{-t} dt \tag{6-10}$$

复数域上 Gamma 函数表达式为

$$\Gamma(z) = \int_0^{+\infty} t^{z-1} e^{-t} dt \tag{6-11}$$

Gamma 曲线最初用于数字图像处理，当 Gamma 值等于 1 时，曲线为与坐标轴成 45°的直线，这时表示输入和输出密度相同。高于 1 的 Gamma 值将会造成输出亮化，低于 1 的 Gamma 值将会造成输出暗化。后来 Gamma 曲线也常用于水文统计中，如水文频率的统计分析等，Gamma 分布具有的优势是只有正值，不足之处在于累积的分布功能不能够使用直线实现在坐标纸的可能性。近年来学者也尝试将 Gamma 曲线用于水资源分析，水文学中用得最多的是著名的皮尔逊概率分布函数簇，而其中最重要一员是 P-Ⅲ型分布，其本质上就是三参数的 Gamma 分布（龚谊承，2012；陆国锋，2017），也就是多了一个位置参数的 Gamma 分布，其密度函数如下：

$$f(x) = \begin{cases} \dfrac{\lambda^\alpha (x-x_0)^{\alpha-1} e^{-\lambda(x-x_0)}}{\Gamma(\alpha)} & x \geq x_0 \\ 0 & x < x_0 \end{cases} \tag{6-12}$$

式中，x_0 为位置参数，保留对基准点或基准时刻的预示；α 为形状线束，以保持与 Gamma 分布的一致；λ 为尺度参数，以保持与指数分布的一致性。其中，当 $\alpha=1$ 且 $x_0=0$ 时对应的分布正好是参数为 λ 的指数分布。

本节统计了 2007~2016 年全国的万元 GDP 用水量和万元工业增加值用水量，在每一年份内以 20 万元为步长进行分段，并将对应省份的 GDP 与万元工业增加值体量进行统计，对 Gamma 曲线的 3 个参数进行调参，采用 Gamma 曲线拟合，以反映万元 GDP 用水量与万元工业增加值用水量对应的 GDP 体量的变化，体现水资源效率的演变趋势。通过对京津冀 2007~2016 年万元 GDP 用水量与万元工业增加值用水量的统计分析，结合 Gamma 曲线所反映的物理机理，调整 Gamma 曲线的参数进行拟合，绘制 2007~2016 年我国的水资源利用效率频谱。

2. 万元 GDP 用水量利用效率

本节通过统计 2007~2016 年全国各省份的万元 GDP 用水量辨识出京津冀用水效率，在每一年份内以 20 万元为步长将总 GDP 进行分段，并将对应省份的 GDP 体量进行统计，找出北京、天津与河北对应的 GDP 体量，如 2016 年河北对应的万元 GDP 用水量为 60 m³，意味着河北万元 GDP 用水量在 40~60 m³。随后，为了校正图像偏差，采用 Gamma 曲线拟合，对 Gamma 曲线的 3 个参数进行调参，以反映万元 GDP 用水量对应的 GDP 体量的变化，体现水资源效率的演变趋势。通过对全国 31 个省份 2007~2016 年万元 GDP 用水量的统计分析，结合 Gamma 曲线所反映的物理机理，调整 Gamma 曲线的参数进行拟合，绘制 2007~

2016 年我国的水资源利用效率频谱，并用红、绿、蓝三种颜色将京津冀标注其中，具体如图 6-4 所示。

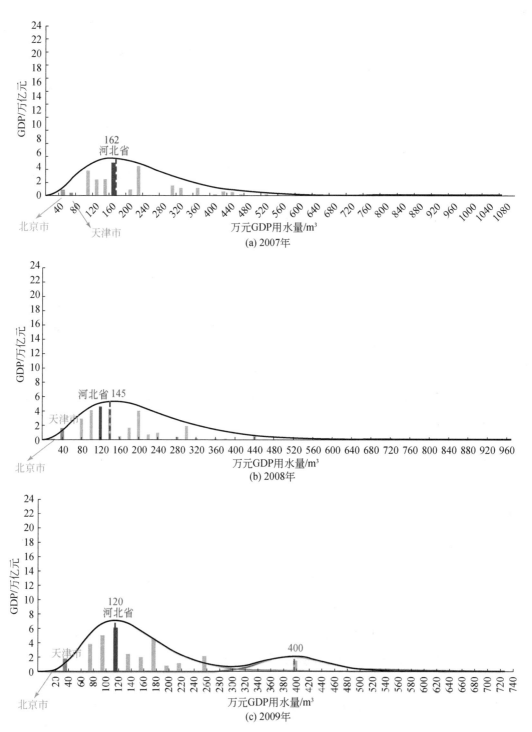

| 北京市 ↗ 天津市 ↗
(a) 2007年

(b) 2008年

(c) 2009年

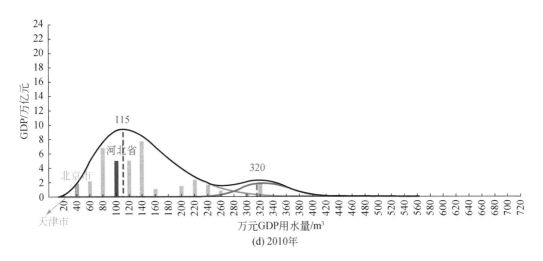

(d) 2010年

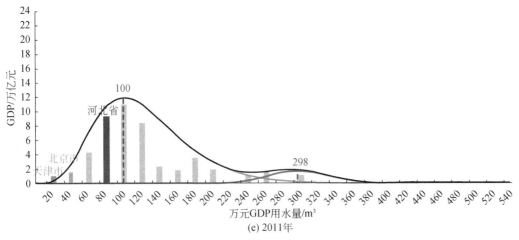

(e) 2011年

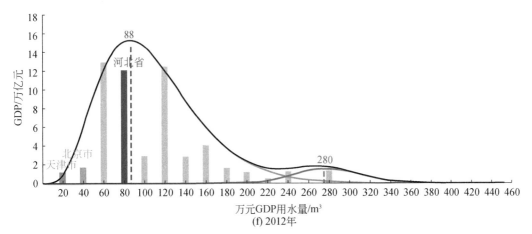

(f) 2012年

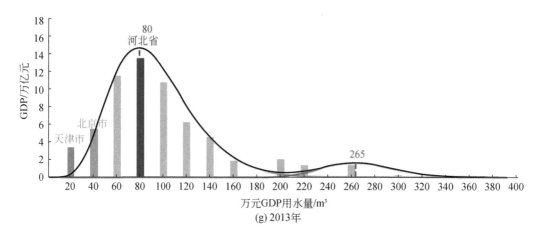

(g) 2013年

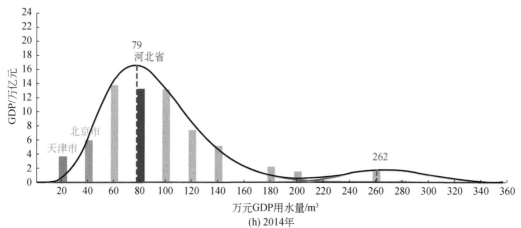

(h) 2014年

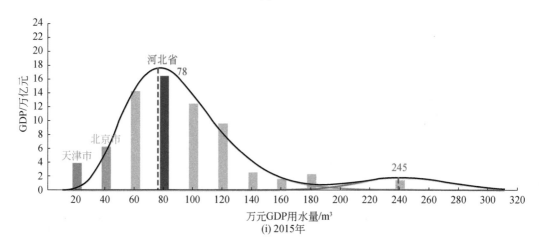

(i) 2015年

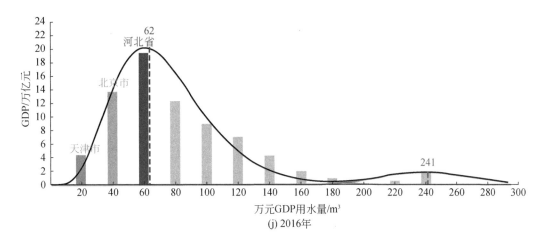

(j) 2016年

图 6-4　万元 GDP 用水量水资源利用效率频谱

由图 6-5 可知，京津冀地区水资源利用效率总体随着时间的增长和社会经济高速发展而变高。通过考察我国总体用水量的数据发现，GDP 随着万元 GDP 用水量的增长经过几个阶段后都会达到一个峰值，而后开始下降，并且 2007～2008 年皆为单峰变化，2009～2016 年出现小波峰，为双峰变化，随着时间的增长双峰变化的趋势愈加明显。另外，2007～2008 年曲线扁长，而近几年峰高曲线变得尖窄，整体效率在低节水平向高节水平移动。本

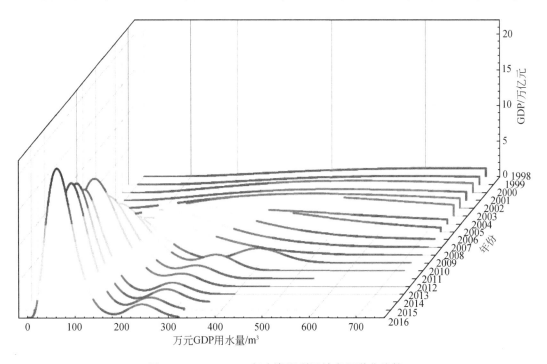

图 6-5　1998～2016 年水资源利用效率频谱曲线簇

研究将水资源效率频谱分为两个阶段：2007～2012年和2013～2016年，第一个阶段总体水资源利用效率较低，提高较慢，水资源浪费严重；第二个阶段水资源利用效率提升较为明显。然而，因我国不同地区间政策、经济、资源配置等相差较大，西北内陆欠发达地区与东南沿海发达地区差距较大，从两个阶段的水资源利用效率来看，北京、上海、广东、天津、江苏等发达地区效率一直很高，而山西、西藏、云南、贵州等地却相反。

从京津冀整体水资源利用效率来看，总体随着时间的增长效率变高（图6-6）。其中，GDP近年增加明显，万元GDP用水量近年减少显著，这二者之间呈负相关的趋势变化。北京的万元GDP用水量在三个地区中总体最低，其次分别为天津、河北。京津冀地区在2009年以后万元GDP用水量变化趋势减缓，呈现稳步下降态势。说明随着社会经济的发

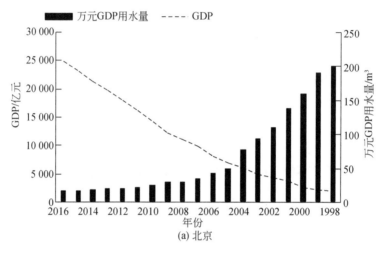

(a) 北京

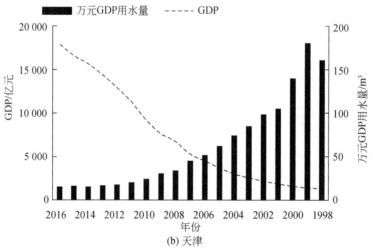

(b) 天津

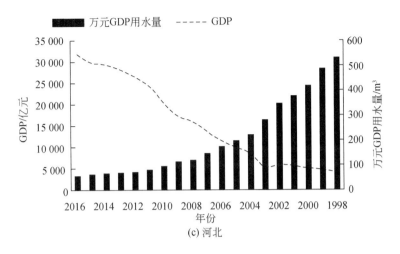

图 6-6　京津冀水资源利用效率

展水资源利用效率逐渐提高，并逐渐趋稳。另外，京津冀地区的水资源利用效率与其经济地理空间分布之间有着一定关联，这种关联对于中国其他各地区也一样适用。总体来看，我国各省份的水资源利用效率与地理位置呈显著正相关，其中京津冀地区的水资源利用效率在空间分布上并不是单纯的无序状态，其相似值之间存在着空间集聚，即水资源利用效率具有相似程度的地区相邻，因此在进行水资源利用效率的研究中不能忽略客观存在的经济-地理空间分布因素。

3. 万元工业增加值用水量利用效率

本节通过统计 2007～2016 年全国 31 个省份的万元工业增加值用水量，辨识出京津冀工业水资源利用效率，在每一年份以 20 万元为步长将总工业增加值进行分段，并将对应省份的工业增加值体量进行统计，找出北京、天津和河北对应的工业增加值体量，如 2016 年河北对应的万元工业增加值用水量为 80 m^3，意味着河北万元工业增加值用水量在 60～80 m^3。随后，为了校正图像偏差，采用 Gamma 曲线拟合，对 Gamma 曲线的 3 个参数进行调参，以反映万元工业增加值用水量对应的工业增加值体量变化，体现工业水资源利用效率的演变趋势。通过对全国 31 个省份 2007～2016 年万元工业增加值用水量的统计分析，结合 Gamma 曲线所反映的物理机理，调整 Gamma 曲线的参数进行拟合，绘制 2007～2016 年我国的工业水资源利用效率频谱，并用红、绿、蓝三种颜色将京津冀对应的万元工业增加值用水量标注其中，具体如图 6-7 所示。

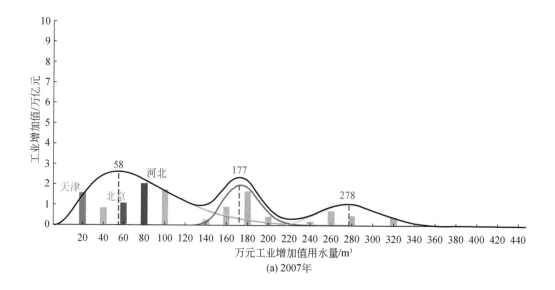

(a) 2007年

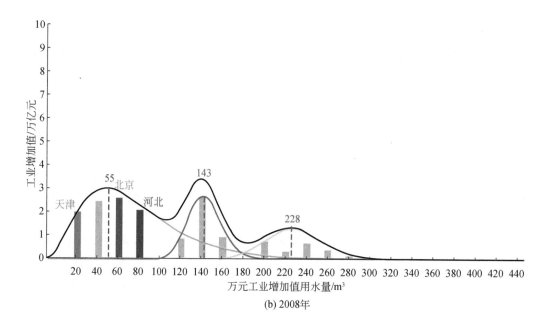

(b) 2008年

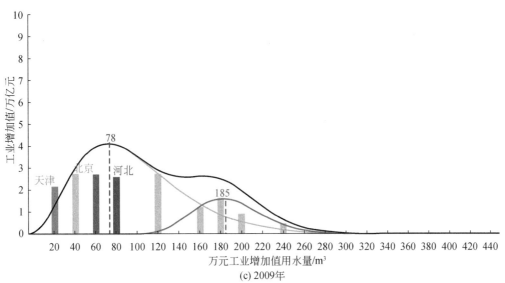

(c) 2009年

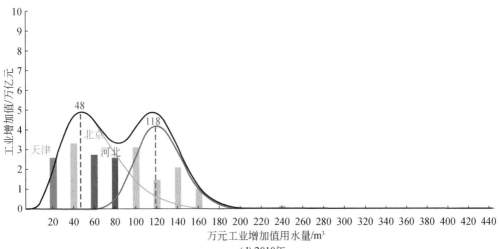

(d) 2010年

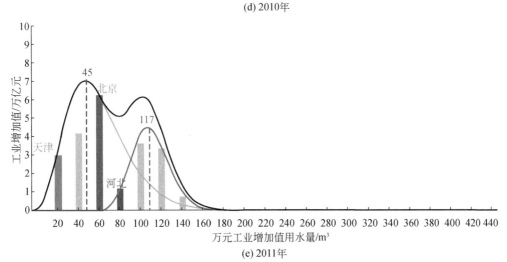

(e) 2011年

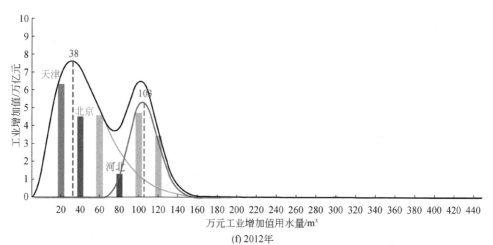

(f) 2012年

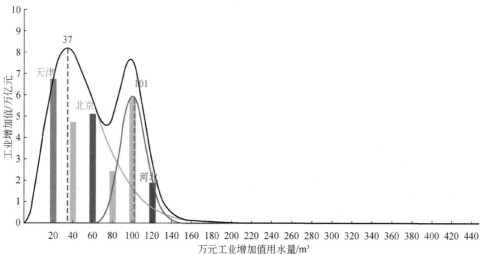

(g) 2013年

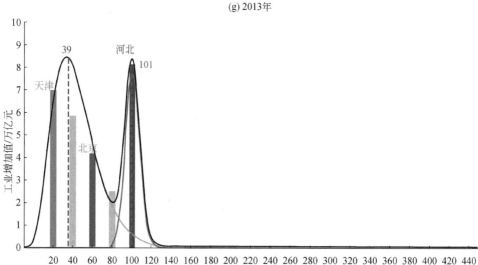

(h) 2014年

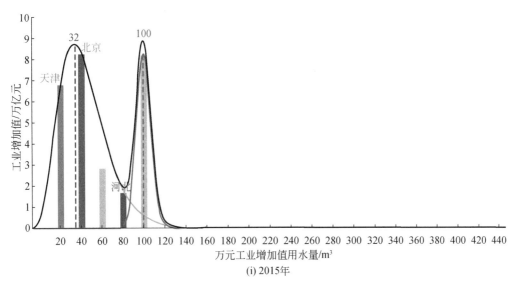

(i) 2015年

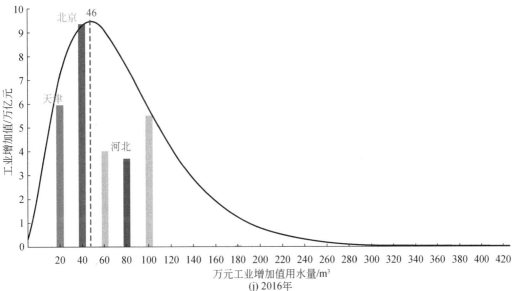

(j) 2016年

图 6-7　万元工业增加值用水量水资源利用效率频谱

由图 6-7 可知，京津冀地区工业水资源利用效率随着时间的增长和社会经济高速发展而变高。通过考察我国整体工业水资源利用效率发现，工业增加值随着万元工业增加值用水量的增长经过几个阶段后都会达到一个峰值，而后开始下降。与万元 GDP 用水量水资源效率频谱相比，不同的是 2007~2008 年为三峰变化，2009~2015 年为双峰变化，2016年为单峰变化，且随着时间的增长峰值变化的趋势愈加明显。另外，2007~2008 年的曲线扁长且是三峰变化，而近几年峰高曲线变得尖窄，整体工业水资源利用效率在低节水平向高节水平移动。

本节将工业水资源利用效率分为三个阶段：2007～2008年、2009～2015年和2016年。第一个阶段绘制的工业水资源效率图谱显示总体水资源利用效率较低，按照经济发展水平和水量情况可进一步对应三个节水水平，首先，主要分布于经济发达的缺水地区的高节水水平的省份，如北京、天津、河北、山东、陕西等，其经济规模最大，约占全国总工业增加值的1/2，万元工业增加值用水量的均值约为29.2 m³；其次，主要分布于经济欠发达的缺水地区的中节水水平的省份，如辽宁、内蒙古、新疆、河南等，其经济规模较小，仅占全国总工业增加值的1/3，万元工业增加值用水量的均值约为62 m³；最后，主要分布于经济发达的丰水区的低节水水平的省份，包括上海、浙江、广东等，这类省份的总体工业增加值约占全国的1/6，万元工业增加值用水量的均值约为125.7 m³。

从京津冀整体工业水资源利用效率来看，随着时间的增长效率变高。其中，工业增加值近年增长明显，万元工业增加值用水量近年减少显著，这二者之间呈负相关的趋势变化。其中，增加值用水量从高到低依次为河北、北京、天津。京津冀地区2007～2011年工业增加值变化趋势较为缓和，2011年后随着经济的发展迅速增长，直至2015～2016年逐步稳健，这说明随着社会经济的逐步发展，京津冀地区的工业水资源利用效率逐渐提高，并逐步趋稳。另外，京津冀地区对应的工业增加值体量皆处于高节水水平，这说明京津冀地区的工业水资源利用效率在空间分布上并不是单纯的无序状态，而是呈现出相似值之间的空间集聚，即工业水资源利用效率具有相似水平的地区相邻。因此，在进行工业水资源利用效率的研究中不能忽略客观存在的经济-地理空间分布因素。

基于以上分析，新时代的节水工作既面临节水水平不均衡、节水产业发展不充分、节水机制不健全等困难，也沐浴着转型升级、创新经济、供给侧结构性改革等新风，是充满希望、大有可为的一个黄金时期。未来实施国家节水行动的重点，建议着重于以下几个方面。

（1）进一步完善节水法规，构建节水技术政策体系。在广泛调研和征求意见的基础上，积极推进节水立法工作。同时，强力推动经济结构优化和产业转型升级，提高全行业节水水平。创新建立有利于节水的激励机制，调动全社会积极参与节水。与时俱进，修订《中国节水技术政策大纲》，构建有利于节水的技术政策体系。

（2）大力发展节水产业，建设节水社会化服务体系。引导和鼓励社会资本投资节水产业，破除妨碍节水产业发展的体制和机制障碍。培育和发展具有国际竞争力的龙头节水服务企业，形成龙头企业+大量专业化技术服务企业的良性发展格局。鼓励节水企业组建产业创新联盟，进行技术、商业和运营模式创新。及时制定和发布国家鼓励与淘汰的用水工艺、技术、产品及装备目录。

（3）依托供给侧结构性改革推进节水升级改造，促进节水均衡发展。通过立法强制、优先淘汰落后的用水工艺（方式）、技术、产品和装备，大幅压减低效、粗放的用水行为，大力提升节水后进地区的水资源利用效率，促进节水均衡发展。

（4）完善取用水、排水监测系统，促进水资源的循环、高效利用。未来节水的重要措施之一就是提高水资源的利用效率、减少单位产品的耗水。因此建议在完善取用水监控系统的同时，构建排水监测系统，实现对用水效率、耗水指标等的监测，全面科学地评判用水主体的节水水平，通过节水奖惩等配套措施促进水资源的循环、高效利用。

（5）逐步调整生活、工业和农业水价，构建利于节水的水价体系。生活供水应逐步推行阶梯水价体系，对于满足基本生活的刚性用水实行基本水价，对于超标准的弹性用水和奢侈用水实行累进加价制度。对于第二和第三产业用水，根据不同行业的用水定额实施超定额累进加价制度，对于高用水的特殊服务行业采用特种行业水价，通过提高水价促进水资源的循环利用、高效利用。农业用水应根据当地水资源条件和主要作物类型制定合理的基本水价与灌溉用水定额，对超定额部分的用水实施水权交易和市场定价制度。

6.3　基于水资源需求场理论的京津冀地区需水格局演变及驱动力分析

6.3.1　基于水资源需求场理论的京津冀地区需水强度变化及分析

根据 5.1 节所述的水场理论，首先确定各研究区内各城市多年（2000～2016 年）"水荷"大小，各城市"水荷"大小的取值采用实际年需水量表示。实际用水资料来源于各城市统计年鉴及水资源公报。

各城市典型年的（本研究典型年为 2000 年、2005 年、2010 年、2015 年）"水荷"大小如图 6-8 所示。由图 6-8 可知，研究区内，北京的"水荷"最大，天津次之。河北省会石家庄"水荷"最大，唐山次之。从时间分布来看，京津冀地区城市需水量总体上呈现出上升的趋势，各城市 2000～2015 年需水量变化率见表 6-6。由表 6-6 可知，京津冀地区总体的城市需水量是呈现上升趋势的，北京与天津的需水量在 2000～2015 年大幅度上升，而河北省内的城市需水量增减情况并不相同，石家庄与唐山的需水量上升比较明显。

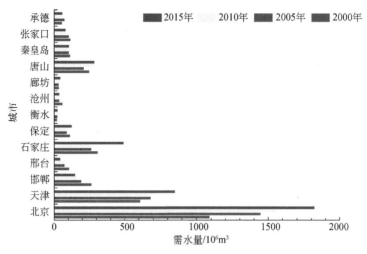

图 6-8　京津冀地区需水量统计

表 6-6　京津冀地区主要城市需水量变化率　　　　　（单位:%）

城市	北京	天津	邯郸	邢台	石家庄	保定	衡水
变化率	+66.96	+39.45	-43.36	-57.20	+59.09	+11.57	+20.76
城市	沧州	廊坊	唐山	秦皇岛	张家口	承德	总体
变化率	-35.61	+30.12	+14.54	-6.97	-28.34	+6.86	+31.27

　　在确定各城市"水荷"的基础上，利用水场理论，将研究区抽象为需水场，计算得到京津冀地区多年水场分布情况，并以2015年为标准作图，其中典型年分布情况如图6-9所示。

　　从空间分布来看，京津冀地区的水场分布以北京和天津为中心，该地区需水场的场强最大，表示该地区的需水强度较大，对周边地区的影响较强。就河北而言，石家庄与唐山的用水需求较大，因此在周边产生了较大的需水场强度，而廊坊地区由于距离北京和天津较近，尽管其自身的需水量并不大，但受北京和天津的影响较强，廊坊周边地区也产生了较大的需水场强度。对于河北南部和北部地区而言，由于城市需水量较小，且距离北京和天津较远，需水场强度相对较低，这样的结果是符合客观认知的。

　　从时间分布来看，京津冀地区的水场呈现出强度变大，影响范围变广的趋势。对于北京、天津及其周边地区而言，水场强度呈现出明显的上升趋势，而石家庄和唐山附近的地区，水场强度也有一定的提升。而对比2015年和2000年水场分布情况，北京与天津地区对周边的影响更广。以保定地区为例，2000年，保定地区周边的水场强度与石家庄附近的水场强度接近。而对于2015年而言，保定地区的水场强度却明显高于石家庄地区。由此可以看出，北京与天津对周边的影响变得更强。总而言之，京津冀地区的水场强度呈现出一种"强处更强，弱处变强"的趋势。

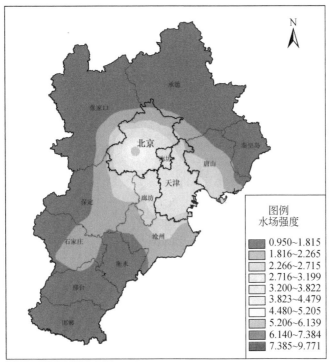

(a) 2000年

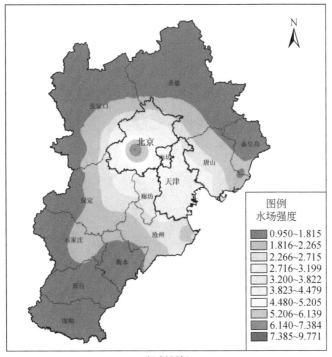

(b) 2005年

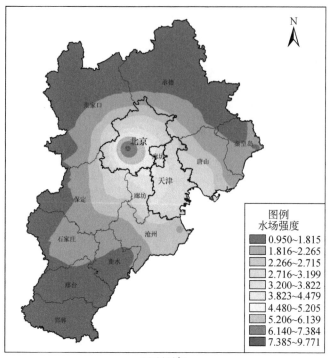

(c) 2010年

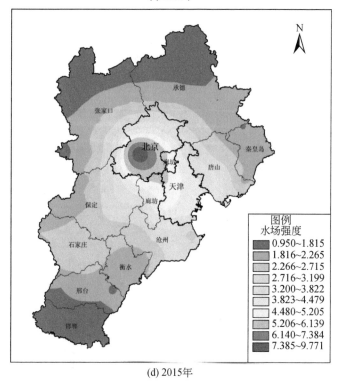

(d) 2015年

图 6-9　京津冀地区典型年水场分布

京津冀地区 2015 年水资源需求场方向如图 6-10 所示。研究区的水资源需求场的方向受多个城市共同影响。距离城市较近的地区，受该城市的影响较强，因此方向普遍指向城市中心。对京津冀地区整体而言，从图 6-10 中可以明显看出，水资源需求场的方向主要指向北京与天津地区。对北部地区而言，普遍指向南方；而对南部地区而言，普遍指向北方。总体上形成了明显的向京津地区聚拢的态势，这也反映出了北京和天津地区需水量较强，对周边地区影响较大。从图 6-10 中也可以看出，石家庄和唐山作为河北省内两个大型城市，对周边地区的影响比较明显，石家庄和唐山附近都出现了明显指向该城市的箭头，这也较好地反映了城市需水对相邻地区的影响。

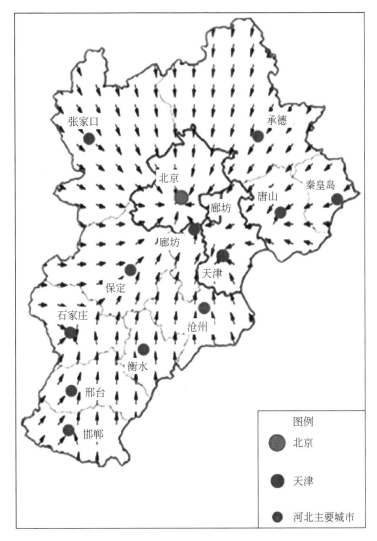

图 6-10　2015 年京津冀地区水场方向

对京津冀地区而言，多年来北京和天津的用水需求一直很高且呈现出明显的上升态势，且对周边地区的影响逐步扩大，因此京津冀地区的水资源需求场方向多年并未产生明显的变化，就总体而言，一直呈现出以京津地区为核心的态势。图 6-10 中的箭头仅反映方向，并不描述大小，故仅选用 2015 年作为代表，论述水资源需求场的方向问题。其余典型年份（2000 年、2005 年、2010 年）的方向与图 6-10 相近，在此不做过多赘述。

6.3.2 京津冀地区需水变化驱动力分析

随着社会的发展，人口增长和经济发展等因素促使用水量增加。人口的增长使得生活用水量大幅度提升，经济的发展也带来了用水需求的不断增加。因此可以认为，社会的发展是城市需水量不断提升的根本原因。

中国的人口增长速率总体上呈现出减缓的趋势，但是城镇化的进程使得人口出现了向城市高度聚集的现象。因此，由于城乡人口结构的改变，在分析人口增长问题时，应将人口分为城市人口变化和村镇人口变化两项因素。京津冀地区近年来经济高速发展，同时，产业结构也产生了较大的变化。第三产业的占比逐渐增加，在北京和天津，第三产业已经逐渐成为主导产业。因此在分析经济发展情况时，应区分产业类型进行分析。

基于上述分析及国内外学者的研究成果，本研究选用城市人口（X_1）、村镇人口（X_2）、第一产业增加值（X_3）、第二产业增加值（X_4）、第三产业增加值（X_5）、规模以上工业产值增量（X_6）、农业灌溉面积（X_7）七项指标构建描述社会发展的社会发展场，并在此基础上分析引起需水量增长的具体驱动因素。

1. 熵权法确定权重

在构建社会发展场时，由于有多个指标，需要确定各项指标的权重。本研究选用熵权法确定各项指标权重，熵权法是一种基于长系列数据而确定权重的方式，其结果反映了指标的变化幅度，变化幅度越大的指标，权重越大，反之越小。因此，熵权法可以较好地反映指标的客观权重，避免主观因素造成的某项指标权重过大或过小。熵权法计算过程如下。

假设第 i 个方案中，有 p 组实际数据组成有效解集，则 p 组方案的 m 个指标可构成矩阵：

$$i_G = \begin{pmatrix} i_{G_{11}} & i_{G_{12}} & \cdots & i_{G_{1p}} \\ i_{G_{21}} & i_{G_{21}} & \cdots & i_{G_{2p}} \\ \vdots & \vdots & \ddots & \vdots \\ i_{G_{m1}} & i_{G_{m2}} & \cdots & i_{G_{mp}} \end{pmatrix} = (i_{G_{hj}})_{m \times p} \tag{6-13}$$

式中，$i=1,2,\cdots,m$ 为阶段数；$h=1,2,\cdots,m$；$j=1,2,\cdots,p$；$i_{G_{hj}}$ 为第 i 阶段第 j 个方案第 h 个评价指标的特征值。

由于各项指标单位不同，可用模糊数学中隶属度的概念加以描述。因此可以做如下定义。

定义 1，设评价指标特征矩阵，其中越大越优元素 i_{Ghj} 的相对隶属度为

$$i_{rhj} = \frac{(i_{Ghj} - \min_j(i_{Ghj}))}{(\max_j(i_{Ghj}) - \min_j(i_{Ghj}))} \tag{6-14}$$

式中，$\max_j(i_{Ghj})$ 是第 h 个评价指标 p 个方案中的极大值，$h=1,2,\cdots,m$；$j=1,2,\cdots,p$。

定义 2，设评价指标特征矩阵，其中越小越优元素 i_{Ghj} 的相对隶属度为

$$i_{rhj} = \frac{(\max_j(i_{Ghj}) - i_{Ghj})}{(\max_j(i_{Ghj}) - \min_j(i_{Ghj}))} \tag{6-15}$$

根据定义 1 和 2，由评价指标矩阵式（6-13）可得到指标优属度矩阵

$$\boldsymbol{i_R} = \begin{pmatrix} i_{r_{11}} & i_{r_{12}} & \cdots & i_{r_{1p}} \\ i_{r_{21}} & i_{r_{22}} & \cdots & i_{r_{2p}} \\ \vdots & \vdots & \ddots & \vdots \\ i_{r_{m1}} & i_{r_{m2}} & \cdots & i_{r_{mp}} \end{pmatrix} = (i_{rhj})_{m \times p} \tag{6-16}$$

式中，$i=1,2,\cdots,n$；$h=1,2,\cdots,m$；$j=1,2,\cdots,p$。

在此基础上，确定各项指标熵值：

$$f_{ij} = \frac{b_{ij}}{\sum\limits_{i=1}^{n} b_{ij}} \tag{6-17}$$

式中，b_{ij} 为第 j 个指标在第 i 个项目的指标值。

$$H_i = -\frac{1}{\ln n}\left[\sum_{j=1}^{n} f_{ij}\ln f_{ij}\right] \tag{6-18}$$

最后，计算指标熵权：

$$\omega_e = \frac{1 - H_i}{m - \sum\limits_{k=1}^{m} H_k} \tag{6-19}$$

式中，$i=1, 2, 3, \cdots, m$。

熵权法的计算结果见表 6-7。由表 6-7 可知，对于京津冀地区而言，城市人口和第三产业增加值的权重较大，而村镇人口和农业灌溉面积的权重较小。从时间尺度来看，第三产业增加值的权重逐渐增大，而规模以上工业产值增量的权重有减小的趋势。这种结果与京津冀地区的实际发展情况是一致的，高度城镇化使得城市人口占比提升，同时，由

于产业结构的不断调整，第三产业正逐步成为经济发展中的主导因素。因此可以认为，权重的计算结果是合理的。

表6-7　各典型年指标权重

年份	城市人口/万人	村镇人口/万人	第一产业增加值/亿元	第二产业增加值/亿元	第三产业增加值/亿元	规模以上工业产值增量/亿元	农业灌溉面积/万 hm²
2000	0.26	0.05	0.07	0.12	0.22	0.23	0.05
2005	0.25	0.06	0.08	0.15	0.25	0.15	0.06
2010	0.24	0.07	0.12	0.14	0.23	0.15	0.05
2015	0.26	0.06	0.10	0.17	0.30	0.05	0.06

2. 社会发展场构建

利用熵权法确定的权重，构建京津冀地区社会发展场，其中典型年（2000年、2005年、2010年、2015年）结果如图6-11所示。

由图6-11的空间分布格局可以看出，京津冀地区的社会发展以北京和天津为核心，向四周扩张。京津地区人口高度聚集，同时，该地区是中国的经济中心之一，因此可以认为，对于京津冀地区而言，北京和天津的社会发展程度是最高的，这与常规认知是一致的。对于河北省内城市而言，石家庄附近的社会发展程度较高，而对于北部地区如张家口，南部地区如邯郸等区域，社会发展程度始终处于较低水平。

对比4个典型年的发展情况可以从时间尺度分析京津冀地区的社会发展变化情况。2000~2015年，京津冀地区高速发展，各地区的社会经济都有不同程度的提升，但是就总体而言，仍是以北京和天津地区为核心，而对于河北省内城市而言，仍以省会石家庄为核心。由图6-11可以看出，京津冀地区的发展情况并不均衡，北京和天津地区的发展程度明显高于其他地区，而河北省内城市发展速率远低于北京和天津。在京津冀协同发展的政策下，这种发展模式呈现出了明显的不均衡性，并不能很好地契合一体化发展的论述。

对比图6-9和图6-11可知，社会发展场与需水场在分布上具有一致性。利用ArcGIS软件的栅格提取工具，对需水场与社会发展场进行相关性分析，拟合结果如图6-12所示，相关性统计见表6-8。

由图6-12可知，京津冀地区的需水场与社会发展场呈现明显的正相关关系，在需水场强度较大的地区，社会发展情况较好。各典型年的拟合结果的相关系数均在0.95以上，可以认为二者具有明显的正相关关系，也就是说，社会发展程度越高的区域，需水场强度越大。因此可以认为，社会发展是引起需水量增长的关键因素。但是这样的结果并不能准确地识别出具体因素，因此需要进一步探寻影响区域需水量增长的具体驱动力。

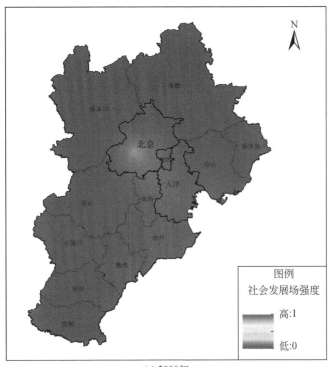

(a) 2000年

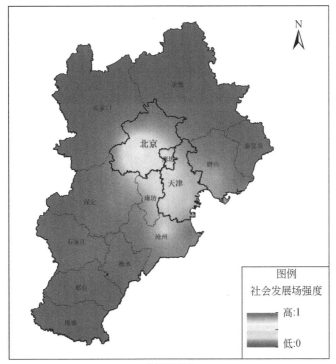

(b) 2005年

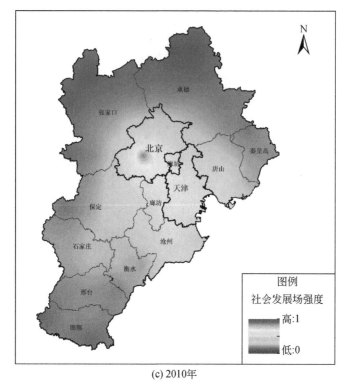

(c) 2010年

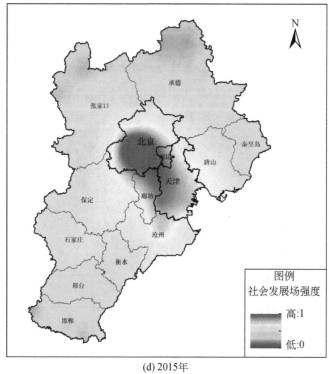

(d) 2015年

图 6-11　京津冀地区典型年社会发展场分布

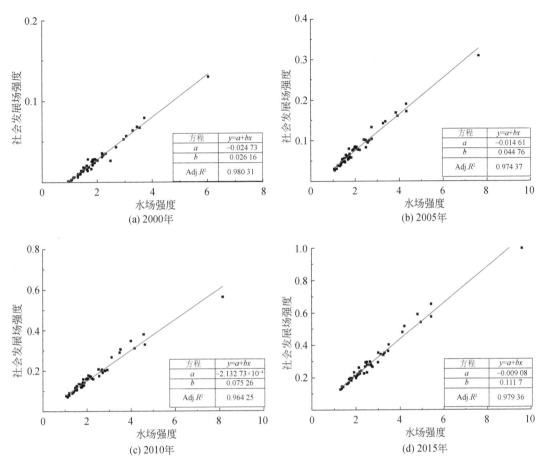

图 6-12　京津冀地区需水场与社会发展场线性拟合结果

表 6-8　典型年相关系数

指标	2000 年	2005 年	2010 年	2015 年
相关系数	0.988	0.972	0.968	0.980

3. 基于主成分分析法的需水驱动因素识别

社会发展对京津冀地区的需水量增长具有显著的驱动作用，本小节利用主成分分析法对影响京津冀地区需水量增长的具体驱动力进行识别。主成分分析是通过降维技术把多个变量简化为少数几个主成分的统计分析方法。这些主成分能够反映原始变量的绝大部分信息。具体计算步骤如下。

首先计算样本的协方差矩阵:

$$\sum = (s_{ij})_{p \times p} \tag{6-20}$$

式中,$s_{ij} = \dfrac{1}{n-1}\sum_{k=1}^{n}(x_{ki}-\bar{x}_i)(x_{kj}-\bar{x}_j)$,$i,j=1,2,3,\cdots,p$。

在此基础上,求出协方差矩阵的特征值 λ_i 及相应的正交化特征向量 $\boldsymbol{a}_i$。$\sum = (s_{ij})_{p \times p}$ 的前 m 个较大的特征值 $\lambda_1 \geqslant \lambda_2 \geqslant \cdots \lambda_m > 0$,就是前 m 个主成分对应的方差,λ_i 对应的单位特征向量 $\boldsymbol{a}_i$ 就是主成分 F_i 的关于原变量的系数,则原变量的第 i 个主成分 F_i 为

$$F_i = a_i' X \tag{6-21}$$

主成分的信息贡献率用来反映信息量的大小,α_i 为

$$\alpha_i = \lambda_i \Big/ \sum_{i=1}^{m} \lambda_i \tag{6-22}$$

最终选择主成分的数量,是通过信息累积贡献率 $G(m)$ 来确定的:

$$G(m) = \sum_{i=1}^{m} \lambda_i \Big/ \sum_{k=1}^{p} \lambda_k \tag{6-23}$$

通常认为,当累积贡献率大于85%时,就足够反映原来变量的信息。计算主成分的载荷方法如下:

主成分载荷是成分 F_i 与原变量 X_j 间的关联程度,原变量 $X_j(j=1,2,\cdots,p)$ 在各个主成分 $F_i(i=1,2,\cdots,m)$ 上的载荷 $l(Z_i,X_j)(i=1,2,\cdots,m;j=1,2,\cdots,p)$ 为

$$l(Z_i,X_j) = \sqrt{\lambda_i}\,a_{ij} \quad (i=1,2,\cdots,m;j=1,2,\cdots,p) \tag{6-24}$$

主成分分析法的计算结果见表6-9,变化过程如图6-13所示。由图6-13可知,村镇人口和农业灌溉面积两项指标的载荷系数均低于0,而第一产业增加值指标仅有部分年份的载荷系数略高于0。由此可知,以上三项因素无法对社会发展产生较大的影响,因此不能将其视为京津冀地区需水量增加的驱动因素。多年来,京津冀地区的村镇人口数量和农业灌溉面积变化较小,这是二者无法作为需水量增长驱动力的主要原因。需要说明的是,农业灌溉用水仍在用水总量中有较大的占比,但是并不是需水量增长的因素之一。

表6-9 京津冀地区各阶段需水驱动力主成分载荷系数

年份	X_1	X_2	X_3	X_4	X_5	X_6	X_7
2000	0.98	−0.53	−0.06	0.91	0.93	0.98	−0.51
2001	0.98	−0.56	−0.07	0.91	0.90	0.97	−0.56
2002	0.98	−0.54	0.01	0.93	0.88	0.91	−0.55
2003	0.99	−0.58	−0.13	0.98	0.91	0.96	−0.58

续表

年份	X_1	X_2	X_3	X_4	X_5	X_6	X_7
2004	0.97	-0.62	-0.14	0.91	0.88	0.91	-0.60
2005	0.97	-0.61	-0.21	0.88	0.91	0.93	-0.61
2006	0.95	-0.65	-0.32	0.86	0.86	0.88	-0.66
2007	0.96	-0.62	-0.31	0.86	0.88	0.89	-0.64
2008	0.92	-0.66	-0.29	0.82	0.84	0.57	-0.67
2009	0.95	-0.58	-0.38	0.80	0.89	0.75	-0.64
2010	0.94	-0.57	-0.40	0.82	0.89	0.84	-0.65
2011	0.90	-0.62	-0.48	0.76	0.86	0.51	-0.72
2012	0.91	-0.53	-0.52	0.76	0.88	0.75	-0.69
2013	0.90	-0.55	-0.55	0.74	0.88	0.88	-0.73
2014	0.93	-0.47	-0.50	0.77	0.91	0.69	-0.71
2015	0.89	-0.58	-0.55	0.66	0.91	-0.39	-0.80
2016	0.82	-0.58	-0.66	0.66	0.86	-0.27	-0.83

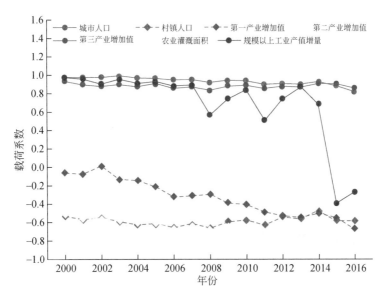

图 6-13　社会发展因素第一主成分因子载荷系数

对于规模以上工业产值增量而言，2000~2014年，主成分的第一载荷系数较大，可以作为区域需水量增加的驱动因素之一，其中2000~2007年，其载荷系数位于第二位，可以认为是次要驱动因素。但是2015年后，该指标的载荷系数小于0，可以认为该指标不再是区域需水量增加的驱动因素之一。这样的变化主要是由于随着工业化进程的不断发展，工业产值已经遇到了一定的瓶颈，无法继续大规模的发展。

对于第二产业增加值而言，主成分的第一载荷系数较大，可以作为区域需水量增加的驱动因素之一。

对于城市人口而言，2000~2014年，主成分的第一载荷系数位于第一位，可以认为是区域需水量增加的主要驱动因素。但是2015年后，该指标的载荷系数下降到第二位。这样的变化主要是由于京津冀地区的人口增速减缓，城镇化率的增速有一定程度的放缓。

对于第三产业增加值而言，2000~2007年，主成分的第一载荷系数较大，可以认为是区域需水量增加的驱动因素之一。2008~2014年，主成分的第一载荷系数位于第二位，可以认为是区域需水量增加的次要驱动因素。2015年后，主成分的第一载荷系数位于第一位，可以认为是区域需水量增加的主要驱动因素。这样的变化主要是由于京津冀地区的产业结构发生了明显的变化，第三产业的占比逐年增加，用水量持续增加。

综合以上分析，京津冀地区的需水驱动因素变化情况可以分为三个阶段，具体内容见表6-10。

表6-10　京津冀地区各阶段需水驱动力

阶段	主要驱动力	次要驱动力	其他驱动力
2000~2007年	城市人口	规模以上工业产值增量	第二产业增加值、第三产业增加值
2008~2014年	城市人口	第三产业增加值	第二产业总值、规模以上工业产值增量
2015年后	第三产业增加值	城市人口	第二产业总值

第一阶段是2000~2007年。在此阶段，主要驱动因素是城市人口，其次是规模以上工业产值增量。第二产业增加值和第三产业增加值也是驱动因素。

第二阶段是2008~2014年。在此阶段，主要驱动因素是城市人口，其次是第三产业增加值。第二产业增加值和规模以上工业产值增量也是驱动因素。

第三阶段是2015年后。在此阶段，主要驱动因素是第二产业增加值，其次是城市人口。第二产业增加值也是驱动因素。

6.4 京津冀地区二元需水高程计算及汇流分析

6.4.1 基于能量转化的社会需水高程确定

二元水循环理论揭示了人类活动影响情况下的水循环特性，然而社会需水高程的确定方法仍需探索。由于人类活动用水除依靠天然降水外，主要靠地下水补给，可以从取用水的能量消耗角度探索社会需水高程。

经典物理学中的做功公式如下：

$$W = F \cdot S \tag{6-25}$$

式中，W 为做功；F 为力；S 为位移。由于取水可以认为是在垂直方向产生的做功，上述公式可推导为

$$W = mg \cdot S \tag{6-26}$$

式中，m 为用水量；g 为重力加速度，因此，高程 S 的计算公式为

$$S = \frac{W}{mg} \tag{6-27}$$

通过各地区取水的能耗及需水量，即可得到当地需水高程。通过查询中国能源统计年鉴及各地区年鉴可知，在分行业能源消费量中，包含水的生产和供应业，该数据可以认为是取水的耗能情况，但是不同年鉴的统计方式并不相同，如中国能源统计年鉴中给出了万吨标准煤数据。但是，部分地区能源年鉴给出的数据并非标准煤，而是煤炭、汽油、柴油、液化石油气等能源。因此，需要将不同类型能源进行转化计算。

（1）标准煤：中国规定每千克标准煤的热值为 7000 kcal[①]，换算为焦耳后可知，标准煤的能量为 29 307 kJ/kg。

（2）煤炭：1 kg 原煤产生热量为 20 934 kJ/kg，折合标准煤为 0.7143 kgce/kg。

（3）汽油：汽油的平均低位发热量为 43 124 kJ/kg，折合标准煤为 1.4714 kgce/kg。

（4）柴油：柴油的平均低位发热量为 42 708 kJ/kg，折合标准煤为 1.4571 kgce/kg。

（5）液化石油气：液化石油气的平均低位发热量为 42 472 kJ/kg，折合标准煤为 1.7143 kgce/kg。

（6）天然气：天然气的平均低位发热量为 35 588 kJ/kg，折合标准煤为 1.2143 kgce/m³。

---

① 1 cal = 4.1868 J。

依据《2015 年北京市统计年鉴》，可查得分行业能源消费量，其中水的生产和供应业耗能情况见表 6-11。

表 6-11　北京地区供水能耗情况

能源类型	煤炭	汽油	柴油	液化石油气
单位	万 t	万 t	万 t	万 t
用量	0.31	0.19	0.10	0.02
能源类型	天然气	热力	电力	
单位	亿 m³	10^6 kJ	亿 kW·h	
用量	0.08	24.58	11.93	

依据天津市 2015 年统计年鉴资料，可查得分行业能源消费量，其中水的生产和供应业耗能情况见表 6-12。

表 6-12　天津地区供水能耗情况

能源类型	煤炭	汽油	柴油	热力	电力
单位	万 t	万 t	万 t	10^6 kJ	亿 kW·h
用量	0.07	0.11	0.02	12.22	5.13

对于河北省而言，仅统计年鉴各城市的耗能总量，而并未区分行业进行耗能统计，因此无法得到水的生产和供应业的准确耗能情况，因此，对于河北省内各城市而言，本节拟采用全国范围内，水的生产和供应占总耗能的比例进行折算。国家能源年鉴提供了全国范围内各行业的耗能情况及总体耗能数据，其中 2010~2017 年的耗能情况见表 6-13。

表 6-13　全国供水能耗及比例

指标	2010 年	2011 年	2012 年	2013 年
能源消费总量/万 tce	324 939.15	348 001.66	361 732.01	416 913.02
水的生产和供应业能源消费量/万 tce	970.36	1 036.08	1 115.29	1 160.90
占比/%	0.30	0.30	0.31	0.28
年份	2014 年	2015 年	2016 年	2017 年
能源消费总量/万 tce	425 806.07	429 905.10	435 818.63	448 529.14
水的生产和供应业能源消费量/万 tce	1 226.47	1 288.78	1 364.89	1 495.33
占比/%	0.29	0.30	0.31	0.33

由表6-13可知，对于水的生产和供应业，耗能占比约为总耗能的0.3%。因此，本节选用0.3%作为河北水的生产和供应业占地区耗能的比例。通过查询河北统计资料，可得各市2015年耗能情况，结果见表6-14。

表6-14　河北各市供水能耗　　（单位：万 tce）

城市	石家庄	承德	张家口	秦皇岛	唐山	廊坊
耗能	2 931.04	963.09	1 025.16	713.54	7 182.77	687.82
城市	保定	沧州	衡水	邢台	邯郸	
耗能	1 118.02	1 271.66	295.24	1 166.84	3 395.01	

利用做功公式计算京津冀地区各地社会需水高程，但是能源的转化率并不能达到100%，多数能源的转化率介于50%~90%，因此，本节分别计算50%、70%和90%转化情况下的社会需水高程，结果见表6-15。

表6-15　京津冀地区社会需水高程　　（单位：m）

城市	100%转化	90%转化	70%转化	50%转化
北京	292.51	263.26	204.76	146.26
天津	87.16	78.44	61.01	43.58
石家庄	69.78	62.80	48.85	34.89
承德	78.81	70.93	55.17	39.41
张家口	75.81	68.23	53.07	37.91
秦皇岛	61.42	55.28	42.99	30.71
唐山	209.53	188.58	146.67	104.77
廊坊	50.07	45.06	35.05	25.04
保定	28.53	25.68	19.97	14.27
沧州	68.17	61.35	47.72	34.09
衡水	14.08	12.67	9.86	7.04
邢台	50.00	45.00	35.00	25.00
邯郸	128.92	116.03	90.24	64.46

由表6-15可知，北京的社会需水高程最大，唐山次之。但是将一个城市的高程集中

在一个点上，显然是不够合理的，因此根据各县的实际需水情况，将社会需水高程进行分配。计算公式如下：

$$S_i = \frac{F_i}{F} \cdot S \tag{6-28}$$

式中，S_i 为各县社会需水高程；S 为所属市的社会需水高程；F_i 为各县的实际用水量；F 为所属市的实际需水量。

6.4.2 基于人工神经网络的京津冀地区县级需水量划分

通常来讲，用水结构主要包含三个部分，即农业用水、工业用水和生活用水。用水数据通常通过统计手段获得，但是现有的统计数据仅能提供城市尺度的用水量数据。国家统计局官方网站提供了各省级行政区的用水数据，各地的水资源公报提供了各城市的用水数据。然而对于县级尺度区域，往往无法通过统计数据得到实际的用水数据，因此需要探寻一种方法计算县级尺度区域需水量。

研究表明，经济增长与用水量之间存在着一定的关系，因此本章将经济发展情况、人口密度和灌溉面积三项因素作为影响区域用水的主要因素，对比分析了传统的线性或非线性模型及人工神经网络模型的拟合结果，并选用相对误差最小的模型对县级尺度的用水量进行划分。相关研究表明，灯光数据可以反映区域的经济发展情况，因此，本章选取NPP-VIIRS 遥感灯光数据表征经济发展情况，选取 LandScan 人口密度遥感影像表征人口数量，选取土地利用情况表征农业用水数量。其中，京津冀地区 2015 年的遥感影像如图 6-14 所示。

NPP-VIIRS 遥感数据的网格精度为 500m，LandScan 遥感数据的网格精度为 1 km，土地利用遥感数据的网格精度为 250 m。利用 ArcGIS 软件，提取京津冀地区遥感数据，将 2015 年各市及其主城区总光强度、人口密度和灌溉面积作为输入条件，各市及其主城区的实际用水数据（由国家统计局官方网站或当地水资源公报获取）作为输出条件，构建拟合模型。在此基础上，提取各县的遥感数据作为模型输入条件，得出各县需水量。

1. 传统拟合模型

将问题概括为分布式数学模型是解决非线性问题的一种相对简单的方法。常用的分布式模型包括多项式、指数和对数模型。尽管这些方法操作简单并且有时可以达到良好的拟合效果，但是当将它们应用于复杂的非线性问题时，通常无法获得令人满意的良好拟合和预测能力。

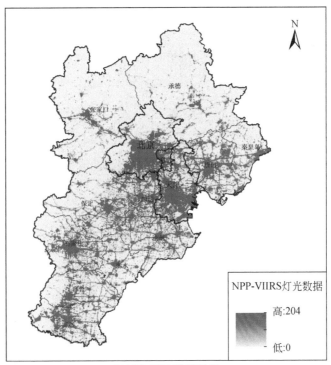

(a) NPP-VIIRS灯光数据

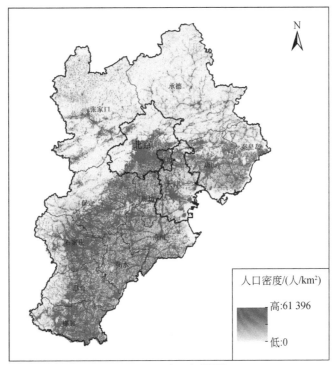

(b) LandScan人口密度影像

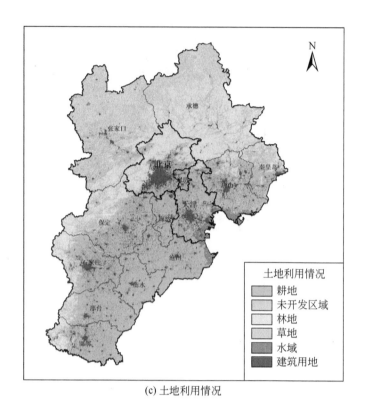

(c) 土地利用情况

图 6-14 京津冀地区 2015 年遥感影像图

2. 基于人工神经网络的非线性拟合模型

ANN 从信息处理的角度模拟人的神经网络，以建立可以解决自然界中常见的非线性问题的模型。常见的 ANN 类型如下。

（1）BP 神经网络模型：BP 神经网络是典型的多层前向神经网络，具有一个输入层、几个隐藏层和一个输出层。层之间使用完全连接，并且同一层中的神经元之间没有互连。理论论证表明，具有隐含层的三层网络可以近似任何非线性函数。假设一对样本 (X, Y) 为 $X=[x_1, x_2, \cdots, x_m]'$，$Y=[y_1, y_2, \cdots, y_n]'$，则隐含层的神经元为 $O=[O_1, O_2, \cdots, O_l]'$。输入层和隐藏层神经元之间的网络权重矩阵 $\boldsymbol{W}^1$ 以及隐藏层和输出层神经元 $\boldsymbol{W}^2$ 之间的网络权重矩阵为

$$\boldsymbol{W}^1=\begin{bmatrix} \omega_{11}^1 & \omega_{12}^1 & \cdots & \omega_{1m}^1 \\ \omega_{21}^1 & \omega_{22}^1 & \cdots & \omega_{2m}^1 \\ \vdots & \vdots & \ddots & \vdots \\ \omega_{l1}^1 & \omega_{l2}^1 & \cdots & \omega_{lm}^1 \end{bmatrix}, \quad \boldsymbol{W}^2=\begin{bmatrix} \omega_{11}^2 & \omega_{12}^2 & \cdots & \omega_{1l}^2 \\ \omega_{21}^2 & \omega_{22}^2 & \cdots & \omega_{2l}^2 \\ \vdots & \vdots & \ddots & \vdots \\ \omega_{n1}^2 & \omega_{n2}^2 & \cdots & \omega_{nl}^2 \end{bmatrix} \quad (6\text{-}29)$$

隐藏层神经元的阈值和输出层神经元的阈值分别为

$$\theta^1 = [\theta_1^1, \theta_2^1, \cdots, \theta_l^1]', \quad \theta^2 = [\theta_1^2, \theta_2^2, \cdots, \theta_l^2]' \tag{6-30}$$

隐藏层的结果为

$$O_j = f\left(\sum_{i=1}^m \omega_{ji}^1 x_i - \theta_j^1\right) = f(\text{net}_j) \quad j = 1, 2, \cdots, l \tag{6-31}$$

式中，$\text{net}_j = \sum_{i=1}^m \omega_{ji}^1 x_i - \theta_j^1, j = 1, 2, \cdots, l$。

输出层的结果为

$$z_k = g\left(\sum_{j=1}^l \omega_{kj}^2 O_j - \theta_k^2\right) = f(\text{net}_k) \quad k = 1, 2, \cdots, n \tag{6-32}$$

式中，$\text{net}_k = \sum_{j=1}^l \omega_{kj}^2 O_j - \theta_k^2, k = 1, 2, \cdots, n$。

（2）RBF 神经网络模型：RBF 神经网络由三层前向网络组成，并具有类似于多层前向网络的网络结构。RBF 神经网络的基本思想是使用 RBF 作为隐藏层神经元的"基础"来形成隐藏层空间，以便将输入向量直接映射到隐藏层空间。通常而言，这种网络结构可加快学习速度并避免出现局部极小值的问题。

令输入矩阵 $\boldsymbol{P}$ 和输出矩阵 $\boldsymbol{T}$ 为

$$\boldsymbol{P} = \begin{bmatrix} p_{11} & p_{12} & \cdots & p_{1Q} \\ p_{21} & p_{22} & \cdots & p_{2Q} \\ \vdots & \vdots & \ddots & \vdots \\ p_{M1} & p_{M2} & \cdots & p_{MQ} \end{bmatrix} \quad \boldsymbol{T} = \begin{bmatrix} t_{11} & t_{12} & \cdots & t_{1Q} \\ t_{21} & t_{22} & \cdots & t_{2Q} \\ \vdots & \vdots & \ddots & \vdots \\ t_{M1} & t_{M2} & \cdots & t_{MQ} \end{bmatrix} \tag{6-33}$$

式中，p_{ij} 为第 j 个样本的第 i 个输入变量；t_{ij} 为第 j 个样本的第 i 个输出变量；M 为输入变量的维数；N 为输出变量的维数；Q 为样本数。对应于隐藏层神经元的径向基函数的中心为 $C = P'$。

隐藏层中神经元的阈值是 $b_1 = [b_{11}, b_{12}, \cdots, b_{1Q}]'$ 其中，$b_{11} = b_{12} = \cdots = b_{1Q} = \dfrac{0.8326}{\text{spread}}$，spread 是扩展速度。隐藏层中神经元的输出为 $a_i = \exp(-\|C - \boldsymbol{p}_i\|^2 b_i), i = 1, 2, \cdots, Q$。其中，$\boldsymbol{p}_i = [p_{i1}, p_{i2}, \cdots, p_{iM}]'$ 是第 i 个样本向量。令隐藏层和输出层的连接权重 $\boldsymbol{W}$ 为

$$\boldsymbol{W} = \begin{bmatrix} \omega_{11} & \omega_{12} & \cdots & \omega_{1Q} \\ \omega_{21} & \omega_{22} & \cdots & \omega_{2Q} \\ \vdots & \vdots & \ddots & \vdots \\ \omega_{N1} & \omega_{N2} & \cdots & \omega_{NQ} \end{bmatrix} \tag{6-34}$$

第 N 个输出层中神经元的阈值为 $b_2 = [b_{21}, b_{22}, \cdots, b_{2N}]'$。然后求解以下方程，以获取

隐藏层和输出层之间的权重与阈值：

$$\begin{cases} W_b = T / [A;I] \\ W = W_b(:,1:Q) \\ b_2 = W_b(:,Q+1) \end{cases} \tag{6-35}$$

其中，$I = [1,1,\cdots,1]_{1 \times Q}$。

（3）WNN 模型：WNN 是基于 BP 神经网络拓扑结构，使用小波函数作为隐藏层节点中的传递函数，并使用具有反向误差传播的信号正向传播。WNN 使用梯度校正方法来修改网络的权重和小波函数的参数，以使 WNN 的预测输出不断接近预期输出。WNN 的计算方法如下：

$X_1, X_2, \cdots, X_k$ 是小波神经网络的输入参数，$Y_1, Y_2, \cdots, Y_k$ 是小波神经网络的输出，ω_{ij} 和 ω_{jk} 是网络权重。

当输入值为 $x_i(i=1,2,\cdots,k)$ 时，隐藏层的输出公式为

$$h(j) = h_j \left(\frac{\sum\limits_{i=1}^{k} \omega_{ij} x_i - b_j}{a_j} \right) \quad j = 1,2,\cdots,l \tag{6-36}$$

式中，$h(j)$ 是隐藏层第 j 个节点的输出值；ω_{ij} 是输入层和隐藏层之间的连接权重；b_j 是小波基函数的平移因子；a_j 是小波基函数的比例因子；h_j 是小波基函数。本研究使用 Morlet 小波基函数，公式为 $y = \cos(1.75x) e^{-x^2/2}$。小波神经网络输出层的计算公式为

$$y(k) = \sum\limits_{i=1}^{l} \omega_{ik} h(i) \quad k = 1,2,\cdots,m \tag{6-37}$$

式中，ω_{ik} 是隐藏层和输出层之间的连接权重；$h(i)$ 是隐藏层的第 i 个节点的输出值；l 是隐藏层中的节点数；m 是输出层中的节点数。

（4）GRNN 模型：GRNN 由美国学者于 1991 年提出，它具有很强的非线性映射能力、灵活的网络结构、较高的容错能力，非常适合解决非线性问题。就逼近能力和学习速度而言，GRNN 具有优于 RBF 网络的优势。网络收敛于具有更多样本量累积的优化回归表面上，并且当样本数据较小时，预测效果更好。GRNN 的计算方法如下：

$\boldsymbol{X} = [x_1, x_2, \cdots, x_n]^T$ 为输入向量，$\boldsymbol{Y} = [y_1, y_2, \cdots, y_k]^T$ 为输出向量。模型层中神经元的传递函数为

$$\boldsymbol{p}_i = \exp \left[-\frac{(X-X_i)^T (X-X_i)}{2\sigma^2} \right] \quad i = 1,2,\cdots,n \tag{6-38}$$

式中，X_i 是第 i 个样本的学习样本。对于求和层而言，它使用两个神经元进行求和。其中一个为

$$\sum_{i=1}^{n} \exp\left[-\frac{(X-X_i)^{\mathrm{T}}(X-X_i)}{2\sigma^2} \right] \tag{6-39}$$

它对模式层中所有神经元的输出进行算术求和，传递函数为 $S_D = \sum_{i=1}^{n} P_i$。另一神经元为

$$\sum_{i=1}^{n} Y_i \exp\left[-\frac{(X-X_i)^{\mathrm{T}}(X-X_i)}{2\sigma^2} \right] \quad i=1,2,\cdots,k \tag{6-40}$$

它对模式层中所有神经元进行加权并输出，其传递函数为 $S_{Nj} = \sum_{i=1}^{n} y_{ij} P_i$。

GRNN 的模型输出结果为 $y_i = \dfrac{S_{Nj}}{S_D}, j=1,2,\cdots,k$。

3. 模型效果比较及分析

京津冀地区的城市均位于海河流域，气候条件相似，在京津冀协同发展的大背景下，可以认为该地区的用水规律也很相似。因此，我们使用京津冀地区的 13 个城市及其主城区的实际需水量数据，获取相应的遥感数据共计 26 组，并对模型的效果进行检验。其中，随机选取 23 组数据组来构建模型，其余 3 组用于测试模型效果。每个 ANN 模型执行 50 次随机计算。

相对误差和决定系数用于比较不同的拟合方法。首先评估相对误差，然后使用决定系数从相对误差较小的模型中确定最佳模型。相对误差（E_i）和决定系数（R^2）使用式（6-41）和式（6-42）计算：

$$E_i = \frac{|\hat{y}_i - y_i|}{y_i} (i=1,2,\cdots,n) \tag{6-41}$$

$$R^2 = \frac{\left(n\sum_{i=1}^{n} \hat{y}_i y_i - \sum_{i=1}^{n} \hat{y}_i \sum_{i=1}^{n} y_i \right)^2}{\left(n\sum_{i=1}^{n} \hat{y}_i{}^2 - (\sum_{i=1}^{n} \hat{y}_i)^2 \right)\left(n\sum_{i=1}^{n} y_i{}^2 - (\sum_{i=1}^{n} y_i)^2 \right)} \tag{6-42}$$

式中，$\hat{y}_i (i=1,2,\cdots,n)$ 是样本的预测值；y_i 是真实值；n 是样本数。相对误差越小，与真实值的偏离程度越小，模型的拟合性越好。决定系数越接近 1（0），模型拟合越好（越差）。

表 6-16 显示了基于传统和人工神经网络的拟合模型的相对误差。由表 6-16 可知，传统的线性和非线性模型不能满足相对误差精度要求。此外，BP 和 RBF 神经网络也显示出较差的拟合效果，因此未对这些模型进行进一步的比较。WNN 和 GRNN 模型显示出较小且稳定的相对误差，因此比较了这两种模型的决定系数，具体结果见表 6-17。

表 6-16　不同拟合模型的相对误差

传统模型			
模型种类	线性模型	多项式模型	指数模型	对数模型
相对误差	66.24%	54.40%	34.37%	200.79%

基于人工神经网络的非线性拟合模型			
ANN 类型	BP	RBF	WNN	GRNN
10 次训练平均误差	71.88%	115.26%	14.56%	12.79%
20 次训练平均误差	74.10%	115.16%	14.25%	12.68%
30 次训练平均误差	70.21%	107.08%	14.99%	12.53%
40 次训练平均误差	71.64%	107.80%	14.97%	12.23%
50 次训练平均误差	71.73%	106.86%	14.90%	12.56%

表 6-17　不同 ANN 模型的决定系数

训练次数	10 次	20 次	30 次	40 次	50 次
WNN	0.82	0.79	0.80	0.80	0.80
GRNN	0.81	0.82	0.82	0.82	0.83

使用 WNN 和 GRNN 模型的决定性因素之间几乎没有差异。与 WNN 相比，GRNN 略高。尽管如此，结果表明 WNN 和 GRNN 模型都显示出很好的契合性，值得进一步分析。

4. 京津冀地区县级区域需水量划分

选用 WNN 和 GRNN 模型对京津冀地区的 165 个县级区域①进行需水量划分。京津冀地区县域情况见表 6-18。

表 6-18　京津冀地区县域（2015 年）

所属城市	河北省承德市			
县域	承德市区	围场满族蒙古族自治县	隆化县	丰宁满族自治县	滦平县
	承德县	平泉县	兴隆县	宽城满族自治县	
所属城市	河北省张家口市			
县域	张家口市区	康保县	尚义县	张北县	沽源县
	万全县	崇礼县	赤城县	怀安县	宣化县
	阳原县	蔚县	涿鹿县	怀来县	

---

① 对于城市主城区不再具体分区研究，而是将其作为一个整体，与其他县域并列研究。

续表

所属城市	河北省保定市			
县域	保定市区	涞水县	涞源县	涿州市	易县
	阜平县	唐县	顺平县	满城县	徐水县
	定兴县	高碑店市	容城县	雄县	安新县
	清苑县	望都县	曲阳县	定州市	安国市
	博野县	蠡县	高阳县		
所属城市	河北省石家庄市			
县域	石家庄市区	平山县	灵寿县	行唐县	新乐市
	无极县	深泽县	井陉矿区	鹿泉市	正定县
	藁城区	晋州市	辛集市	元氏县	栾城区
	赵县	赞皇县	高邑县		
所属城市	河北省邢台市			
县域	邢台市区	临城县	柏乡县	宁晋县	新河县
	内丘县	隆尧县	巨鹿县	南宫市	邢台县
	任县	沙河市	南和县	平乡县	广宗县
	威县	清河县	临西县		
所属城市	河北省邯郸市			
县域	邯郸市区	涉县	武安市	邯郸市辖区	磁县
	邯郸县	永年县	鸡泽县	肥乡县	成安县
	临漳县	曲周县	广平县	魏县	邱县
	馆陶县	大名县			
所属城市	河北省衡水市			
县域	衡水市区	安平县	饶阳县	深州市	武强县
	冀州市	武邑县	阜城县	景县	枣强县
	故城县				
所属城市	河北省沧州市			
县域	沧州市区	任丘市	肃宁县	河间市	献县
	泊头市	青县	沧县	南皮县	东光县
	吴桥县	黄骅市	孟村回族自治县	盐山县	海兴县
所属城市	河北省唐山市			
县域	唐山市区	遵化市	迁西县	迁安市	玉田县
	丰润区	滦县	丰南区	曹妃甸区	滦南县
	乐亭县				

所属城市	河北省秦皇岛市				
县域	秦皇岛市区	青龙满族自治县	卢龙县	抚宁县	昌黎县
所属城市	河北省廊坊市				
县域	廊坊市区	固安县	永清县	霸州市	文安县
	大城县	三河市	大厂回族自治县	香河县	
所属城市	天津市				
县域	天津市区	蓟县	宝坻区	武清区	宁河县
	静海县				
所属城市	北京市				
县域	北京市区	怀柔区	延庆县	密云县	昌平区
	顺义区	平谷区	通州区	大兴区	

注：2017年4月，经国务院批准，同意撤销平泉县，设立平泉市；2016年，经国务院批准，同意撤销万全县，设立万全区；2016年1月，经国务院批准，同意撤销崇礼县，设立崇礼区；2016年，经国务院批准，同意撤销宣化县、宣化区，设立新的宣化区；2015年4月，经国务院批准，同意撤销满城县，设立满城区；2015年4月，经国务院批准，同意撤销徐水县，设立徐水区；2014年9月，经国务院批准，同意撤销鹿泉市，设立鹿泉区；2014年9月，经国务院批准，同意撤销藁城市，设立藁城区；2014年9月，经国务院批准，同意撤销栾城县，设立栾城区；2020年6月，经国务院批准，同意撤销邢台县，将原邢台县的豫让桥街道、晏家屯镇、祝村镇、东汪镇划归邢台市襄都区管辖，将原邢台县的南石门镇、羊范镇、皇寺镇、会宁镇、西黄村镇、路罗镇、将军墓镇、浆水镇、宋家庄镇、太子井乡、龙泉寺乡、北小庄乡、城计头乡、白岸乡、冀家村乡划归邢台市信都区管辖；2020年6月，经国务院批准，同意撤销任县，设立任泽区；2020年6月，经国务院批准，同意撤销南和县，设立南和区；2016年7月，经国务院批准，同意撤销冀州市，设立冀州区；2018年9月，经国务院批准，同意撤销滦县，设立滦州市；2012年7月，经国务院批准，同意撤销唐海县，设立曹妃甸区；2015年，经国务院批准，同意撤销抚宁县，设立抚宁区；2016年7月28日，经国务院批准，同意撤销蓟县，设立蓟州区；2015年8月，经国务院批准，同意撤销宁河县，设立宁河区；2015年8月，经国务院批准，同意撤销静海县，设立静海区；2015年11月，经国务院批准，同意撤销延庆县，设立延庆区；2015年11月，经国务院批准，同意撤销密云县，设立密云区。采用2015年初的名称，后同。

首先利用已知需水量数据训练人工神经网络，在此基础上，利用ArcGIS软件提取各县（市、区）的遥感数据作为输入条件，进行50次随机计算并得到平均值，得到京津冀地区的需水量数据，具体结果如图6-15所示。由图6-15可知，京津冀地区需水量较高的地区出现在北京和天津的主城区。对于河北而言，石家庄市区与唐山市区的需水量较高，这与常规的认知是一致的。

基于人工神经网络得到的需水量结果存在误差，由于京津冀地区各城市的需水量为已知数据，因此对比分析已知数据与计算结果，可以得到误差情况。京津冀地区需水量误差情况见表6-19和图6-16。

由表6-19和图6-16可知，GRNN模型可以较好地计算用水量。例如，承德、保定、邯郸、廊坊和北京的用水误差在±10%以下。秦皇岛、沧州和唐山的用水误差约为±20%。然而，对于张家口而言，误差超过了40%，在唐山和天津，误差约为±30%。总体而言，50次随机计算的平均误差为19.90%。

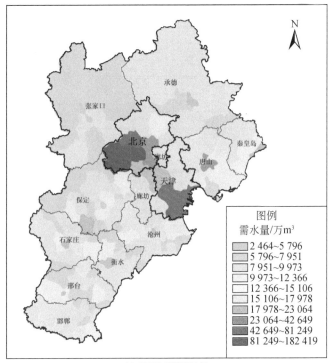

(a) GRNN模型结果

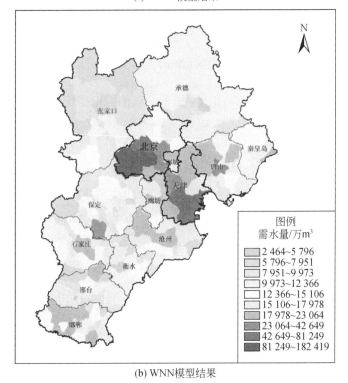

(b) WNN模型结果

图 6-15　京津冀地区 2015 年县域需水量分布

表 6-19　两种神经网络误差对比　　　　　　（单位：%）

模型	承德	张家口	保定	石家庄	邢台	邯郸	衡水
GRNN	+2.79	+46.01	-8.60	-29.88	+12.52	+7.53	-27.35
WNN	-5.19	+16.06	-5.99	-27.46	+5.92	+23.08	-32.54
模型	沧州	唐山	秦皇岛	廊坊	天津	北京	总体情况
GRNN	+22.11	-39.29	-22.76	-2.19	-33.44	-4.20	19.90
WNN	27.59	-32.72	-16.91	+0.56	-24.42	+1.09	16.73

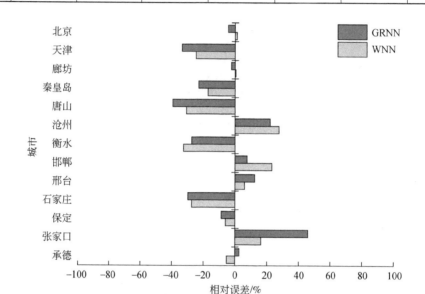

图 6-16　两种神经网络误差分布

对于 WNN 模型而言，结果优于 GRNN 模型。承德、保定、邢台、廊坊和北京的相对误差低于 ±10%，而秦皇岛和张家口的相对误差低于 20%。误差最大的城市是唐山，为 -32.72%。总体而言，50 次随机计算的平均误差为 16.73%，低于 GRNN 模型。

比较 GRNN 和 WNN 模型的结果表明，WNN 模型比 GRNN 模型更准确。GRNN 和 WNN 的总体误差分别为 19.90% 和 16.73%。但是模型之间的空间误差分布明显不同。对于大部分城市而言，WNN 模型具有较低的误差。但是对于唐山和衡水这样的城市，这两个模型都有很大的误差。

5. 模型误差调整及分析

根据 ANN 模型的计算以及每个城市的实际需水量，对需水量进行调整。这里我们假设，对于同一城市用水需求误差是均匀分布的。调整后的需水量分布如图 6-17 所示，WNN 模型的结果见表 6-20。北京和天津是区域需水量较高的地区。这些地区人口众多，用水需求较高。对于河北而言，石家庄和唐山的需水量相对较高。石家庄是河北的省会，人口众多，唐山是该省重要的工业城市。

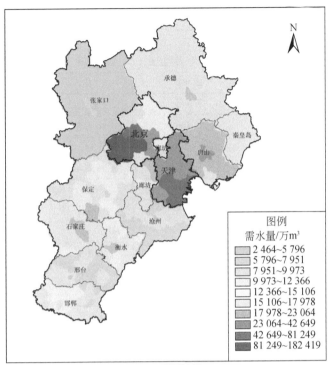

(a) GRNN模型结果

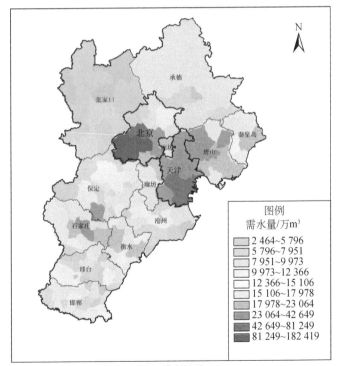

(b) WNN模型结果

图 6-17 调整后的京津冀地区 2015 年县域需水量分布

表 6-20　京津冀地区需水量（2015 年）　　　　　（单位：万 m³）

所属城市	河北省承德市				
	承德市区	围场满族蒙古族自治县	隆化县	丰宁满族自治县	滦平县
县域	4 978	10 990	10 151	10 073	8 597
需水量	承德县	平泉县	兴隆县	宽城满族自治县	
	11 108	11 160	10 555	9 016	
所属城市	河北省张家口市				
	张家口市区	康保县	尚义县	张北县	沽源县
	8 352	7 409	6 286	9 343	6 811
县域	万全县	崇礼县	赤城县	怀安县	宣化县
需水量	8 071	6 115	7 857	7 359	10 429
	阳原县	蔚县	涿鹿县	怀来县	
	8 387	11 609	8 893	10 415	
所属城市	河北省保定市				
	保定市区	涞水县	涞源县	涿州市	易县
	8 796	8 784	8 711	16 218	13 212
	阜平县	唐县	顺平县	满城县	徐水县
	7 289	12 439	8 837	10 784	13 956
县域	定兴县	高碑店市	容城县	雄县	安新县
需水量	12 885	15 859	7 721	10 524	9 807
	清苑县	望都县	曲阳县	定州市	安国市
	16 130	8 221	15 312	29 817	9 715
	博野县	蠡县	高阳县		
	8 251	11 982	10 130		
所属城市	河北省石家庄市				
	石家庄市区	平山县	灵寿县	行唐县	新乐市
	19 098	11 204	8 521	11 550	12 552
	无极县	深泽县	井陉矿区	鹿泉市	正定县
县域	10 868	8 710	11 655	14 133	21 792
需水量	藁城市	晋州市	辛集市	元氏县	栾城县
	21 045	13 389	14 246	10 564	11 595
	赵县	赞皇县	高邑县		
	12 668	6 999	7 206		
所属城市	河北省邢台市				
县域	邢台市区	临城县	柏乡县	宁晋县	新河县
需水量	5 206	7 412	6 780	18 596	7 044

续表

所属城市	河北省邢台市				
县域 需水量	内丘县	隆尧县	巨鹿县	南宫市	邢台县
	8 744	12 840	10 373	11 422	14 247
	任县	沙河市	南和县	平乡县	广宗县
	9 692	13 946	8 074	8 748	8 228
	威县	清河县	临西县		
	13 899	10 735	8 807		
所属城市	河北省邯郸市				
县域 需水量	邯郸市区	涉县	武安市	邯郸市辖区	磁县
	14 633	11 769	21 213	12 459	20 159
	邯郸县	永年县	鸡泽县	肥乡县	成安县
	18 840	20 455	8 452	10 780	10 596
	临漳县	曲周县	广平县	魏县	邱县
	13 441	12 722	9 306	19 817	7 039
	馆陶县	大名县			
	14 135	16 494			
所属城市	河北省衡水市				
县域 需水量	衡水市区	安平县	饶阳县	深州市	武强县
	2 464	9 125	7 774	15 371	6 981
	冀州市	武邑县	阜城县	景县	枣强县
	10 626	10 455	9 424	12 517	10 113
	故城县				
	10 917				
所属城市	河北省沧州市				
县域 需水量	沧州市区	任丘市	肃宁县	河间市	献县
	3 952	20 419	9 256	18 999	14 125
	泊头市	青县	沧县	南皮县	东光县
	12 443	10 619	18 050	11 972	10 382
	吴桥县	黄骅市	孟村回族自治县	盐山县	海兴县
	8 004	14 463	7 980	10 150	7 142
所属城市	河北省唐山市				
县域 需水量	唐山市区	遵化市	迁西县	迁安市	玉田县
	28 123	18 216	10 806	19 275	17 306
	丰润区	滦县	丰南区	唐海县	滦南县
	18 669	14 483	15 104	8 099	13 108
	乐亭县				
	14 358				

所属城市	河北省秦皇岛市				
县域	秦皇岛市区	青龙满族自治县	卢龙县	抚宁县	昌黎县
需水量	19 245	12 752	11 472	14 624	14 073
所属城市	河北省廊坊市				
县域	廊坊市区	固安县	永清县	霸州市	文安县
需水量	5 001	10 618	11 378	17 784	11 374
	大城县	三河市	大厂回族自治县	香河县	
	11 632	18 743	6 565	10 195	
所属城市	天津市				
县域	天津市区	蓟县	宝坻区	武清区	宁河县
需水量	81 249	20 212	19 165	26 934	16 294
	静海县				
	18 220				
所属城市	北京市				
县域	北京市区	怀柔区	延庆县	密云县	昌平区
需水量	182 419	12 255	10 067	14 116	57 274
	顺义区	平谷区	通州区	大兴区	
	32 413	12 166	34 891	23 393	

6. 不确定性分析

人工神经网络用于研究小规模区域的需水量与遥感数据之间的关系，这为获取水资源研究数据提供了新的途径。但值得注意的是，建模和计算过程中存在一些不确定性。

首先，人工神经网络是一种探索输入和输出条件之间的内部关系的方法。因此，所有数据集，包括输入条件和输出结果，都必须具有相同或相似的属性。对于本研究，需要提出一个假设，即同一地区的需水模式相似。京津冀地区位于海河流域，气候条件相似。同时，中国政府于 2014 年提出了京津冀地区协调发展的政策，以京津冀为整体的发展方向。基于以上原因，本研究假设京津冀地区的用水模式相似。

其次，人工神经网络包含许多模型，而在本研究中，仅选择其中四个模型（BP、RBF、WNN 和 GRNN）进行讨论。对于其他模型，如 Elman 神经网络、SOM 神经网络等，本研究未进行比较，这使得模型选择存在不确定性。是否有更好的人工神经网络模型是进一步研究的重点之一。

最后，人工神经网络的训练效果与输入样本的数量有关。本研究中训练样本的缺乏可能导致神经网络的训练效果差和结果错误。这项研究旨在解决小规模地区的数据采集问题，因此缺乏已知数据是客观的。如何有效地扩展训练样本是未来研究的重点和难点。

6.4.3 不同转化率情况下的社会需水高程空间分布

利用式（6-34），计算得到京津冀地区社会需水高程，见表 6-21。

表 6-21 京津冀地区分县域社会需水高程（2015 年） （单位：m）

城市	县域	100% 转化率	90% 转化率	70% 转化率	50% 转化率
承德市	围场满族蒙古族自治县	9.62	8.66	6.74	4.81
	隆化县	8.81	7.93	6.17	4.40
	丰宁满族自治县	9.13	8.22	6.39	4.57
	滦平县	8.37	7.53	5.86	4.18
	市区	8.64	7.78	6.05	4.32
	承德县	8.72	7.85	6.10	4.36
	平泉县	8.72	7.84	6.10	4.36
	兴隆县	8.41	7.57	5.88	4.20
	宽城满族自治县	8.39	7.55	5.87	4.20
张家口市	康保县	5.20	4.68	3.64	2.60
	尚义县	5.22	4.70	3.66	2.61
	张北县	5.25	4.72	3.67	2.62
	沽源县	5.12	4.61	3.58	2.56
	万全县	5.31	4.78	3.72	2.65
	崇礼县	5.15	4.63	3.60	2.57
	赤城县	5.45	4.90	3.81	2.72
	市区	5.98	5.39	4.19	2.99
	怀安县	5.36	4.82	3.75	2.68
	宣化县	5.62	5.06	3.93	2.81
	阳原县	5.29	4.76	3.70	2.65
	蔚县	5.80	5.22	4.06	2.90
	涿鹿县	5.54	4.99	3.88	2.77
	怀来县	5.51	4.96	3.85	2.75
保定市	涞水县	1.19	1.07	0.83	0.60
	涞源县	1.21	1.09	0.85	0.60
	涿州市	1.28	1.15	0.89	0.64
	易县	1.33	1.20	0.93	0.67

城市	县域	100%转化率	90%转化率	70%转化率	50%转化率
保定市	阜平县	1.18	1.06	0.83	0.59
	唐县	1.25	1.13	0.88	0.63
	顺平县	1.19	1.07	0.83	0.59
	满城县	1.22	1.10	0.85	0.61
	徐水县	1.26	1.13	0.88	0.63
	定兴县	1.23	1.11	0.86	0.62
	高碑店市	1.26	1.13	0.88	0.63
	容城县	1.16	1.05	0.81	0.58
	市区	1.34	1.21	0.94	0.67
	雄县	1.21	1.09	0.85	0.60
	安新县	1.22	1.09	0.85	0.61
	清苑县	1.30	1.17	0.91	0.65
	望都县	1.17	1.06	0.82	0.59
	曲阳县	1.29	1.16	0.90	0.65
	定州市	1.48	1.33	1.04	0.74
	安国市	1.19	1.07	0.83	0.59
	博野县	1.17	1.05	0.82	0.59
	蠡县	1.22	1.10	0.85	0.61
	高阳县	1.20	1.08	0.84	0.60
石家庄市	平山县	4.04	3.64	2.83	2.02
	灵寿县	3.77	3.40	2.64	1.89
	行唐县	4.10	3.69	2.87	2.05
	新乐市	3.79	3.41	2.66	1.90
	无极县	3.70	3.33	2.59	1.85
	深泽县	3.66	3.30	2.57	1.83
	井陉矿区	3.83	3.45	2.68	1.91
	鹿泉市	3.87	3.49	2.71	1.94
	正定县	3.95	3.56	2.77	1.98
	市区	4.33	3.90	3.03	2.16
	藁城区	4.15	3.74	2.91	2.08
	晋州市	3.86	3.48	2.70	1.93
	辛集市	4.01	3.61	2.81	2.01
	元氏县	3.86	3.48	2.70	1.93
	栾城区	3.75	3.37	2.62	1.87
	赵县	3.85	3.46	2.69	1.92
	赞皇县	3.68	3.31	2.57	1.84
	高邑县	3.55	3.20	2.49	1.78

续表

城市	县域	100%转化率	90%转化率	70%转化率	50%转化率
邢台市	临城县	2.71	2.44	1.90	1.36
	柏乡县	2.62	2.36	1.83	1.31
	宁晋县	3.09	2.78	2.17	1.55
	新河县	2.66	2.40	1.86	1.33
	内丘县	2.73	2.46	1.91	1.37
	隆尧县	2.84	2.56	1.99	1.42
	巨鹿县	2.75	2.47	1.92	1.37
	南宫市	2.82	2.54	1.97	1.41
	邢台县	3.03	2.72	2.12	1.51
	市区	2.76	2.48	1.93	1.38
	任县	2.71	2.44	1.90	1.35
	沙河市	2.87	2.58	2.01	1.43
	南和县	2.67	2.40	1.87	1.33
	平乡县	2.69	2.42	1.88	1.34
	广宗县	2.68	2.41	1.88	1.34
	威县	2.92	2.63	2.05	1.46
	清河县	2.75	2.47	1.92	1.37
	临西县	2.71	2.44	1.90	1.35
邯郸市	涉县	7.38	6.64	5.16	3.69
	武安市	8.56	7.70	5.99	4.28
	市辖区	7.31	6.58	5.12	3.66
	磁县	8.05	7.24	5.63	4.02
	市区	7.39	6.65	5.17	3.70
	邯郸县	7.92	7.13	5.55	3.96
	永年县	7.97	7.17	5.58	3.99
	鸡泽县	7.13	6.42	4.99	3.56
	肥乡县	7.40	6.66	5.18	3.70
	成安县	7.31	6.58	5.12	3.65
	临漳县	7.48	6.73	5.24	3.74
	曲周县	7.60	6.84	5.32	3.80
	广平县	7.21	6.49	5.04	3.60
	魏县	7.91	7.12	5.54	3.96
	邱县	7.07	6.37	4.95	3.54
	馆陶县	7.40	6.66	5.18	3.70
	大名县	7.84	7.06	5.49	3.92

续表

城市	县域	100%转化率	90%转化率	70%转化率	50%转化率
衡水市	安平县	1.23	1.11	0.86	0.61
	饶阳县	1.21	1.09	0.85	0.61
	深州市	1.42	1.27	0.99	0.71
	武强县	1.20	1.08	0.84	0.60
	冀州市	1.29	1.16	0.90	0.64
	市区	1.28	1.15	0.90	0.64
	武邑县	1.30	1.17	0.91	0.65
	阜城县	1.25	1.12	0.87	0.62
	景县	1.35	1.21	0.94	0.67
	枣强县	1.27	1.14	0.89	0.64
	故城县	1.27	1.15	0.89	0.64
沧州市	任丘市	4.81	4.33	3.37	2.41
	肃宁县	4.23	3.80	2.96	2.11
	河间市	4.90	4.41	3.43	2.45
	献县	4.66	4.19	3.26	2.33
	泊头市	4.46	4.01	3.12	2.23
	青县	4.48	4.03	3.14	2.24
	沧县	5.33	4.80	3.73	2.67
	市区	4.35	3.91	3.04	2.17
	南皮县	4.46	4.01	3.12	2.23
	东光县	4.37	3.93	3.06	2.18
	吴桥县	4.20	3.78	2.94	2.10
	黄骅市	5.18	4.66	3.63	2.59
	孟村回族自治县	4.17	3.75	2.92	2.09
	盐山县	4.34	3.91	3.04	2.17
	海兴县	4.22	3.80	2.96	2.11
唐山市	遵化市	19.90	17.91	13.93	9.95
	迁西县	17.45	15.71	12.22	8.73
	迁安市	19.25	17.32	13.47	9.62
	玉田县	19.76	17.78	13.83	9.88
	丰润区	19.66	17.69	13.76	9.83
	市区	21.19	19.07	14.84	10.60
	滦县	18.12	16.31	12.68	9.06
	丰南区	19.45	17.51	13.62	9.73
	曹妃甸区	16.88	15.19	11.82	8.44
	滦南县	18.56	16.71	13.00	9.28
	乐亭县	19.31	17.37	13.51	9.65

续表

城市	县域	100%转化率	90%转化率	70%转化率	50%转化率
秦皇岛市	青龙满族自治县	12.93	11.63	9.05	6.46
	卢龙县	11.73	10.56	8.21	5.86
	抚宁县	12.51	11.26	8.76	6.26
	市区	12.25	11.02	8.57	6.12
	昌黎县	12.00	10.80	8.40	6.00
廊坊市	市区	6.14	5.52	4.30	3.07
	固安县	5.38	4.85	3.77	2.69
	永清县	5.54	4.98	3.88	2.77
	霸州市	5.78	5.20	4.05	2.89
	文安县	5.57	5.01	3.90	2.78
	大城县	5.49	4.94	3.85	2.75
	三河市	5.82	5.24	4.08	2.91
	大厂回族自治县	5.06	4.55	3.54	2.53
	香河县	5.28	4.75	3.70	2.64
天津市	蓟县	7.84	7.05	5.49	3.92
	宝坻区	8.08	7.27	5.65	4.04
	武清区	8.96	8.06	6.27	4.48
	宁河县	7.63	6.87	5.34	3.82
	市区	46.44	41.80	32.51	23.22
	静海县	8.21	7.39	5.75	4.10
北京市	怀柔区	16.43	14.78	11.50	8.21
	延庆县	16.82	15.13	11.77	8.41
	密云县	17.25	15.52	12.07	8.62
	昌平区	20.33	18.30	14.23	10.16
	顺义区	20.70	18.63	14.49	10.35
	平谷区	16.78	15.10	11.75	8.39
	通州区	19.78	17.80	13.85	9.89
	大兴区	19.22	17.29	13.45	9.61
	市区	145.21	130.69	101.65	72.61

利用表 6-21 的数据，通过插值得到京津冀地区社会需水高程的空间分布情况，如图 6-18 所示。由图 6-18 可知，社会需水高程较大的地区为北京、天津和唐山。其中，北京和天津主城区的社会需水高程最为凸显。对于河北省内各城市而言，省会石家庄并未显示出明显突出的社会需水高程，作为河北重要的工业城市，唐山的社会需水高程较高，同

时，秦皇岛及邯郸的社会需水高程较大。而保定、衡水的社会需水高程较低。

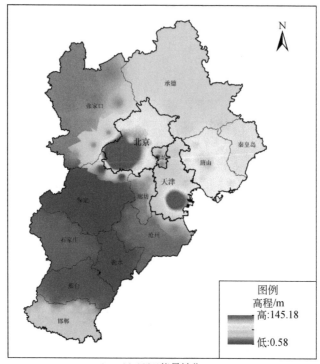

(a) 100%能量转化

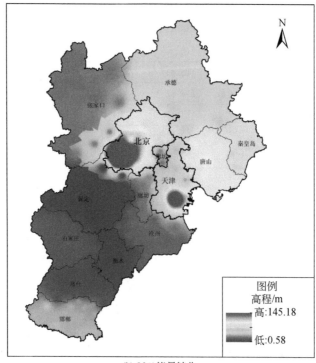

(b) 90%能量转化

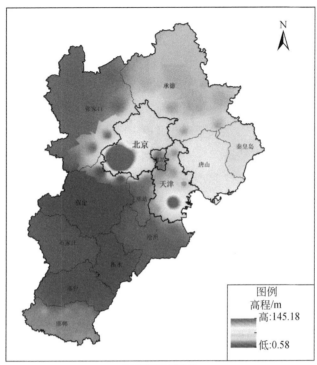

(c) 70%能量转化

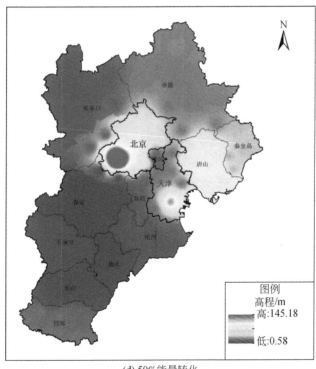

(d) 50%能量转化

图 6-18　京津冀地区 2015 年社会需水高程分布

6.5 小　　结

自然水循环的驱动力是太阳辐射和重力等自然驱动力。而二元水循环除了受自然驱动力作用外，还受机械力、电能和热能等人工驱动力的影响。更重要的是，人口流动、城镇化、经济活动及其变化梯度对二元水循环造成更大、更广泛的直接影响。自然驱动力是流域水循环产生和得以持续的自然基础，人工驱动力是水的资源价值和服务功能得以在社会经济系统中实现的社会基础。自然驱动力使流域水分形成特定的水资源条件和分布格局，成为人工驱动力发挥作用的外部环境，不仅影响人类生产、生活的布局，同时影响水资源开发利用方式和所采用的技术手段。人工驱动力使流域水分循环的循环结构、路径、参数变化，进而影响自然驱动力作用的介质环境和循环条件，使自然驱动力下的水分运移转化规律发生演变，从而对人工驱动力的行为产生影响。流域水循环过程中两种驱动力并存、相互影响和制约，存在某种动态平衡关系。

有了人类活动以后，发挥单一生态功能的流域自然水循环格局就被打破，形成了自然-社会二元水循环。人类的各种生活、生产活动排放大量温室气体，导致地表温度升高，大气与水循环的动力加强，循环速率加快，循环变得更加不稳定，从而改变了流域水循环降水与蒸发的动力条件；为人类社会经济发展服务的社会水循环结构日趋明显，水不单纯在河道、湖泊中流动，而且在人类社会的城市和灌区里通过城市管网和渠系流动，水不再是仅依靠重力往低处流，而可以通过人为提供的动力往高处流、往人需要的地方流，这样就在原有自然水循环的大格局内，形成水循环的侧枝结构——社会水循环，使得流域尺度的水循环从结构上看，也显现出自然-社会二元水循环结构；随着人类社会经济活动发展，社会水循环日益强大，使得水循环的功能属性也发生了深刻变化，即在自然水循环中，水仅有生态属性，但流域二元水循环中，又增加了环境、经济、社会与资源属性，强调了用水的效率（经济属性）、用水的公平（社会属性）、水的有限性（资源属性）和水质与水生陆生生态系统的健康（环境属性）。

京津冀地区的需水强度在2000~2015年发生了明显的变化，从时间尺度而言，2000~2015年，京津冀地区的需水强度持续增长；从空间尺度而言，北京及天津地区的需水强度较大，且与其他区域的差距逐渐增大。社会发展是需水量增长的重要驱动因素。对于不同时间段而言，影响需水量增长的驱动因素并不完全一致。产业结构的不断改变，导致需水量增长的主要因素已经由城市人口增长转变为第三产业的占比。相较于简单的线性或非线性拟合模型而言，人工神经网络在非线性拟合方面具有更好的准确性，更适用于处理非线性拟合问题。利用基于遥感数据的人工神经网络模型进行京津冀地区县级需水量的划分具有可行性。该方法在大多数城市得到的结果误差较小。因此，对于京津冀地区而言，可选用该方法计算无资料地区的需水量。利用经典物理学的做功方程及京津冀地区相应的能量消耗，可计算出区域的社会需水高程。从结果的空间分布来看，结果具有合理性。从能源转换的角度计算社会需水高程是一个新的研究思路。水资源需求场理论尚存在一定的不完善，在计算水场强度时，未考虑各向异性的情况。因此需要进一步完善水场理论，进而得到更为准确的需水强度情况。利用人工神经网络确定各地需水量时，个别城市的结果仍存在较大的误差。如何更为准确地得到无资料地区的需水量数据，是未来研究的重点之一。基于能量转换思维进行社会需水高程的计算是一种新的方法，该方法尚不完善，因此未来的研究将进一步完善能量转换的方法，进而得到更为合理的社会需水高程。

第7章 结 论

二元水循环的演变是对气候变化和人类活动的响应，明确水循环要素及水资源环境、经济、社会与资源属性等演变规律，是提出适合社会经济发展的水资源保护措施的基础。本书以自然-社会二元水循环为主要支撑理论，揭示京津冀强人类活动区水循环全过程演变机理、过程与规律是水资源安全诊断以及提出健康水循环模式与评判标准的前提，定量分析二元水循环驱动力迫切需要其关键过程的数学表达，寻求社会端驱动的切入点，并结合自然端的太阳辐射及重力驱动，探究水资源的二元循环数学物理基础以及二元水循环的演变规律。本书通过研究分析，得出以下几点结论。

（1）京津冀地区各种用水量的增加导致水资源不足，多年平均降水量远小于地下水供需平衡时的降水量，导致地下水长期处于超采状态。近年来京津冀地区地下水超采的现状得到很大缓解，但人均水资源拥有量仍低于世界人均水资源拥有量，水资源不足的状况不容乐观。京津冀地区夏季降水减少导致近53年来降水量下降趋势明显，造成我国华北地区干旱化加剧、降水异常等事件频发。在气象要素变化趋势方面，京津冀地区受热岛效应增温非常显著，导致持续性极端高温事件频繁发生；平均风速逐年递减，夏季降水受东亚季风以及地形、海陆热力性质差异等影响，降水量空间分布存在明显差异；年均日照时数呈现持续下降趋势；气温的升高使大气持水能力增强，相对湿度减小，年均相对湿度呈明显减少趋势。

（2）京津冀地区地表水从1960年发生突变之后，地表水减小趋势减缓。京津冀地区西南部和东北部为地表水变化的敏感中心，具有变化幅度大的特点；西北部和中部地区地表水变化幅度较小。预测未来京津冀大部分地区地表水将会缓慢增加。京津冀地区的典型地下水超采区主要位于河北省南部的邯郸市，地下水是邯郸市主要供水水源，农业、工业以及生活用水导致地下水严重超采。随着近年来邯郸市地下水综合治理措施启动实施，地下水超采状况得到有效控制并有所好转。

（3）归纳模型输出在指导对可持续城市水循环模式认识方面的特点：对复杂城市水循环的综合优化能够获得更好的优化效果；对城市水污染负荷排放控制应当先优化调整结构后升级改进技术；城市排水体制选择对雨水径流控制策略、污水和再生水处理技术的选择也产生影响；对污水处理出水水质标准向一级A提标改造的政策导向，有助于提高再生水回用。在此基础上分析京津冀各城市高性能解，发现保证雨污水的处理率在多数情况下是可持续水循环的必要条件；高性能方案对径流的处理是有重点的，在关键地块上强化径流处理水平可以提升系统性能；高性能潜力的城市，合流制系统鲁棒性较低，分流制系统鲁棒性较高；高鲁棒性–高负荷方案具有相对低的截流倍数和溢流处理率，而低鲁棒性–低负荷方案具有相反的特征；多数城市回用水比例不高，这主要受到再生水需求量的制约。

（4）通过分析城市需水场场强的分布规律，能够较准确、有效地描述社会水循环中的水资源流动趋势和方向；对于自然–社会二元水循环，自然端和社会端均对水资源的流动趋势和流动方向有影响。通过对京津冀以及全国各省份的水资源需求与供需分析得出：经济越发达、人口越多的地区，区域水资源需求实部与虚部越高；经济越发达的地区膳食水足迹占总的需水量虚部的比例越小；水资源供给量中蓝水资源的空间分布与区域水资源条件、产业结构布局等相关，绿水资源利用量基本由区域降水条件和农业生产条件决定，两者均基本呈现东南多西北少的格局。就全国而言，我国水资源实际供给与实际需求相比，盈余977.8亿m^3，这部分水资源主要存在于我国对国外出口产品所含虚拟水、国家农产品所含虚拟水和国家农产品结余存储中。就区域而言，北京、天津、上海、浙江、广西等地需要其他区域的水资源需求大于供给，目前区域的可持续发展，主要依赖于进口其他区域的虚拟水。就京津冀地区而言，北京、天津、河北均存在水资源需求缺口，但河北缺口较小，基本平衡，北京和天津的发展在很大程度上依赖于其他区域产品的输入。

（5）自然水循环的驱动力是太阳辐射和重力等自然驱动力；二元水循环除了受自然驱动力作用外，还受机械力、电能和热能等人工驱动力的影响，人口流动、城镇化、经济活动及其变化梯度也会对二元水循环造成直接影响；流域水循环过程中自然驱动力与人工驱动力并存、相互影响和制约，存在某种动态平衡关系。有了人类活动以后，发挥单一生态功能的流域自然水循环格局就被打破，形成了自然–社会二元水循环。随着人类社会经济活动发展，社会水循环日益强大，使得水循环的功能属性也发生了深刻变化，在自然水循环中，水仅有生态属性，但流域二元水循环中，又增加了环境、经济、社会与资源属性，强调了用水的效率、用水的公平、水的有限性和水质与水生陆生生态系统的健康。

参 考 文 献

阿多，熊凯，赵文吉，等. 2016. 1960～2013 年华北平原气候变化时空特征分析及其对太阳活动和大气环境变化分析的响应. 地理科学，36（10）：1555-1564.

白鹏，刘昌明. 2018. 北京市用水结构演变及归因分析. 南水北调与水利科技，16（4）：1672-1683.

陈似蓝，刘家宏，王浩. 2016. 城市水资源需求场理论及应用初探. 科学通报，61（13）：1428-1435.

陈方远. 2015. 京津冀地区主要城市气候变化及其原因分析. 江苏：南京信息工程大学.

陈丽，郝晋珉，陈爱琪，等. 2017. 基于二元水循环的黄淮海平原耕地水源涵养功能研究. 生态学报，37（17）：5871-5881.

褚健婷，夏军，许崇育，等. 2009. 海河流域气象和水文降水资料对比分析及时空变异. 地理学报，64（9）：1083-1091.

串丽敏，郑怀国，王爱玲，等. 2018. 北京市农业用水结构变化驱动力分析. 灌溉排报，37：55-56.

邓鹏，黄鹏年. 2018. 基于 VIC 模型的淮河中上游地区水量空间分布研究. 水电能源科学，36（2）：28-31.

丁相毅，贾仰文，王浩，等. 2010. 气候变化对海河流域水资源的影响及其对策. 自然资源学报，25（4）：604-613.

丁裕国. 1994. 降水量 Γ 分布模式的普适性研究. 大气科学，18（5）：552-560.

范琳琳，王红瑞，罗文兵，等. 2016. 京津冀地区旱涝空间特征及其对农业用水影响. 中国农村水利水电，（8）：150-155.

方韬. 2007. 合肥市城市需水量预测研究. 合肥：合肥工业大学.

费宇红，李惠娣，申建梅. 2001. 海河流域地下水资源演变现状与可持续利用前景. 地球学报，22：298-301.

Fleisch D. 2013. 麦克斯韦方程直观. 唐璐，刘波峰，译. 北京：机械工业出版社.

龚谊承. 2012. 基于频率类别的洪水过程模拟和广义洪水风险分析与模拟. 武汉：武汉大学.

龚玉荣，沈颂东. 2002. 环保投资现状及问题的研究. 工业技术经济，2：83-84.

海霞，李伟峰，韩立建. 2018. 城市群城乡生活用水效率差异分析. 水资源与水工程学报，29（2）：27-33.

韩雁，张士锋，吕爱锋. 2018. 外调水对京津冀水资源承载力影响研究. 资源科学，40（11）：2236-2246.

郝立生，丁一汇，闵锦忠. 2016. 东亚夏季风变化与华北夏季降水异常的关系. 高原气象，35（5）：1280-1289.

郝跃颖. 2017. 河北地区农业水资源承载力及结构调整探讨. 水利规划与设计，（7）：20-23.

贺华翔，周祖昊，牛存稳，等. 2013. 基于二元水循环的流域分布式水质模型构建与应用. 水利学报，44（3）：284-294.

洪思扬，王红瑞，程涛，等. 2017. 天津市供用水结构变化分析. 南水北调与水利科技，15（4）：1-6.

侯培强，王效科，郑飞翔，等. 2009. 我国城市面源污染特征的研究现状. 给水排水，（S1）：188-193.

胡彪，侯绍波. 2016. 京津冀地区城市工业用水效率的时空差异性研究. 干旱区资源与环境，30（7）：1-7.

胡琪. 2017. 京津冀区域地下水资源利用与防治. 区域经济，（18）：51-52.

黄金良，涂振顺，杜鹏飞，等. 2009. 城市绿地降雨径流污染特征对比研究：以澳门与厦门为例. 环境科学，30（12）：3514-3521.

黄荣辉，蔡榕硕，陈际龙，等. 2006. 我国旱涝气候灾害的年代际变化及其与东亚气候系统变化的关系. 大气科学，30：730-743.

黄锡荃. 1985. 水文学. 北京：高等教育出版社.

黄勇，周志芳，王锦国，等. 2002. R/S 分析法在地下水动态分析中的应用. 河海大学学报，30（1）：83-87.

黄智卿，曾纯. 2019. 基于水循环特征分析视角的海绵城市建设思考. 科技创新与应用，（27）：126-127.

贾仰文，王浩，周祖昊，等. 2010. 海河流域二元水循环模型开发及其应用——Ⅰ. 模型开发与验证. 水科学进展，21（1）：1-8.

景亚平，张鑫，罗艳. 2011. 基于灰色神经网络与马尔科夫链的城市需水量组合预测. 西北农林科技大学学报，39：229-234.

李宝珍，李海桐. 2016. 和谐生态视域下京津冀统筹管理水资源路径研究. 北华航天工业学院学报，26（1）：45-47.

李昌强，南月省，王丽会，等. 2009. 石家庄工业用水的循环利用现状及对策. 石家庄学院学报，11（3）：50-55.

李晨子，王斌. 2019. 大数据在京津冀水污染防治中的应用研究. 现代商业，（13）：180-181.

李春强，杜毅光，李保国，等. 2009. 河北省近四十年（1965-2005）气温和降水变化特征分析. 干旱区资源与环境，23（7）：1-7.

李立青，尹澄清，何庆慈，等. 2006. 城市降水径流的污染来源与排放特征研究进展. 水科学进展，17（2）：288-294.

李鹏飞，刘文军，赵昕奕. 2015. 京津冀地区近 50 年气温、降水与潜在蒸散量变化分析. 干旱区资源与环境，29（3）：137-143.

梁国华，张雯，何斌，等. 2019. 流域水文模型识别方法研究与应用. 人民长江，50（1）：53-57.

廖明球. 2009. 投入产出及其扩展分析. 北京：首都经济贸易大学出版社.

刘春蓁，刘志雨，谢正辉. 2004. 近 50 年海河流域径流的变化趋势研究. 应用气象学报，15（4）：385-393.

刘登伟. 2010. 京津冀大都市圈水资源短缺风险评价. 水利发展研究，10（1）：20-24.

刘洪禄，吴文勇，师彦武，等. 2006. 北京市再生水利用潜力与配置方案研究. 农业工程学报，22（2）：

289-291.

刘欢, 杜军凯, 贾仰文, 等. 2019. 面向大尺度区域分布式水文模型的子流域划分方法改进. 工程科学与技术, 51 (1): 36-44.

刘佳嘉. 2010. 河北省农业节水对策研究. 北京: 中国科学院研究生院 (教育部水土保持与生态环境研究中心): 1-38.

刘家宏, 秦大庸, 王浩, 等. 2010. 海河流域二元水循环模式及其演化规律. 科学通报, 55 (6): 512-521.

刘俊良, 臧景红, 何延青. 2005. 系统动力学模型用于城市需水量预测. 中国给水排水, 21: 31-34.

刘宁. 2016. 基于水足迹的京津冀水资源合理配置研究. 北京: 中国地质大学 (北京).

刘文莉, 张明军, 王圣杰, 等. 2013. 近 50 年来华北平原极端干旱事件的时空变化特征. 水土保持通报, 33 (4): 90-95.

刘中培. 2010. 农业活动对区域地下水变化影响研究——以石家庄平原区为例. 北京: 中国地质科学院: 1-154.

陆国锋. 2017. 常熟市暴雨强度公式编制及应用研究. 苏州: 苏州科技大学.

骆月珍, 顾婷婷, 潘娅英, 等. 2019. 基于 CMADS 驱动 SWAT 模型的富春江水库控制流域水量平衡模拟. 气象与环境学报, 35 (4): 106-112.

潘雅婧, 王仰麟, 彭建, 等. 2012. 基于小波与 R/S 方法的汉江中下游流域降水量时间序列分析. 地理研究, 31 (5): 811-820.

秦大庸, 陆垂裕, 刘家宏, 等. 2014. 流域 "自然-社会" 二元水循环理论框架. 科学通报, 59 (Z1): 419-427.

任国玉, 郭军, 许铭志, 等. 2005. 近 50 年中国地面气候变化基本特征. 气象学报, 63 (6): 942-956.

任宪韶, 户作亮, 曹寅白, 等. 2007. 海河流域水资源评价. 北京: 中国水利水电出版社.

芮孝芳. 2004. 水文学原理. 北京: 中国水利水电出版社.

邵薇薇, 李海红, 韩松俊, 等. 2013. 海河流域农田水循环模式与水平衡要素. 水利水电科技进展, 33 (5): 15-20, 25.

申莉莉, 张迎新, 隆璘雪, 等. 2018. 1981-2016 年京津冀地区极端降水特征研究. 暴雨灾害, 37 (5): 428-434.

施洪波. 2011. 1960-2008 年京津冀地区夏季高温日数的变化趋势分析. 气象, 37 (10): 1277-1282.

宋智渊, 冯起, 张福平, 等. 2015. 敦煌 1980-2012 年农业水足迹及结构变化特征. 干旱区资源与环境, 29 (6): 133-138.

孙增峰, 孔彦鸿, 姜立晖, 等. 2011. 城市需水量预测方法及应用研究——以哈尔滨需水量预测为例. 水利科技与经济, 17: 60-62.

汪林, 秦长海, 贾玲, 等. 2016. 水资源存量及变动表相关技术问题解析. 中国水利, (7): 6-10.

王东升, 段朝雄, 袁树堂, 等. 2019. 青藏高原东南缘迪庆地区年季蒸发皿蒸发、降水和径流深分析. 冰川冻土, 41 (2): 424-433.

王浩, 贾仰文. 2016. 变化中的流域 "自然-社会" 二元水循环理论与研究方法. 水利学报, 47 (10):

1219-1226.

王浩, 贾仰文, 杨贵羽, 等. 2013. 海河流域二元水循环及其伴生过程综合模拟. 科学通报, 58 (12): 1064-1077.

王浩, 刘家宏. 2015. 引汉济渭工程在国家水资源战略布局中的作用. 中国水利, (14): 47-50, 59.

王浩, 刘家宏. 2018. 新时代国家节水行动关键举措探讨. 中国水利, (6): 7-10.

王金南, 逯元堂, 吴舜泽, 等. 2009. 环保投资与宏观经济关联分析. 中国人口·资源与环境, 19 (4): 1-6.

王婧, 刘奔腾, 李裕瑞. 2018. 京津冀人口时空变化特征及其影响因素. 地理研究, 37 (9): 1802-1817.

王磊, 陈仁升, 宋耀选. 2016. 基于 Γ 函数的祁连山葫芦沟流域湿季小时降水统计特征. 地球科学进展, 31 (8): 840-848.

王喜峰. 2016. 基于二元水循环理论的水资源资产化管理框架构建. 中国人口·资源与环境, 26 (1): 83-88.

王翌. 2018. 地形和季风因素对华北极端气候事件时空变化特征的影响. 甘肃: 兰州大学.

王中和. 2015. 以交通一体化推进京津冀协同发展. 宏观经济管理, (7): 44-47.

王遵娅, 丁一汇, 何金海, 等. 2004. 近 50 年中国气候特征变化再分析. 气象学报, 62 (2): 228-235.

魏娜, 游进军, 贾仰文, 等. 2015. 基于二元水循环的用水总量与用水效率控制研究——以渭河流域为例. 水利水电技术, 46 (3): 22-26.

吴洪宝, 王盘兴, 林开平. 2004. 广西 6、7 月份若干日内最大日降水量的概率分布. 热带气象学报, 20 (5): 586-592.

吴舜泽, 陈斌, 逯元堂, 等. 2007. 中国环境保护投资失真问题分析与建议. 中国人口·资源与环境, 17 (3): 112-117.

武岳山, 于利亚. 2007. 介电常数的概念研究. 现代电子技术, 30 (2): 177-179.

许健, 陈锡康, 杨翠红. 2002. 直接用水系数和完全用水系数的计算方法. 水利规划设计, (4): 28-30, 36.

尹泽疆. 2018. 水汽传输过程及其与低纬高原降水关联的研究. 昆明: 云南大学.

于伟东. 2008. 海河流域水平衡与水资源可持续开发利用分析与建议. 水文, 28: 79-82.

袁再健, 沈彦俊, 褚英敏, 等. 2009. 海河流域近 40 年来降水和气温变化趋势及其空间分布特征. 水土保持研究, 16 (3): 24-26.

臧增亮, 包军, 赵建宇, 等. 2005. ENSO 对东亚夏季风和我国夏季降水的影响研究进展. 解放军理工大学学报 (自然科学版), 6: 394-398.

占车生, 董晴晴, 叶文, 等. 2015. 基于水文模型的蒸散发数据同化研究进展. 地理学报, 70 (5): 809-818.

张皓, 冯利平. 2010. 近 50 年华北地区降水量时空变化特征研究. 自然资源学报, 25 (2): 270-279.

张建云, 王银堂, 何瑞敏, 等. 2016. 中国城市旱涝问题及其成因分析. 水科学进展, 27 (4): 465-491.

张健，章新平，王晓云，等. 2010. 近 47 年来京津冀地区降水的变化. 干旱区资源与环境，24（2）：74-80.

张可慧. 2011. 全球气候变暖对京津冀地区极端天气气候事件的影响及防灾减灾对策. 干旱区资源与环境，25（10）：122-125.

张利平，夏军，林朝晖，等. 2008. 海河流域大气水资源变化与输送特征研究. 水利学报，39：206-211.

张人禾. 1999. ElNiño 盛期印度夏季风水汽输送在我国华北地区夏季降水异常中的作用. 高原气象，18（4）：567-574.

张士锋，贾绍凤. 2003. 海河流域水量平衡与水资源安全问题研究. 自然资源学报，18：684-691.

张小永. 2009. 环保投资与效益的国际比较研究. 西安：陕西师范大学.

张宇，李云开，欧阳志云. 2015. 华北平原冬小麦-夏玉米生产灰水足迹及其县域尺度变化特征. 生态学报，35（20）：6647-6654.

张骏涛. 2009. 天津市农业灌溉用水计量模式分析. 天津农业科学，15（6）：20-22.

赵建伟，单保庆，尹澄清. 2006. 城市旅游区降雨径流污染特征——以武汉动物园为例. 环境科学学报，26（7）：1062-1067.

赵娜娜，王贺年，张贝贝，等. 2019. 若尔盖湿地流域径流变化及其对气候变化的响应. 水资源保护，35（5）：40-47.

赵勇，翟家齐. 2017. 京津冀水资源安全保障技术研发集成与示范应用. 中国环境管理，9（4）：113-114.

郑连生. 2004. 京津冀水资源供需状况和战略对策. 水科学与工程技术，(6)：8-11.

郑有飞，尹炤寅，吴荣军，等. 2012. 1960-2005 年京津冀地区地表太阳辐射变化及成因分析. 高原气象，31（2）：436-445.

中华人民共和国水利部. 2011. 中国水资源公报（2011）. 北京：中华人民共和国水利部.

中华人民共和国住房和城乡建设部. 2011. 中国城市建设统计年鉴. 北京：中华人民共和国住房和城乡建设部.

周潮洪，张凯. 2019. 京津冀水污染协同治理机制探讨. 海河水利，(1)：1-4.

周丹. 2015. 1961-2013 年华北地区气象干旱时空变化及其成因分析. 兰州：西北师范大学.

周凯，王义民. 2020. 基于 EOF 的渭河流域干旱时空分布特征研究. 西北农林科技大学学报，48（1）：146-153.

周雅清，任国玉. 2005. 华北地区地表气温观测中城镇化影响的检测和订正. 气候与环境研究，10（4）：743-753.

周铮，吴剑锋，杨蕴，等. 2020. 基于 SWAT 模型的北山水库流域地表径流模拟. 南水北调与水利科技，18：1-15.

庄立，王红瑞，张文新. 2016. 采用因素分解模型研究京津冀地区用水变化的驱动效应. 环境科学研究，29（2）：290-298.

庄新田，黄小原. 2003. 资本市场分形结构及其复杂性. 沈阳：东北大学出版社.

邹进. 2019. 基于二元水循环及系统熵理论的城市用水配置. 水利水电科技进展, 39 (2): 16-20.

邹进, 张友权, 潘锋. 2014. 基于二元水循环理论的水资源承载力质量能综合评价. 长江流域资源与环境, 23 (1): 117-123.

左洪超, 吕世华, 胡隐樵. 2004. 中国近 50 年气温及降水量的变化趋势分析. 高原气象, 23 (2): 238-244.

Abbott M B, Bathurst J C, Cunge J A, et al. 1986. An introduction to the european hydrological system—Systeme hydrologique Europeen, "SHE", 1: History and philosophy of a physicallybased, distributed modelling system. Journal of Hydrology, 87 (1): 45-59.

Almazroui M, Islam M N, Balkhair K S, et al. 2017. Rainwater harvesting possibility under climate change: A basin-scale case study over western province of Saudi Arabia. Atmospheric Research, 189: 11-23.

Babel MS, Das Gupta A, Pradhan P. 2007. A multivariate econometric approach for domestic water demand modeling: an application to Kathmandu, Nepal. Water Resources Management, 21: 573-589.

Bai Y, Wang P, Li C, et al. 2014. Wang. A multi-scale relevance vector regression approach for daily urban water demand forecasting. Journal of Hydrology, 517: 236-245.

Beven K J, Kirkby M. 1979. A physically based, variable contributing area model of basin hydrology/un modèle à base physique de zone d'appel variable de l'hydrologie du bassin versant. Hydrological Sciences Journal, 24 (1): 43-69.

Bijl D L, Bogaart P W, Kram T, et al. 2016. Long-term water demand for electricity, industry and households. Environmental Scienceand Policy, 55: 75-86.

Bowden G J, Dandy G C, Maier H R. 2005. Input determination for neural network models in water resources applications. Part 1-Background and methodology. Journal of Hydrology, 301: 75-92.

Brauman K A, Daily G C, Duarte T K, et al. 2007. The Nature and Value of Ecosystem Services: An Overview Highlighting Hydrologic Services. Social Science Electronic Publishing, (32): 67-98.

Candelieri A, Archettia F. 2014. Identifying typical urban water demand patterns for a reliable short-term forecasting-the icewater project approach. Procedia Engineering, 89: 1004-1012.

Chang M T, McBroom M W, Beasley R S. 2004. Roofing as a source of nonpoint water pollution. Journal of Environmental Management, 73 (4): 307-315.

Chen W, Xu X Y, Wang H, et al. 2015. Evaluation of water resources utilization efficiency in China under gradient development. Journal of Hydroelectric Engineering, 34 (9): 29-38.

Chow M F, Yusop Z. 2014. Characterization and source identification of stormwater runoff in tropical urban catchments. Water Science and Technology, 69 (2): 244-252.

Chu J Y, Chen J N, Wang C, et al. 2004. Wastewater reuse potential analysis: Implications for china's water resources management. Water Research, 38 (11): 2746-2756.

Cominola A, Giuliani M, Piga D, et al. 2005. Benefits and challenges of using smart meters for advancing residential water demand modeling and management: a review. Environmental Modellingand Software, 72: 198-214.

Deb K, Gupta H. 2006. Introducing robustness in multi-objective optimization. Evolutionary Computation, 14 (4): 463-494.

Dirmeyer P A, Wei J, Bosilovich M G, et al. 2014. Comparing evaporative sources of terrestrial precipitation and their extremes in MERRA using relative entropy. Journal of Hydrometeorology, 15 (1): 102-116.

Drapper D, Tomlinson R, Williams P. 2000. Pollutant concentrations in road runoff: Southeast queensland case study. Journal of Environmental Engineering-Asce, 126 (4): 313-320.

Firat M, Turan M E, Yurdusev M A. 2010. Comparative analysis for neural network techniques for predicting water consumption time series. Journal of Hydrology, 384 (12): 46-51.

Flint K R, Davis A P. 2007. Pollutant Mass Flushing Characterization of Highway Stormwater Runoff from an Ultra-Urban Area. Journal of Environmental Engineering, 133 (6): 616-626.

Garcia S, Reynaud A. 2004. Estimating the benefits of efficient water pricing in France. Resource and Energy Economics, 26 (1): 1-25.

Githui F, Gitau W, Mutua F, et al. 2009. Climate change impact on SWAT simulated streamflow in western Kenya. International Journal of Climatology, 29 (12): 1823-1834.

Griffiths-Sattensiel B, Wilson W. 2009. The Carbon Footprint of Water.

Gurung T R, Stewart R A, Beal C D, et al. 2015. Smart meter enabled water end-use demand data: platform for the enhanced infrastructure planning of contemporary urban water supply networks. Journal of Cleaner Production, 87: 642-654.

Herrera M, Izquierdo J, Pérez-García R, et al. 2014. On-line learning of predictive kernel models for urban water demand in a smart city. Procedia Engineering, 70: 791-799.

Huang J L, Tu Z S, Du P D, et al. 2012. Analysis of rainfall runoff characteristics from a subtropical urban lawn catchment in south-east China. Frontiers of Environmental Science and Engineering, 6 (4): 531-539.

Huntington T G, Weiskel P K, Wolock D M, et al. 2018. A new indicator framework for quantifying the intensity of the terrestrial water cycle. Journal of Hydrology, 559: 361-372.

IPCC. 2007. Climate Change: Fourth Assessment Report of the Intergovernmental Panel on Climate Change. Cambridge: Cambridge University Press.

Jia Y W, Shen S H, Niu C W, et al. 2011. Coupling crop growth and hydro-logic models to predict crop yield with spatial analysis technologies. Journal of Applied Remote Sensing, (5): 1-20.

Kang S, Eltahir A B. 2018. North China Plain threatened by deadly heatwaves due to climate change and irrigation. Nature Communications, 9: 1-9.

Kim L H, Ko S O, Jeong S, et al. 2007. Characteristics of washed-off pollutants and dynamic emcs in parking lots and bridges during a storm. Science of the Total Environment, 376 (1-3): 178-184.

Kofinas D, Mellios N, Papageorgiou E, et al. 2014. Urban water demand forecasting for the island of skiathos. Procedia Engineering, 89: 1023-1030.

La Z, Hoekstra A Y. 2017. The effect of different agricultural management practices on irrigation efficiency, water use efficiency and green and blue water footprint. Frontiers of Architectural Research, (4): 185-194.

Landon D, Hearn K, Dudley J, et al. 2003. Report on the Development of Energy Consumption Guidelines for Water/Wastewater. Wisconsin: Energenecs, Inc.

Lee J H, Bang K W. 2000. Characterization of urban stormwater runoff. Water Research, 34 (6): 1773-1780.

Li Y J, Zhang Z Y, Shi M J. 2019. What should be the future industrial structure of the Beijing-Tianjin-Hebei city region under water resource constraint? An inter-city input-output analysis. Journal of Cleaner Production, 239: 118117.

Linton J, Budds J. 2014. The hydrosocial cycle: Defining and mobilizing a relational-dialectical approach to water. Geoforum, 57: 170-180.

Liu J. 2017. A comprehensive analysis of blue water scarcity from the production, consumption, and water transfer perspectives. Ecological Indicators, (72): 870-880.

Lu S B, Zhang X L, Bao H J, et al. 2016. Review of social water cycle research in a changing environment. Renewable and Sustainable Energy Reviews, 63: 132-140.

Lui J, Savanije H, Xu J. 2003. Forecast of water demand in Weinan city in China using WDF-ANN model. Physics and Chemistry of the Earth, 28: 219-224.

Makki A A, Stewart R A, Beal C D, et al. 2015. Novel bottom up urban water demand forecasting model: Revealing the determinants, drivers and predictors of residential indoor end-use consumption. Resources, Conservation and Recycling, 95: 15-37.

Markstrom S L, Niswonger R G, Steven R R, et al. 2008. GSFLOW-Coupled ground-water and surface-water FLOW model based on the integration of the Precipitation-Runoff Modeling System (PRMS) and the Modular Ground-Water Flow Model (MODFLOW-2005). US Geological Survey Techniques and Methods, 6: 240.

Martínez-Espiñeira R. 2003. Estimating water demand under increasing-block tariffs using aggregate data and proportions of users per block. Environmental and Resource Economics, 26: 5-23.

Meng F, Fu G, Butler D. 2016. Water quality permitting: From end-of-pipe to operational strategies. Water Research, 101: 114-126.

Niu CW, Jia Y W, Wang H, et al. 2011. Assessment of water quality under changing climate conditions in the Haihe River Basin, China. Melbourne: Symposium on water quality: Current trends and expected climate change impacts; IuGG2011.

Orlowsky B, Hoekstra A Y, Gudmundsson L, et al. 2017. Today's virtual water consumption and trade under future water scarcity. Environmental Research Letters, 9 (9): 074007.

Rauf T, Siddiqi MW. 2008. Price-setting for residential water: estimation of water demand in Lahore. Pak. Develop. Rev., 47 (4): 893-906.

Sun F B, Roderick M L, Farquhar G D. 2012. Changes in the variability of global land precipitation. Geophysical Research Letters, 39 (10): 1-6.

Tian Z Z, Wang S G, Chen B. 2019. A three-scale input-output analysis of blue and grey water footprint for Beijing-Tianjin-Hebei Urban Agglomeration. Energy Procedia, 158: 4049-4054.

Vautard R, Cattiaux J, Yiou P, et al. 2010. Northern Hemisphere atmospheric stilling partly attributed to an increase in surface roughness. Nature Geoscience, 3 (11): 756-761.

Vlĉek O, Huth R. 2009. Is daily precipitation Gamma-distributed? Adverse effects of an incorrect use of the Kolmogorov-Smirnov test. Atmospheric Research, 93 (4): 759-766.

Viglione A, Baldassarre G D, Brandimarte L, et al. 2014. Insights from socio-hydrology modelling on dealing with flood risk-Roles of collective memory, risk-taking attitude and trust. Journal of Hydrology, 518: 71-82.

Wang G Q, Zhang J Y, Xu Y P, et al. 2017. Estimation of future water resources of Xiangjiang River Basin with VIC model under multiple climate scenarios. Water Science and Engineering, 10 (2): 87-96.

Wang R R, Zimmerman J. 2016. Hybrid analysis of blue water consumption and water scarcity implications at the global, national, and basin levels in an increasingly globalized world. Environmental Science and Technology, 50 (10): 5143-5153.

Wild M, Gilgen H, Roesch A, et al. 2005. From dimming to brightening: decadal changes in solar radiation at Earth's surface. Science, 308 (5723): 847-850.

Wu Y Q, Zhang G H. 2015. Studies on carrying capacity of water resources in Beijing, Tianjin, and Hebei. In: Report on Development of Beijing, Tianjin, and Hebei Province (2013). Springer, Berlin, Heidelberg, 81-98.

Yang H, Abbaspour K C. 2007. Analysis of wastewater reuse potential in Beijing. Desalination, 212 (1-3): 238-250.

Yang K, Wu H, Qin J, et al. 2014. Recent climate changes over the Tibetan Plateau and their impacts on energy and water cycle: A review. Gloplacha, 12 (1): 79-91.

Zeng X T, Zhao J Y, Wang D Q, et al. 2019. Scenario analysis of a sustainable water-food nexus optimization with consideration of population-economy regulation in Beijing-Tianjin-Hebei region. Journal of Cleaner Production, 228: 927-940.

Zhuo L, Mekonnen M M, Hoekstra A Y. 2016. The effect of inter-annual variability of consumption, production, trade and climate on crop-related green and blue water footprints and inter-regional virtual water trade: A study for China (1978-2008). Water Research, 94: 73-85.